煤气化装置用耐火材料与工程应用

李红霞 等 编著

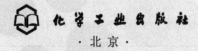

化学工业出版社

·北京·

内 容 提 要

本书根据近年来编者取得的研究成果和工程应用实践，汇总国内外资料，对现代煤气化装置用耐火材料的种类、性质、性能、工程应用及发展趋势等进行了较为系统全面的介绍。同时基于煤气化的原料特征和气化装置耐火材料使用的共性，按水煤浆气化、粉煤气化、碎煤加压气化等不同气化装置用耐火材料进行分类介绍，还对煤气化装置用耐火材料的工程设计原则以及施工方法和验收标准等进行了规范。并附上了煤气化装置上耐火材料工程应用的典型案例，以方便工程技术人员参考，同时也可为污泥气化、生物质气化等用耐火材料的选择提供借鉴。

本书可供从事煤气化装置用耐火材料研究、生产和应用的工程技术人员以及从事煤气化装置设计和使用的工程技术人员参考。

图书在版编目（CIP）数据

煤气化装置用耐火材料与工程应用/李红霞等编著 .
—北京：化学工业出版社，2019.6
ISBN 978-7-122-34163-1

Ⅰ.①煤… Ⅱ.①李… Ⅲ.①煤气化-化工设备-耐火材料-研究 Ⅳ.①TQ545②TQ175.79

中国版本图书馆 CIP 数据核字（2019）第 053480 号

责任编辑：张双进　　　　　　　　　　　　装帧设计：王晓宇
责任校对：杜杏然

出版发行：化学工业出版社（北京市东城区青年湖南街 13 号　邮政编码 100011）
印　　装：北京虎彩文化传播有限公司
710mm×1000mm　1/16　印张 18¾　彩插 1　字数 354 千字
2020 年 11 月北京第 1 版第 1 次印刷

购书咨询：010-64518888　　　　　　　　　售后服务：010-64518899
网　　址：http://www.cip.com.cn
凡购买本书，如有缺损质量问题，本社销售中心负责调换。

定　　价：128.00 元

序

建设绿色低碳社会要大力开发利用可再生能源、积极发展核能，但在可以预见的未来，化石能源依然是我国的主要能源。鉴于我国化石能源"煤多、油少、气缺"的资源禀赋，煤炭会长期在能源消费结构中占主体地位。

煤炭作为能源利用，传统的方式是直接燃烧发电，但直接燃烧过程会产生大量 SO_2、NO_x 和 PM 排放，采用可以实现超低排放的脱硫脱硝除尘技术和污水近零排放技术，能显著降低煤电对大气和水体的污染，但又会有大量固体废渣需要处置。国内外已有的实践表明采用合适的煤气化技术的煤气化联合循环发电，能源利用效率基本接近目前国内普遍推广的煤炭直接燃烧超临界发电，煤炭中的硫可以高效回收实现资源化利用，SO_2、NO_x、PM 排放更低，固体废渣大幅度减少，由于气化过程有矿化转化，处置难度也明显减少。

鉴于我国资源特点，近十多年来，在我国迅速发展的煤制油（包括直接法和间接法）、煤制低碳烯烃、煤制合成天然气、煤制氢、煤制合成氨等项目，实现了煤炭的清洁高值化利用，这些项目中第一个最重要的工艺过程就是煤气化。

煤气化技术是煤炭清洁高效利用的核心技术。因为煤气化技术在煤炭清洁利用的重要地位，煤气化技术的研究开发受到各国的重视。国外先后有美国通用电气公司的水煤浆气化技术、壳牌公司的粉煤气化技术、CBI Lummus 公司的 E-Gas 水煤浆（或水焦浆）气化技术、德国鲁奇公司的 BGL 固定床碎煤加压气化技术等开发成功并推广应用。在我国，华东理工大学、清华大学、西北化工研究院、北京航天长征化学工程公司、中国石化集团公司等高校、研究单位和企业也致力于新型煤气化技术的开发，形成了具有自主知识产权的煤气化技术，并都实现工业化和推广应用。

在越来越成熟的煤气化技术的支撑下，我国的煤制油、煤制甲醇、煤制低碳烯烃、煤制合成天然气、煤制合成氨和尿素的总规模均居世界第一。据有关资料统计，我国煤气化的总能力已占世界的 80%，而且还呈继续增长态势。煤气化是煤在特殊设计的反应器——气化炉中在高温（1300～1600℃）、中压或高压（2.0～8.7MPa）的条件下发生化学反应生成一氧化碳、氢气的过程。煤的进料形态、气化炉的形式与结构、反应原料与产物在气化炉内的流动方式、反应热利用方式等的不同，形成了各具特点的不同的煤气化技术，气化炉是煤气化技术的核心设备。

煤炭（包括石油焦等）品种繁多，不同煤种的灰分及杂质的含量与性质不同，差异很大，给气化炉的设计制造和稳定长周期运行带来了许多技术难题。为提高煤中炭的转化率和生产效率，气化炉要能适应非常苛刻的工艺条件，而且气化炉规模越来越大，目前日处理煤炭高的已达 3000 吨，需要炉衬耐火材料可以承受高温高压、气固液三相流冲刷和煤灰渣的严重侵蚀，确保煤气化装置的安全运行。我国煤炭中低阶煤储量占总储量的 50％以上，随着挥发分高、灰分组成及性质复杂的低阶煤的使用量增加和煤气化装置的大型化，炉衬耐火材料存在的服役寿命短、煤种适应性差、安全效能低等问题日益突出，已成为制约不同煤气化技术大型装置高效长周期运行的共性关键问题和技术瓶颈。不同煤气化技术对耐火材料关键服役性能有不同的要求，水煤浆气化装置要求耐火材料具有优良的抗侵蚀性、抗冲刷性和抗热震性；粉煤气化装置用耐火材料应有较高的导热、良好的塑性和结合强度，以实现"以渣护衬"；碎煤气化装置炉内轴向温差大，喷嘴高温区要求耐火材料具有高导热和优良的抗氧化性，上部低温区要求耐火材料具有高强、高耐磨性。因此，研究开发适应不同煤种气化炉高效长周期运行的高性能耐火材料及应用集成技术，是我国实现煤炭高效清洁利用的关键技术，也是使我国煤气化技术超越国外同类技术的关键技术。

中钢集团洛阳耐火材料研究院近二十年来围绕适应不同煤种和不同技术的气化炉进行炉衬耐火材料开发，取得了系列成果。在打破国外垄断、完成 GE（原 Texaco）水煤浆气化装置用成套耐火材料国产化研究与应用后，结合国内煤气化炉运行中存在的实际问题，持续开展了不同煤质的水煤浆、粉煤、碎煤等气化技术使用的耐火材料及应用集成技术的研究。从最初的水煤浆气化扩展到如今的粉煤、碎煤等各种煤质的气化，从起初仅服务于 GE 煤气化技术，发展到不仅为 E-Gas、BGL、GSP、SCGP 等国外气化技术提供耐火材料从设计到施工及烘炉全流程的服务，而且为我国自主研发的 OMB、SE-东方炉、航天炉、神宁炉、Y-M 炉等气化技术的工业化及推广应用提供了耐火材料的全方位技术支持，极大地提高了我国煤气化技术的竞争力。

我与项目负责人李红霞博士多次交流，了解到她带领的研发团队在煤气化耐火材料方面积累了许多科技成果，建立了系统的实验评价方法，构建了"气化技术-服役环境-材料配置-构筑设计"集成技术。通过煤种、气化技术和耐火材料的适用性研究、生产和应用，建立了不同煤气化技术与耐火材料技术体系，积累了丰富的实践经验。纵观国内国外，到现在为止针对煤气化用耐火材料方面开展如此系统、全面的以应用为主的研究，非他们莫属。为进一步推动我国乃至世界煤气化技术的进步，我建议李红霞博士将宝贵资料进行整理和梳理，编写成书，让煤气化技术的开发者，煤气化装置的设计者和广大用户更好地认识、正确选择和使用耐火材料。该书稿阐述了当前煤气化技术的现状和发展趋势，介绍了耐火材料的特点以及煤气化耐火材料的技术要求和检测评价方法，从耐火材料使用角度将煤气化技术按水煤浆气化、粉煤气化、碎煤气化等划分为三大类，系统论述了各种煤气化技术所用耐火材料的种类、性能指标、评价方法、使用效果等；该书体现了技术研究和应用实践相结合，详细介绍了煤气化炉衬耐火材料的设计、施工、维修和维护等工程应用技术，并给出了各种工业化的气化炉炉衬耐火材料工程应用案例。相信本书一定会为广大耐火材料领域以及煤气化领域的相关工作者提供从理论基础到工程应用的借鉴和帮助。同时，期望借助本书的出版和推广，吸引更多人员从事相关研究，共同促进我国煤气化技术的进步和耐火材料行业的发展。

2020 年 2 月于北京

前　言

我国的能源结构特点是"富煤、贫油、少气"，这决定了在今后较长一段时期内煤炭仍将是我国能源的重要支柱。由于传统的煤炭作为能源利用的方式是直接燃烧发电，过程中会排放大量 SO_2、NO_x 和固废等污染物，不利于环保与绿色发展，煤炭清洁高效利用成为国家能源战略的重要组成部分。煤气化技术是循环联合发电、煤化工等煤炭清洁高值化利用的第一个最重要的工艺过程，是煤炭清洁高效利用的核心。我国自 20 世纪 80 年代引进 GE 水煤浆气化技术以来，各种煤气化技术迅速发展，也催生了适应我国煤炭资源特点的诸多新型煤气化技术。目前我国煤气化装置数量世界第一，煤气化总能力已占世界的 80%。

气化炉是煤气化技术的核心设备，在气化炉中煤炭或煤焦与氧气（空气、富氧空气或工业纯氧）、水蒸气或氢气等气化剂，于高温高压条件下通过化学反应将煤炭或煤焦中可燃成分转化为可燃性气体。气化炉的安全、高效、长周期运行离不开耐火材料的支撑。为提高碳转化率和生产效率，现代煤气化技术的工艺条件更加苛刻，装置日益大型化，造成炉衬耐火材料长期在高温、高压下承受气固液三相流冲刷和煤灰渣的严重侵蚀。随着大量使用低阶煤及含碳废物为气化原料，炉衬耐火材料存在的服役寿命短、煤种适应性差、安全效能低等问题更加突出，成为制约不同煤气化技术发展和高效长周期运行的技术瓶颈，是行业的共性关键问题。不同煤气化技术对耐火材料关键服役性能有不同的要求，因此，研究不同煤气化技术炉衬耐火材料及长寿化集成技术，对促进煤炭清洁高效利用、提升我国煤气化产业的竞争力和健康发展至关重要，受到煤气化耐火材料产业的高度重视，是研究的焦点和热点。

本书编者及所在团队从事煤气化用耐火材料的研究、生产和应用 30 余年，建立了不同煤气化技术与耐火材料技术体系，积累了丰富的实践经验。本书主要根据近些年来取得的研究成果和工程应用实践，汇总国内外资料，对现代煤气化装置用耐火材料的种类、性质、性能、工程应用及发展趋势等进行了较为系统全面的介绍。为了便于非耐火材料专业的工程技术人员快速了解煤气化耐火材料相关基础知识，本书对耐火材料的基本性质、生产工艺和表征测试等进行了简要介绍。由于目前煤气化发展出的技术种类繁多，分类方法各异，本书基于煤气化的原料特征和气化装置耐火材料使用的共性，将其按水煤浆气化、粉煤气化、碎煤加压气化等不同气化装置用耐火材料进行分类介绍。同时，本书还对煤气化装置用耐火材料的工程设计原则以及施工方法和验收标准等进行了规范。在最后部分附上了本团队近些年来在煤气化装置上耐火材料工程应用的典型案例，以方便工程技术人员参考。希望本书可以对从事煤气化装置用耐火材料研究、生产和应用的工程技术人员以及从事煤气化装置设计和使用的工程技术人员提供参考，同时也希望该书可为污泥气化、生物质气化等用耐火材料的选择提供借鉴。

本书由李红霞等编著。其他编写人员有蔡斌利、柴俊兰、石干、赵世贤、孙红刚、王晗、韦祎、秦红彬、万龙刚、王文武、耿可明、吴吉光、方旭、冯志源、杨文刚、张晖、李坚强、郑书航、范沐旭、张三华、吴爱军。全书由李红霞统稿，并邀请中钢集团洛阳耐火材料研究院有限公司王战民博士、万华化学李绍磊总工程师审稿。对大家的辛勤付出表示衷心感谢。本书的主要内容是基于中钢集团洛阳耐火材料研究院和先进耐火材料国家重点实验室的多年研究积累，以及国家自然科学基金联合基金重点项目（U1604252）资助下的研究成果。在编写出版过程中得到了中国金属学会耐火材料分会的大力支持，相关技术人员为本书提供了宝贵资料，在此深表谢意。本书的编著自始至终得到了曹湘洪院士的鼓励和帮助，曹湘洪院士对煤气化技术及相关耐火材料高度重视，没有他的提议和鼓励，不可能有本书的问世，衷心感谢曹湘洪院士！

本书虽经过反复讨论和修改，但限于编者水平，书中或有疏漏和不妥之处，敬请广大读者批评指正。

编著者
2020 年 2 月于洛阳

目　录

第1章 煤气化技术及装置

1.1 煤气化技术的历史、发展现状及趋势

1.1.1 煤气化背景

煤作为能量的最早来源推动了工业化的发展。煤的热值比木材高,易于存储和运输。煤主要分布在地下的岩层中,早在 1180 年英国就已开始系统地开采。煤在世界各地分布广泛,使煤炭成为城市和乡村的首选燃料。自从中世纪以来,煤炭不仅为社会革新提供了燃料,而且煤气在材料和照明领域的革新中也发挥了关键作用。1709 年用焦炭代替木炭用于高炉炼铁,避免了木炭在矿石过重时而发生炉料坍塌,使高炉的有效体积显著增大,生产出大量廉价的铁。但煤炭在使用过程中也因燃烧过程形成难闻的有害气体污染环境而被限制使用。

煤炭气化后产生的气体经过净化可以消除或降低煤的使用对环境的污染。1609 年 Jean-Baptiste 第一次观察到,煤在加热过程中会释放出气体。1780 年在 Fontana 诞生了第一台以煤、空气和水蒸气为原料生产的由 CO 和 H_2 组成的可燃性气体的煤气化炉。从 19 世纪早期开始,煤气化为美国和欧洲的工业化提供了光和热。1807 年 1 月 28 日在伦敦的蓓尔美尔街首次使用了以煤气为燃料的公共照明设备。从此,这种由煤制成的燃气成了家喻户晓的城镇煤气。不久以后,1816 年,美国的巴尔的摩、马里兰也开始在住宅、企业和街道使用商业的煤气照明。到 1875 年,美国和欧洲的一些大中型城市建设了煤气厂和分配管网,煤气厂装配了大批的串联气化炉,保证了燃气连续不断的供给。到 20 世纪 20 年代末,已可连续生产高炉煤气和发生炉煤气,但是这种城市煤气的热值较低,长途运输不经济,只能用于煤气厂附近地区,而且为增加热值使火焰更加明亮,一些高碳烃类燃料和含有有毒物质的气体被制造出来,经过水洗净化处理后,去除了有害的组分,生产出高质量的燃气,能更好地满足照明和工业的需要,从而得到广泛的应用。

之后由于能源成本的急剧增加以及工业化的快速发展,对能源需求不断增

加，使得人们将煤炭视为替代能源，特别是考虑到煤炭价格低廉、供应方便，使煤气化技术进一步发展。利用新的煤气化技术，不仅可以生产出工业和民用燃料气、合成燃料油原料气、氢燃料电池、合成天然气、火箭燃料等，而且通过整体气化联合循环（IGCC）发电技术，能提高煤的化学能转化为电能的总体效率，实现煤高效清洁利用，减少固体废弃物的排放和降低环境污染。由于煤炭价廉易得且分布广泛，可以替代其他化石能源。因此，煤炭气化技术得到迅速发展和应用。

1.1.2 煤气化技术基本原理

煤炭气化是以煤炭或煤焦为原料，以氧气（空气、富氧空气或工业纯氧）、水蒸气或氢气等作为气化剂，在高温条件下在气化炉中通过化学反应将煤炭或煤焦中可燃部分转化为可燃性气体的工艺过程，旨在生产民用、工业用燃料气和合成气，并使煤中的硫、灰分等在气化过程中或之后得到脱除，使污染物排放得到控制。

气化炉中的化学反应较为复杂。气化反应按反应物的相态不同而划分为两类反应，即非均相反应和均相反应。前者是气化剂或气态反应物与固体煤或焦煤的反应；后者是气态反应物之间相互反应或与气化剂的反应。在气化装置中，由于气化剂的不同而发生不同的气化反应，也存在平行反应和串联反应。习惯上将气化反应分为三种类型：碳-氧间的反应、碳与水蒸气的分解反应、甲烷生成反应。

（1）碳-氧间的反应

以空气为气化剂时，碳与氧气之间的化学反应如下：

$$C + O_2 \rule[0.5ex]{2em}{0.4pt} CO_2 \tag{1-1}$$

$$2C + O_2 \rule[0.5ex]{2em}{0.4pt} 2CO \tag{1-2}$$

$$C + CO_2 \rule[0.5ex]{2em}{0.4pt} 2CO \tag{1-3}$$

$$2CO + O_2 \rule[0.5ex]{2em}{0.4pt} 2CO_2 \tag{1-4}$$

（2）碳与水蒸气的分解反应

在一定温度下，碳与水蒸气之间发生下列反应：

$$C + H_2O \rule[0.5ex]{2em}{0.4pt} CO + H_2 \tag{1-5}$$

$$C + 2H_2O \rule[0.5ex]{2em}{0.4pt} CO_2 + 2H_2 \tag{1-6}$$

这是制造水煤气的主要反应，也称水蒸气水解反应，两反应均为吸热反应。反应生成的一氧化碳可进一步和水蒸气发生如下反应：

$$CO + H_2O \rule[0.5ex]{2em}{0.4pt} CO_2 + H_2 \tag{1-7}$$

该反应称为一氧化碳变换反应，也称为均相水煤气反应或水煤气平衡反应，是放热反应。

（3）甲烷生成反应

煤气中的甲烷，一部分来自煤中挥发物的热解，另一部分则是气化炉内的碳与煤气中的氢气反应以及气体产物之间反应的结果。

$$C + 2H_2 = CH_4 \qquad (1-8)$$

$$CO + 3H_2 = CH_4 + H_2O \qquad (1-9)$$

$$2CO + 2H_2 = CH_4 + CO_2 \qquad (1-10)$$

$$CO_2 + 4H_2 = CH_4 + 2H_2O \qquad (1-11)$$

以上生成甲烷的反应，均为放热反应。

（4）煤中其他元素与气化剂的反应

煤中还含有少量元素氮（N）和硫（S）。它们与气化剂 O_2、H_2O、H_2 以及反应中生成的气态产物之间可能进行的反应如下：

$$S + O_2 = SO_2 \qquad (1-12)$$

$$SO_2 + 3H_2 = H_2S + 2H_2O \qquad (1-13)$$

$$SO_2 + 2CO = S + 2CO_2 \qquad (1-14)$$

$$2H_2S + SO_2 = 3S + 2H_2O \qquad (1-15)$$

$$C + 2S = CS_2 \qquad (1-16)$$

$$CO + S = COS \qquad (1-17)$$

$$N_2 + 3H_2 = 2NH_3 \qquad (1-18)$$

$$N_2 + H_2O + 2CO = 2HCN + 1.5O_2 \qquad (1-19)$$

$$N_2 + xO_2 = 2NO_x \qquad (1-20)$$

以上反应产生了煤气中的含硫和含氮产物。含硫化合物中，主要产物是 H_2S、COS、CS_2 等，其他含硫化合物仅占次要地位。在含氮化合物中，氨是主要产物，NO_x（主要是 NO 以及微量的 NO_2）和 HCN 为次要产物。

式（1-1）～式（1-20）为煤炭气化的基本化学反应，只指出了反应的初始和最终状态。不同的气化过程的化学反应即由这些或其中部分反应以串联或平行的方式组合而成。

1.1.3 煤气化技术发展进程

煤气化发展始于 18 世纪后半叶，用煤生产民用煤气。煤气化技术是现代化学工业的基础。第二次世界大战时期，煤炭气化工业在德国得到迅速发展。在 1920 年，Fischer 和 Tropsch 开发了一种将气化炉产生的 H_2 和 CO 催化转化为液态烃类的技术。1932 年采用 CO 与 H_2 通过 F-T 合成法生产液体燃料获得成功。1934 年德国鲁尔化学公司应用此研究成果创建了第一个 F-T 合成油厂，1936 年投产。1935～1945 年期间德国共建立了 9 个合成油厂，总产量 570kt。

到了 20 世纪 30 年代中期，在德国的气化厂几乎每年生产两百万升的汽油和其他油类，早期一台单独的 Fischer-Tropsch 反应器每天生产大约 5000L 汽油，这样的气化厂有 100 台这样的气化炉。二战期间，煤转化的油是德国合成燃料油的一个来源。

南非开发煤炭间接液化历史悠久，早在 1927 年南非当局注意到依赖进口液体燃料的严重性，基于本国丰富的煤炭资源，开始寻找煤基合成液体燃料的新途径，1939 年首先购买了德国 F-T 合成技术在南非的使用权。在 20 世纪 50 年代初，成立了 SASOL 公司，采用了 F-T 气化工艺。从 1955 年开始，SASOL 气化厂由煤生产液态燃料，该厂的反应器比二战期间德国气化厂使用的反应器大 100倍。1977～1982 年间，通过扩容，SASOL 厂气化能力又增加了 10 倍。1982 年，SASOL 厂使用鲁奇固定床气化炉，其生产能力达到了 250 万加仑汽油和其他油。SASOL 厂拥有目前世界上数量最多的气化炉，包括 80 台鲁奇炉为 Fischer-Tropsch 炉生产所需的原料气。

在 20 世纪 20 年代 Carl von Linde 实现了商业化的低温分离空气，至此采用纯氧连续气化生产合成气的过程得以实现。这一时期发展的一些重要气化过程是当今成熟的气化技术的前身，如 1926 年温克勒流化床，1931 年鲁奇移动床加压气化过程，20 世纪 40 年代 K-T 气流床气化过程。随着技术的进步，新的气化技术的气化能力稳步提高。在 20 世纪初，气化技术广泛使用将煤和重油转化为合成气，进一步生产氨气和肥料。自 20 世纪 50 年代以来，气化技术是由煤、重油和石油焦生产合成气的主要技术支撑，为化学工业和炼油工业提供气头。70 年代末在炼油厂和化工厂，使用了 Texaco、Dow 气流床和 U-GAS 流化床。在 1977 年，美国通过了清洁空气法修正案，这促进了整体煤气化联合循环技术（IGCC）的发展，整体气化联合循环装置中被应用于电力工业，提高了煤的化学能转化为电能的总体效率，实现了煤的高效清洁利用，被认为是一种能够应对全球气候变化挑战的先进技术。1984 年美国对油产品出口国控制油价做出响应，在北达科他州开发了合成天然气项目。像 SASOL 厂一样，这种大规模的示范厂选择了鲁奇固定床气化技术。

在 20 世纪 50 年代，随着大量的石油和天然气的发现，气化技术的重要性下降，但是合成气的需求没有下降，生产化肥需要的氨气仍呈指数增长。由天然气和由粗汽油经蒸汽重整生产的氨气难以满足需求，Texaco（后来的通用电气）和壳牌石油开发了新的气化技术，虽然该新技术在氨气生产过程中的应用远没有蒸汽重整技术使用广泛，但是很好弥补了天然气和粗汽油供应不足的状况。20世纪 70 年代早期，第一次石油危机到来，加上天然气潜在短缺，使人们认识到煤气化技术对于生产液体和气体燃料的重要性，煤炭气化又重新引起人们重视，世界各国广泛开展了煤炭气化技术研究。作为石油和天然气的代替品，新气化技术得到发展，许多研究都集中在煤的加氢气化技术。虽然煤的加氢气化可以生成甲烷，但此过程需要高压，使得加氢气化过程难以实现商业化。而煤气化技术进一步发展，始于 20 世纪 90 年代初，鲁奇公司与英国天然气公司合作在现有技术的基础上开发了鲁奇液态排渣炉，Koppers 和 Shell 联合生产了加压 Koppers-Totzek 气化炉，Rheinbraun 开发了高温 Winkler（HTW）流化床工艺。

1.1.4 煤气化技术现状及发展趋势

1.1.4.1 我国煤资源的特点

我国煤炭储量丰富，分布区域广，埋藏深度、成煤原因和成煤时间差异较大。按照变质程度（即煤化程度）从低到高，依次分为褐煤、烟煤和无烟煤。在实际应用中又根据挥发分和黏结指数等分为长焰煤、不黏煤、气煤等 14 类。富煤贫油少气是我国化石资源的主要赋存特点。按照标准煤折算，在我国已探明的化石能源储量中，煤炭约占 94%，石油和天然气约占 6%。在同等热值下，煤炭与石油、天然气的比价关系约为 1:9.44:3.45。由于资源丰富和使用成本相对较低，煤炭长期以来一直是我国的基础性和主导性能源。

（1）煤炭资源富集区和主要消费区逆向分布

煤炭资源的地理分布极不平衡。中国煤炭资源北多南少，西多东少，分布与消费区分布极不协调。我国煤炭已探明储量主要分布在山西、陕西、内蒙古、黑龙江、宁夏、辽宁、山东、新疆、贵州、安徽等地区，消费主要集中在北京、天津、河北、上海、浙江、广东、江苏等地区。从各大行政区内部看，煤炭资源分布也不平衡，如华东地区的煤炭资源储量的 87% 集中在安徽、山东，而工业主要在以上海为中心的长江三角洲地区；中南地区煤炭资源的 72% 集中在河南，而工业主要在武汉和珠江三角洲地区；西南煤炭资源的 67% 集中在贵州，而工业主要在四川；东北地区相对好一些，但也有 52% 的煤炭资源集中在北部黑龙江，而工业集中在辽宁。受经济发展水平、能源消费能力和资源丰裕程度的影响，长期以来在我国煤炭产地，由于需求量不足煤炭就近就地转化率低，主要以商品煤形式向外输出；而在煤炭主要消费区域，由于煤炭供应能力不足需要跨地区外购商品煤，大量煤炭及其初级制品从北向南、由西到东长距离运输，导致煤炭行业物流成本高、运输途中损耗大，资源集约利用率低。

（2）煤炭资源和水资源逆向分布

我国煤炭资源产地主要集中在水资源相对缺乏的干旱、半干旱地区，这些区域单位国土面积水资源保有量仅为全国平均水平的 10% 左右。特别是山西、陕西、内蒙古、宁夏四省、自治区煤炭资源占有量约占全国煤炭资源总量的 67%，而水资源保有量不到全国水资源总量的 4%。煤炭开采、运输、加工（包括原煤洗选、粉煤成型和动力煤配煤等)、转化(包括干馏、气化、液化等)等环节和过程都消耗水资源。我国煤炭资源和水资源逆向分布特点,以及行业性用水环节多耗水量大,污水、废水回用率低等现状,导致水资源对煤炭行业发展特别是煤炭转化的制约性日益显现。

(3) 煤种以低热值的褐煤和烟煤为主,适合化工型深加工利用

我国各地区煤炭品种和质量变化较大,分布也不理想。炼焦煤在地区上分布不平衡,四种主要炼焦煤种中,瘦煤、焦煤、肥煤有一半左右集中在山西,而拥有大型钢铁企业的华东、中南、东北地区,炼焦煤很少。在东北地区,钢铁工业在辽宁,炼焦煤大多在黑龙江;西南地区,钢铁工业在四川,而炼焦煤主要集中在贵州。

在我国已探明的煤炭储量中,褐煤和烟煤所占比例约为88%。在褐煤和烟煤中,又以中、低变质程度的褐煤和烟煤为主,所占比例超过55%。由于成煤时间短、煤化程度低,煤炭中非芳香烃结构和含氧官能团含量高、侧链长而且多、分子结构规整性较差、空间结构疏松。上述结构特点决定了褐煤和烟煤热值低、化学反应活性和挥发分高,容易氧化自燃和风化破碎,不宜进行长距离运输和直接燃烧,但比较适合就地就近进行转化利用。

图1-1 煤气化技术分类

1.1.4.2 煤气化技术分类

煤气化技术分类与气化装置有关,但无统一标准。传统上按照煤在气化装置中的流体力学行为,分为固定床气化、流化床气化、气流床气化三种(见图1-1)。另外,按照原料粒度和形态又可分为水煤浆气化、粉煤气化和碎煤气化。

1.1.4.3 煤气化技术现状

目前,在我国煤化工领域推广应用的煤气化技术多达几十种,既有引进国外的先进煤气化技术,也包含了国内自主开发的先进煤气化工艺。引进的典型煤气化技术主要包括:鲁奇(Lurgi)固定床加压气化技术、BGL固定床加压气化技术、U-Gas流化床气化技术、TRIG循环流化床气化技术、Texaco水煤浆加压气化技术、Shell干煤粉加压气化技术、GSP干粉加压气化技术和科林粉煤加压气化(CCG)技术。另外,还有德国伍德公司开发的Prenflo粉煤气化技术、美国DOW化学公司路易斯安那煤化公司开发的E-Gas水煤浆气化技术、日本中央电力研究所和三菱重工共同开发的CCP流化床空气气化技术、澳大利亚Worley Parsons开发的煤气化技术等,这几种国外先进的洁净煤气化技术也开始在我国寻求工业化推广应用。

国内工程公司、研究院、设计院和高等院校等通过对引进国外先进的煤气化技术长期的消化、吸收和工程实践，进行了一系列的自主创新，开发出十几种具有自主知识产权的先进洁净煤气化技术，包括赛鼎碎煤加压气化技术、恩德粉煤气化技术、ICC 灰熔聚气化技术、多喷嘴对置式水煤浆气化技术、HT-L 粉煤加压气化技术、多元料浆气化技术、二段式干煤粉加压气化技术（二段炉）、非熔渣-熔渣分级气化技术（清华炉）、WGH 粉煤气流床气化技术（五环炉）、单喷嘴冷壁式粉煤气化技术（东方炉）、神宁炉。另外，华东理工大学与中石化宁波工程公司合作开发的单喷嘴热壁式粉煤气化技术、航天部上海 711 所开发的 711 所煤气化技术、华东理工大学与中石化宁波工程公司及上海锅炉厂合作开发的新型余热回收式粉煤气化技术，此 3 种技术目前也处于推广和寻求工业化应用过程中。

由此可见，我国在煤化工产业中许多关键技术已实现了国产化，煤化工产业规模也位居世界前列，成为国际煤气化技术的工业示范地。煤气化技术作为煤化工产业的基础技术和关键技术，为我国煤化工产业发展发挥了强有力的支撑作用。

1.1.4.4 煤气化技术发展趋势

现代煤气化技术的发展趋势主要集中在以下几个方面。

（1）气化压力向高压发展

气化压力由常压、低压（<1.0MPa）向高压（2.0～8.5MPa）气化发展，从而提高气化效率、碳转化率和气化能力，实现气化装置大型化和能量高效回收利用，降低合成气的压缩能耗或实现等压合成，降低生产成本。如 Texaco 气化压力可达 6.5～8.5MPa，Shell 气化压力为 2～4MPa。

（2）气化炉规格向大型化发展

Texaco 和 Shell 单台气化炉气化煤量已达 2000t/d 以上，Prenflo 气化炉单炉气化煤量已达 2600t/d，四喷嘴水煤浆气化炉在线运行的气化炉耗煤量已达 3000t/d。大型化便于实现自动控制和优化操作，降低能耗和操作费用。

（3）现代煤气化技术与其他先进技术联合应用

如与燃气轮机发电组合的 IGCC 发电技术；高压气化（6.5MPa）与低压合成甲醇、二甲醚技术联合实现等压合成，省去合成气压缩机，使生产过程简化，总能耗降低。

（4）煤气化技术与先进脱硫、除尘技术相结合，实现环境友好，减少污染

采用低温甲醇洗工艺，可脱出硫化氢到 0.1×10^{-6}；二氧化碳到 5×10^{-6}；采用高效除尘器使煤气中含尘降到 $1 \sim 2\text{mg/m}^3$（标）以下。

1.2 现代煤气化装置

1.2.1 水煤浆气化装置

水煤浆气化是指煤或石油焦等固体碳氢化合物以水煤浆或水炭浆的形式与气化剂一起通过喷嘴，气化剂高速喷出与料浆并流混合雾化，在气化炉内进行火焰型非催化部分氧化反应的工艺过程。代表性的工业化水煤浆气化装置主要有Texaco气化炉和Destec气化炉，国产化装置主要有多喷嘴对置式水煤浆气化炉、非熔渣-熔渣分级气化炉（清华炉）和多元料浆气化炉。

（1）Texaco气化炉

Texaco水煤浆加压气化工艺发展至今已有50多年历史。鉴于在加压条件下连续输送煤的难度较大，1948年美国Texaco发展公司受重油气化的启发，首先创建了水煤浆气化工艺，并在加利福尼亚洛杉矶近郊的Montebello建设第一套中试装置（投煤量15t/d），这在煤气化史上是一个重大开端。当时水煤浆制备采用干磨湿配工艺，即先将原煤磨成一定细度的粉状物，再与水等添加物混合一起制成水煤浆，其水煤浆浓度只能达到50%左右。为了避免过多不必要的水分进入气化炉，采取了将入炉前的水煤浆进行预热、蒸发和分离的方法。由于水煤浆加热气化分离的技术路线在实际操作中遇到一些结垢堵塞和磨损的麻烦，1958年中断了试验。

由于20世纪50~60年代油价较低，水煤浆气化无法发挥资源优势，再加上工程技术上的问题，水煤浆气化技术发展停顿了10多年，直到20世纪70年代初期发生了第一次世界性石油危机才出现了新的转机。Texaco公司重新恢复了Montebello试验装置，于1975年建设一台压力为2.5MPa的低压气化炉，采用激冷和废热锅炉流程可互相切换的工艺，由于水煤浆制备技术得到长足的进步，水煤浆不再经过其他环节而直接喷入炉内。1978年和1981年再建两台压力为8.5MPa的高压气化炉，共试烧评价近20个煤种。1973年Texaco公司与德国鲁尔公司开始合作，1978年在德国建成一套Texaco水煤浆气化工业实验装置，该装置是将Texaco公司中试成果推向工业化的关键一步，并且为以后各套工业化装置的建设奠定了良好基础。DOW化学公司于1975年开始着眼于水煤浆气化工艺的研究和开发，1979~1983年中试厂开工运行，1987年商业化装置投入运行。

Texaco气化炉的工艺原理是将含有一定比例添加剂和助溶剂且固体浓度为60%~70%的水煤浆通过柱塞隔膜泵送入气化炉顶部的特殊喷嘴，与气化剂纯氧混合进入1350~1400℃气化炉反应室，水煤浆的煤和水在高温下直接发生火焰反应，微小的煤粒与氧在火焰中做并流流动，煤粒在火焰中未及相互熔结而急剧发生部分氧化反应，反应在几秒内完成（图 1-2）。在上述反应的时间内，放热反应和吸热反应几乎同时进行，因此产生的煤气在离开气化炉前，碳几乎全部参与了反应。在高温下，所有干馏产物都迅速分解转为水煤气组分，因此生成煤气中只含有极少的 CH_4。煤气主要成分是：CO、H_2、CO_2、H_2O。

水煤浆
氧气

合成气

熔渣

图 1-2 Texaco 气化炉结构示意图

该技术对煤的粒度、黏结性、硫含量没有严格要求，但煤灰熔点低于 1350℃ 时有利于气化，煤中灰分含量以不超过 15%（质量分数）为宜，越低越好。气化操作压力 2.5～8.7MPa；受耐火砖衬里影响，气化操作温度 ≤1350℃。由于该技术采用湿法进料，比氧耗和比煤耗较高；气化炉耐火砖使用寿命较短，一般为 1～2 年；气化炉烧嘴使用寿命较短，一般使用 2 个月后需停车进行检查、维修或更换喷嘴头部。因此，该技术一般需要设置备炉来满足装置的连续运行。

中国从 1987 年开始引进 Texaco 水煤浆加压气化技术；1993 年，中国首套 Texaco 水煤浆加压气化装置在鲁南化肥厂投运；其后 10 年内，中国又先后在上海焦化厂、陕西渭河化肥厂、安徽淮南化工集团引进并建成 4 套工业装置，均稳定运行。由于该技术进入我国较早，在国内的市场占有率较高，目前已有超过 20 家单位引进该技术，共 80 多台在运行或在建。该技术目前商业化运行的最大单炉日投煤量为 2000t，在国内已运行或在建的单炉日投煤量为 400t、500t、750t、1000t 和 1600t。

（2）多喷嘴对置式水煤浆气化炉

该技术由华东理工大学和兖矿集团共同开发，属于多喷嘴对置式气流床水煤浆气化技术。该技术最先应用于山东华鲁恒升大氮肥国产化工程，气化压力为 6.5MPa，单炉日投煤量为 750t，装置于 2005 年 6 月初正式投入运行。该技术经过近十年的工业化应用和发展，目前在国内外签约项目 56 个，共计 158 台气化炉，并成功向美国 Valero 公司和韩国 TENT 公司进行成套技术转让出口，其中 25 个企业，68 台气化炉已进入商业运行。该技术目前商业化运行最大单炉日投煤量为 3000t，首台 3000t 级气化炉在内蒙古荣信化工有限公司得以工业示范，一期建设 3 台 3000t 级气化炉，于 2014 年 6 月 24 日一次投料成功进入工业生产。目前，正在开发和示范单炉日投煤量 4000t 的超大型气化炉仍建设在内蒙古荣信化工有限公司，同时半废热锅炉多喷嘴对置式水煤浆气化装置也正在工程设计和建设过程中，由兖州煤业榆林能化有限公司完成工业示范。十余年的工程实践已表明，具有自主知识产权的多喷嘴对置式水煤浆气化技术成熟、可靠，运行数据优良、气化效率高、原料消耗低，在大型化上优势尤为突出。

（3）清华炉

该技术由清华大学、北京达立科技公司和山西阳煤丰喜集团公司合作开发，为水煤浆进料、两级给氧气化炉，属于非熔渣-熔渣分级气化技术。该技术最早于2006年成功应用于山西阳煤丰喜集团临猗分公司300kt/a甲醇项目的一期100kt/a生产装置中，应用炉型为水煤浆耐火砖气化炉（第1代清华炉），1开1备，单炉日投煤量为500t。2008年开始开发水煤浆水冷壁气化技术（第2代清华炉），并于2011年成功应用于山西阳煤丰喜肥业集团临猗分公司的尿素和甲醇项目中，单炉日投煤量为600t。目前，该技术在国内签约项目约为13个，签约气化炉约为26台，签约气化炉型单炉最大日投煤量约为1800t。

（4）多元料浆气化炉

西北化工研究院对多原料浆气化技术进行了多年研究后开发了此项技术。该技术与其他气化技术的区别在于气化原料上。生产中将煤、石油焦、油等含碳物质与添加剂和水按比例混合磨制成料浆，加压后与氧气一同进入气化炉反应。气化炉的炉型与Texaco气化炉类似，操作方式为气流床，反应生成煤气最终进入激冷室降温。该技术最早于2001年先后应用于浙江兰溪丰登30kt/a合成氨装置和浙江巨化60kt/a合成氨装置，单炉日投煤量100~500t。目前，已工业化应用的多元料浆气化技术单炉最大日投煤量约为1200t，已建、在建和设计项目约为40个，签约气化炉约为100台。

（5）Destec气化炉（E-GAS）

Destec气化炉即现在的E-GAS气化炉。E-GAS煤气化工艺（原DOW煤气化工艺）是在Texaco煤气化工艺基础上发展的二段式煤气化工艺。

E-GAS两段气化炉剖面如图1-3所示，第一段称作反应器的部分氧化段，在1316~1427℃的熔渣温度下运行。该段可以看作为一个水平圆筒。圆筒的两端相对地装有供煤浆和氧气的进料喷嘴。圆筒中央的底部有一个排放孔，熔渣由此排入下面的激冷区。中央上部有一个出口孔，煤气经此孔进入第二段，圆筒内衬有耐熔渣的耐火衬里。第二段是垂直于第一段的直立圆筒，采用向上气流形式，内衬为耐火材料。另外有一路煤浆通过喷嘴把煤浆均匀分布到第一段来的热煤气里。第二段是利用一段煤气的显热来气化在第二段喷入的水煤浆。第二段水煤浆喷入量为总量的10%~15%。喷到热气体的水煤浆发生一连串复杂的物理和化学变化，除了水分被蒸发之外，煤颗粒经过加热、裂解以及吸

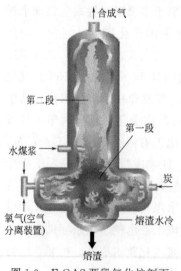

图1-3　E-GAS两段气化炉剖面

热气化反应，从而降低混合物的温度到 1038℃，以保证后面热回收后系统正常工作。

2016 年，中国第一次应用 3 台两段式 E-GAS 煤气化炉，由茂名重力公司首次国产化制造，并于当年交付中海油惠州炼化现场，2018 年 7 月开车成功。

1.2.2 粉煤气化装置

粉煤气化技术是以干煤粉为原料，以纯氧和蒸汽为气化剂，水激冷粗洗涤合成气，可提高能量转换效率，减少环境污染。代表性的工业化粉煤气化炉型主要有如下几种：K-T 气化炉、Shell 气化炉、Prenflo 气化炉、GSP 气化炉，国产化的炉型包括恩德炉、ICC 灰熔聚气化炉、HT-L 粉煤加压气化炉、二段炉、五环炉、东方炉和神宁炉。

（1）K-T 气化炉

K-T 气化炉是 1936 年由德国柯柏斯（Koppers）公司的托切克（Totzek）工程师提出常压粉煤部分气化的原理并进行了初步试验，因而取名为柯柏斯-托切克（Koppers-Totzek）炉，简称 K-T 炉。1948 年在美国进行中试，1952 年首次应用于工业规模，主要用于生产合成氨气和燃料气。中国于 1960 年开始进行 K-T 炉粉煤气化试验，至 1966 年先后试验过 6 个煤种，在试验的基础上，于 20 世纪 70 年代初在新疆建成一套 K-T 粉煤气化制氨装置，投产后遇到耐火材料侵蚀、碳转化率低、排渣困难等问题而改烧重油。在 20 世纪 70 年代末，西北化工研究院建成一台中试炉，因耐火砖的侵蚀问题而停运。在 20 世纪 80 年代初，山东黄县建成一台工业炉，也因耐火材料和飞灰问题而停运。中国 K-T 式粉煤气化炉始终未能工业化，主要问题是采用热壁衬里，耐火材料经不起高温熔渣的化学侵蚀。K-T 炉是干法粉煤气流床气化技术的典型代表，到 20 世纪 80 年代以后，随着加压气化工艺的工业化，常压 K-T 炉已经停止再建厂。K-T 炉的发展历程为现代煤气化技术的发展奠定了良好的基础。

K-T 气化炉有两炉头（图 1-4）和四炉头两种结构，最早设计的两炉头两喷嘴卧式气化炉，容积为 $10m^3$，每小时生产 CO 和 H_2 约 $4500m^3$（标）。两炉头 K-T 气化炉的形状像两个球形锥体，中间焊接在一起，它有双层的炉壳（水夹套），用锅炉钢板制成，夹套结构内壁用耐火材料衬里以免炉壳体受高温作用损坏，夹套内生产低压（0.2MPa）水蒸气，可用作气化工艺蒸汽，同时把内壁冷却到灰熔点以下，使内壁挂渣而起到一定的保护作用。两炉头气化炉在每个炉头上装有一组相邻的两个喷嘴。煤、蒸汽和氧气通过这四个喷嘴喷入炉内。四炉头气化炉，炉头间隔成 90°角，总共有 8 个喷嘴，这样的大型装置外形类似于两个相交的球形锥体，也是夹套结构。

早期的 K-T 炉采用全热壁衬里，这种全热壁衬里称为以砖抗渣。为减轻熔

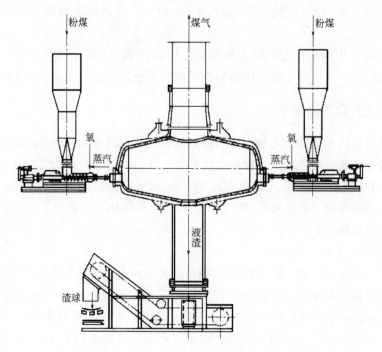

图 1-4 两炉头 K-T 炉结构示意图

渣对向火面的耐火砖的侵蚀，日本做了一些改进，取消了隔热保温砖，代之以水冷却管。但这种改进并未起到预期的效果，砖的侵蚀仍很严重。在此背景下，全水冷壁结构的耐火里衬冷壁炉应运而生。

所谓冷壁炉，就是在水夹套内侧焊长约 40mm 的渣钉，对渣钉材质及布钉密度均有严格要求。耐火材料砌筑较为简便，用加压喷涂法将铬基耐火材料喷到渣钉层，喷后总厚度为 50～70mm。由于里衬很薄，加上渣钉密集，涂层热导率大，熔渣在气化炉内达到动态平衡，达到以渣抗渣的目的。当耐火层被熔渣侵蚀后热损增加，渣层温度降低，增加了沿内壁衬流下来的熔渣黏度，因而使熔渣黏附于内衬表面体，提高了渣层表面温度。以渣抗渣，可以确保气化炉长期使用，寿命长达 5 年。

K-T 炉为常压气化，干法粉煤进料。K-T 炉气化是基于部分氧化的原理，原料煤经干燥并磨碎到 70%～90% 通过 200 目，煤粉输送到气化炉的中间煤粉斗，然后加到气化炉的小煤粉斗。用一个可变速螺旋加料器将煤粉送到混合器，在此引入氧和蒸汽的混合物。粉煤被气化剂（氧气和水蒸气）夹带入炉进行瞬间着火反应，二者并流进行气流床气化，气固相对速度小。煤-蒸汽-氧气的混合物注入气化炉的喷嘴，其喷射速度要大于火焰传播速度以避免回火。每一炉头上有两个相邻的喷嘴较单喷嘴设计增加了湍动。如果一个喷嘴临时熄火，它还提供了一种安全装置保证继续着火。受气化反应区的限制，煤和气化剂接触时间极短。为使气固反应完全，提高碳转化率，除要具备应有的温度，还要提高反应界面。因此必须使用粉煤（<0.1mm）进行火焰型部分氧化反应。炉内火焰中心温度在2000℃以上，整个气化反应极快，一般在烧嘴出口0.5m或1s内即完成反应。气化炉中部温度为1400～1600℃。炉膛作为集热反应区，同时兼顾收集气体和集结熔渣的作用。气体在炉内停留时间为1～1.5s。部分煤灰经炉壁收集，以液态渣自炉底排出，未燃尽的炭粒则由炉顶部随气体一起逸出。炉内操作温度的高低决定于煤的活性和煤的灰熔点。一般情况下，当炉内温度控制在比灰熔点高100～150℃时便能正常运行。在炉内的高温下，灰渣熔融成液态，其中60%～70%自气化炉底排出，其余以飞灰形式随煤气逸出炉外。由于K-T炉是高温火焰反应，因此生成气中不含高级烃、焦油和酚类，主要成分由CO和H_2组成，甲烷含量极低（<0.1%），很适合做合成气。

（2）Shell气化炉

在K-T炉的基础上，荷兰Shell国际石油公司和Krupp-Uhde公司的前身德国的克虏伯-柯柏斯（Krupp-Koppers）合作，联合开发了Shell-Koppers气化工艺，并于1976年在荷兰阿姆斯特丹建成了小试装置，完成了21个煤种的气化试验。在小试的基础上，于1978年在德国的汉堡-哈尔堡建立了一个气化能力为150t/d的Shell-Koppers工业示范装置，操作压力3MPa。Shell-Kopper气化工艺实际上是K-T炉的加压气化形式，主要工艺特点是采用密封料斗法加煤装置和粉煤浓相输送，气化炉采用水冷壁结构。Shell-Koppers炉于1983年结束运转，后来两合作者单独开发了各自的干法气化新工艺。Shell公司开发了Shell煤气化工艺简称SCGP（Shell Coal Gasification Process）。Shell公司于1986年在美国休斯敦郊区建成一套命名为SCGP-1的粉煤气化示范装置，气化规模250～400t/d煤，气化压力2～4MPa。在此基础上，1993年在荷兰的Demkolec建成2000t/d的采用Shell煤气化工艺的整体煤气化联合循环（简称IGCC）发电示范装置，同年实现联合循环发电，现在已进入商业化运行。

Shell气化炉结构示意图如图1-5所示。Shell煤气化炉采用膜式水冷壁形式，它主要由内筒和外筒两部分构成，包括膜式水冷壁、环形空间和高压容器外壳。膜式水冷壁向火侧敷有一层比较薄的耐火材料，一方面为了减少热损失；另一方面更主要的是为了挂渣，充分利用渣层的隔热功能，以渣抗渣，以渣护壁，可以使气化炉热损失减少到最低，

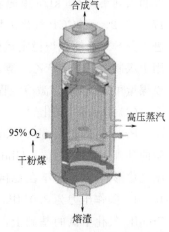

图1-5　Shell气化炉结构示意图

以提高气化炉的可操作性和气化效率。环形空间位于压力容器外壳和膜式水冷壁之间。设计环形空间的目的是为了容纳水/蒸汽的输入/输出管和集气管。另外，环形空间还有利于检查和维修。气化炉外壳为压力容器，一般小直径的气化炉用钨合金钢制造，其他用低铬钢制造。气化炉内筒上部为燃料室（或气化区），下部为熔渣激冷室。煤粉及氧气在燃烧室反应，温度为1700℃。Shell气化炉由于采用了膜式水冷壁结构，内壁衬里设有水冷却管，副产部分蒸汽，正常操作时壁内形成渣保护层，用以渣抗渣的方式保护气化炉衬里不受侵蚀，避免了因高温、熔渣腐蚀及停、开车产生应力对耐火材料的破坏而导致气化炉无法长周期运行。

Shell煤气化工艺属于加压气流床粉煤气化，是以干煤粉进料，纯氧作为气化剂，液态排渣。干煤粉由少量的 N_2（或 CO_2）吹入气化炉，对煤粉的粒度要求也比较灵活，一般不需要过分细磨，但需要经热风干燥，以免粉煤结团，尤其对含水量高的煤种更需要干燥。气化火焰中心温度随煤种不同在1600～2200℃之间，出炉煤气温度为1400～1700℃。生产的高温煤气夹带的细灰有一定的黏结性，所以出炉需与一部分冷却后的循环煤气混合，将其激冷至900℃左右后再导入废热锅炉，生产高压过热蒸汽。煤气中的有效成分 $CO+H_2$ 可高达90%以上，甲烷含量很低。在典型的操作条件下，Shell气化工艺的碳转化率高达99%，合成气对原料煤能源转化率为80%～83%，此外尚有16%～17%的能量可以利用转化为过热蒸汽。在气化炉内煤中的灰分以熔渣形式排出，大部分炉渣从炉底离开气化炉，用水激冷，再经破渣机进入渣锁系统，最终泄压排出系统。

我国在2001年由湖北双环公司首次与Shell公司签订了SCGP技术许可合同。2006年，首套SCGP煤气化装置成功开车。目前，我国已引进了20套共24台SCGP气化炉用于煤制合成氨、尿素、甲醇、烯烃和氢等化工产品，单炉最大日投煤量达到了2800t。除河南龙宇500kt/a甲醇项目1台SCGP气化炉暂停建设和大同集团600kt/a甲醇装置1台SCGP气化炉即将机械竣工外，先期引进的17套共21台SCGP气化炉均已顺利投产运行。河南开祥化工有限公司在先期引进1台SCGP气化炉稳定运行的基础上，于2012年再次引进1台SCGP气化炉，用于煤制合成气生产乙二醇，该项目目前处于工程设计阶段。SCGP技术最大日投煤量可达3000t，激冷流程已开发成功。

（3）Prenflo气化炉

Prenflo工艺是Shell-Koppers炉另一种表现形式，是在Shell-Koppers炉试验的基础上，由Krupp-Uhde公司独立开发的加压煤气化工艺，是K-T炉的加压气化形式。1985年在德国萨尔州的菲尔斯滕豪森市建造第一套气化规模为48t/d、操作压力为3.0MPa的Prenflo示范装置，1986年建成并投入运行。在Prenflo气化中试的基础上，Krupp-Uhde公司于1992年提供Prenflo加压气流床气化技术，用于在西班牙建设整体煤气化联合循环发电示范厂。

Prenflo气化炉有4个燃烧器，从给料系统来的煤粉与氧气和水蒸气一起喷入气化炉进行反应，结构简图如图1-6所示。先脱挥发分燃烧，其温度在1500℃左右，火焰中心温度高达2000℃以上，然后进入半焦反应区。由于气化温度很高，因此产生的粗煤气不含高碳氢化合物、焦油及酚。气化炉衬采用水冷壁式，生产高压饱和蒸汽。

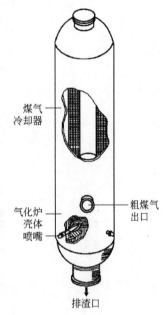

图1-6　Prenflo气化炉
结构简图

Prenflo气化炉原料煤必须粉碎至0.1mm，该粒度的粉煤颗粒应占75%～90%，干燥后最终水分含量为10%以下。对烟煤要求含水量小于2%，90%的煤粉小于100μm；对于褐煤要求含水量小于6%，75%的煤粉小于100μm。合格的煤粉用纯N_2进行输送，首次进入常压的煤粉旋风分离器，使煤粉与N_2分离。煤粉进入闸式煤粉料斗，而N_2通过过滤器后放空。此后，向煤粉料斗充高压N_2，将煤粉压入煤粉料斗，然后按严格的计量关系，由N_2将煤粉送到燃烧器中。在粉煤进入燃烧器前加入气化剂氧气（纯度85%～99%）和水蒸气，煤粉与气化介质的比例由专门的监控装置来控制。反应器内压力为3MPa，温度为1350～1600℃。在此条件下进行气化反应，碳的转化率超过98%。反应器内温度大于灰熔点温度，灰渣呈熔融状态。这种熔融状态的灰渣流入反应器下面的水浴中淬冷成粒状。粒状炉渣经渣斗排出，炉渣中实际上已不含碳。煤气的有效组分（$CO+H_2$）高达93%～98%。此工艺对环境影响很小，不产生焦油、酚和氨水。

（4）GSP气化炉

在Shell-Koppers气化工艺开发的同时，德国VEB Gaskombiant的黑水泵公司开发了GSP（Gaskombiant Schwarze Pumpe）气化炉。GSP气化是一种下喷式加压气流床液态排渣气化炉。GSP技术的开发始于1976年，1980年在德国费莱堡燃料学院建成两套试验装置。1983年在黑水泵联合企业建成一套工业规模气化装置，投煤量30t/h，工作压力3.0MPa，1985年投入运行。

GSP气化炉由一圆柱形反应室组成，其上部有轴向开孔，用于安装燃烧器（或喷嘴）。气化炉底部是液态渣排放口，结构简图如图1-7所示。物料经喷嘴入炉，喷嘴处装有点火及测温装置。粗煤气出口温度比灰渣流动温度高100～150℃。煤气和液渣并流向下进入煤气激冷系统。反应器的四周装有水冷壁管，压力为4MPa，高于反应室压力，水受热沸腾变成蒸汽，降低炉壁温度。在冷却管靠近炉中心侧有密集的抓钉，用来固定碳化硅耐火层。耐火层的厚度约为

20mm。因有盘管冷却，耐火层表面温度低于液态渣的凝固温度，因而会在耐火层表面结一层凝固渣层，最后形成流动渣膜，对耐火层起到保护作用。

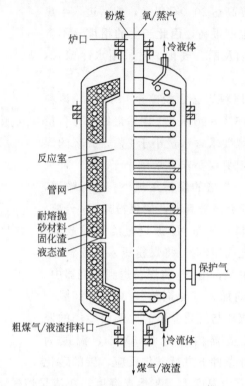

图 1-7　GSP 气化炉结构简图

GSP 气化炉工艺原理是将干燥的粉煤在球磨机中磨成小于 0.2mm 粒级含量大于 80％以上的煤粉，同除尘器中的煤灰一起，经煤仓系统加到气化炉中，在2000℃条件下与氧气、蒸汽发生气化反应，生产的粗煤气和形成的液态渣并流向下离开反应器。在急冷器中，煤气与水形成强的涡流，被水急冷至 200℃左右，接着进行粗煤气的变换、冷却、冷凝和脱硫。最后将合成气送入后续工序。

GSP 干粉加压气化工艺属单烧嘴下行制气，干煤粉进料，加压氮气或二氧化碳输送，连续性好，煤种适应性广，可以处理灰分含量 1％～35％（质量分数）的各种原料煤；气化炉采用水冷壁结构，无耐火砖衬里，维护量较少，气化炉利用率高，运转周期长，无需备炉，气化炉及内衬使用寿命在 10 年以上；气化炉只有 1 只联合烧嘴（开工烧嘴与煤烧嘴合二为一），烧嘴使用寿命长；气化操作压力为 3.0～4.0MPa，操作温度为 1400～1500℃。

2007 年，神华宁煤集团率先引进了 5 套 SFG500 型（日投煤量约 2000t）GSP 气化装置用于神华宁煤烯烃项目，于 2010 年 11 月建成试车；通过几次技术改造，目前运行状况稳定。此外，山西兰花"晋城 3052 项目"采用 2 套

SFG500 型 GSP 气化装置，中电投新疆伊南 $60 \times 10^8 \, m^3/a$ （标态）天然气项目的一期工程采用 8 套 SFG500 型 GSP 气化装置。目前，国内已有 GSP 气化炉均为单炉日投煤量 2000t 的 SFG500t 型气化炉。

（5）恩德炉

恩德粉煤气化技术由抚顺恩德机械有限公司在引进朝鲜恩德"七七"联合企业改进的温克勒气化炉的基础上开发的流化床粉煤气化技术，其设备已完全实现国产化。2001 年，在江西景德镇焦化煤气化总厂建成投产了第 1 套产气量 1000m³/h（标态）的工业示范装置。目前，在国内已建和在建的装置共 13 套 22 台气化炉，单炉最大产气量为 40000m³/h（标态），最大日投煤量约为 600t。

（6）ICC 灰熔聚气化炉

ICC 灰熔聚气化技术由中科院山西煤化所研究开发。2009 年，晋煤集团首次采用该技术建成世界首套劣质无烟煤甲醇合成油（MTG）示范装置，配备 6 台 0.6MPa 的 ICC 气化炉，单炉日投煤量 300～330t。目前，国内采用该技术已投产或在建的装置共 9 台（套），最高操作压力 1.0MPa，单炉最大日投煤量 330t，现正进行提高操作压力试验，以开发更高操作压力和处理能力的炉型。

（7）HT-L 粉煤加压气化炉

该技术由中国航天科技集团公司开发，属于单喷嘴顶置式水冷壁型气化技术，于 2008 年 10 月在安徽临泉化工 150kt/a 甲醇项目中首次得到应用，单炉日投煤量为 750t；单炉日投煤量 1600t 的气化炉已于 2012 年起先后在山东瑞星合成氨项目和河南晋开合成氨项目顺利投运。目前，该技术在国内签约项目超过 20 个，签约气化炉超过 30 台。

（8）二段炉

该技术由西安热工研究院开发，有废热锅炉流程和激冷流程 2 种工艺流程，目前已成功应用于华能天津 IGCC 项目和内蒙古世林化工 300kt/a 甲醇项目。华能天津 IGCC 项目采用两段炉废热锅炉流程，单炉日投煤量为 2000t，2012 年 4 月成功开车，2012 年 11 月正式并网发电。目前，该技术已签约项目约 10 个，单炉日最大投煤量为 2000t，并已成功转让出口至美国宾夕法尼亚 150MW IGCC 项目。

（9）五环炉

该技术由中国五环工程有限公司与河南煤业集团公司合作开发，是在充分消化吸收 Shell 干煤粉加压气化技术的基础上，采用水浴激冷方式自主开发的干粉气流床气化技术。目前，该技术单炉最大日投煤量为 1200t，已签约应用于 2 个项目，共计 3 台气化炉。

（10）东方炉

该技术由中石化宁波工程公司、宁波技术研究院与华东理工大学联合开发，为干煤粉单喷嘴进料、水冷壁气化炉，采用激冷工艺流程。该技术首台日投煤量

1000t 气化炉应用于江苏南京扬子石化 43kt/a 制氢工业化示范装置中，于 2014 年 1 月 23 日试车投料，1 月 28 日产出合格氢气，进入工业生产。中安联合 1700kt/a 煤制甲醇及转化烯烃项目也采用该技术，共建设 7 台（5 开 2 备）日投煤量 1500t 气化炉，于 2018 年 10 月完成中期交工；广东中科炼化煤制氢项目也将建设两台 2000 吨级气化炉，2019 年 12 月建成中交。目前，该技术单炉最大日投煤量为 2000t，签约项目 3 个，签约气化炉 11 台。

（11）神宁炉

该技术由神华宁煤集团与中国五环工程有限公司合作开发，为单喷嘴水冷壁气化炉，采用下行水浴激冷流程。该技术将应用于神华宁煤集团 4000kt/a 煤炭间接液化项目的煤气化装置中，共有 28 台气化炉，单炉日投煤量为 2200t。

1.2.3 碎煤气化装置

碎煤气化装置可分为常压气化和加压气化。常压气化技术是以空气、蒸汽、氧气为气化剂，将固体燃料转化成煤气的过程，生成煤气的有效成分主要有 H_2、CO 和少量 CH_4。加压技术是在常压气化技术基础上发展起来的，以氧气和水蒸气为气化剂。典型常压气化炉为 UGI（United Gas Improvement）炉，加压气化炉为鲁奇（Lurgi）炉和 BGL（British Gas and Lurgi）炉，国产化的炉型主要为赛鼎碎煤加压气化炉。

（1）UGI 炉

世界上第一台气化炉是德国于 1882 年设计的规模为 200t/d 的煤气发生炉。1913 年在德国 OPPAU 建设第一套用炭制半水煤气的常压固定层造气炉，能力为 300t/d，后来这种炉演变成 UGI 型煤气炉。

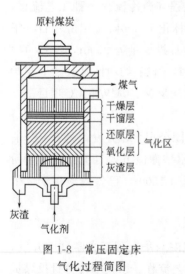

图 1-8 常压固定床气化过程简图

UGI 炉的工艺原理是：原料煤由炉顶加入，气化剂（空气和水蒸气或水蒸气和富氧）从炉底吹入，炉内料层自上而下可分为六个层带：空层、干燥层、干馏层、还原层、氧化层、灰渣层，原料煤依次进过各层发生不同物理化学反应。气化过程如图 1-8 所示。整个气化过程是在常压下进行的。在气化炉内，煤是分阶段装入的，随着反应时间的延长，燃料逐渐下移，经过干燥、干馏、还原和氧化等阶段，最后以灰渣形式不断排出（见表 1-1）。UGI 炉结构如图 1-9 所示。炉壳采用钢板焊制，上部衬有耐火砖和保温硅砖，使炉壳钢板免受高温损害，下部外设水夹套锅炉，用来对氧化层降温，防止熔渣粘壁并副产水蒸气。

UGI炉采用间歇法气化工艺，气化过程中大约有30%的时间用于吹风和倒换阀门，有效制气时间短，气化强度低。

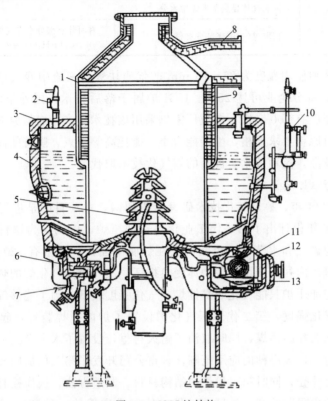

图1-9 UGI炉结构

1—炉壳；2—安全阀；3—保温材料；4—夹套锅炉；5—炉箅；6—灰盘接触面；7—底盘；
8—保温砖；9—耐火砖；10—液位计；11—蜗轮；12—蜗杆；13—油箱

表1-1 UGI煤气炉由下而上燃料层各区域特性

区域	区域名称	进行过程及用途	主要化学反应
1	灰渣区	分配气化剂，防止炉箅过热，预热气化剂	
2	氧化区（燃烧区）	炭与气化剂中的氧进行反应生成CO及CO_2并放出热量	$C+O_2 = CO_2+408.8MJ$ $2C+O_2 = 2CO+246.4MJ$
3	还原区	CO_2还原成CO，水蒸气分解成氢气，热量由氧化层上升之热气供给	$CO_2+C = 2CO-162.4MJ$ $H_2O(g)+C = CO+H_2-118.8MJ$ $2H_2O(g)+C = CO_2+2H_2-75.2MJ$ $CO+H_2O(g) = CO_2+H_2+43.6MJ$
4	干馏区	燃料与上升的热煤气换热进行热解，煤干馏成半焦或熟煤，释放出挥发分、水分、轻油、焦油、苯酚、硫化氢、甲烷、氨等	

区域	区域名称	进行过程及用途	主要化学反应
5	干燥区	依靠气体显热蒸发煤中水分	
6	气相（自由）空间	积聚煤气，沉降部分夹带炭尘	有时伴有部分水煤气变换反应 $CO + H_2O \Longrightarrow CO_2 + H_2$

该工艺必须使用粒度为 $25 \sim 75$ mm 的优质块煤；灰渣中残炭量很高，一般在 10% 以上，部分企业可达 25%。UGI 炉属于落后技术，国外早已不再采用。我国中小化肥厂有 900 余家，多数厂家仍采用该技术生产合成氨原料。由于常压煤气化技术对原料要求严格，生产能力小，能耗高等缺点，随着能源政策和环境的要求越来越高，这种技术会被新的煤气化技术取代。

(2) 鲁奇（Lurgi）炉

$1927 \sim 1928$ 年，鲁奇气化技术研发始于德国，主要目的是进行褐煤完全气化试验。1936 年设计出了第一代工业化鲁奇加压炉，以褐煤为原料生产城市煤气，气化剂为氧气和水蒸气，出灰口设在炉底侧面，炉内壁有 $120 \sim 150$ mm 厚的耐火砖衬里，内衬砖既可避免炉体受热损坏，又可减少气化炉的热损失。第一代工业化鲁奇加压炉只能气化非黏性煤，气化强度较低。为了能够气化弱黏性的烟煤，提高气化强度，第二代加压气化炉设置了炉内搅拌装置，起到破黏的作用，可以气化弱黏结性煤，同时取消了耐火衬里，设置了水夹套。为了提高鲁奇炉的生产能力，扩大煤种的应用范围，鲁奇公司开发了第三代加压气化炉，外壳采用双层夹套外壳，同时第三代炉的结构材料、制造方法、操作控制等均采用现代技术，自动化程度较高，是目前世界上使用最广泛的一种炉型。1974 年，鲁奇公司与南非萨索尔合作开发出直径为 5m 的第四代加压气化炉，该炉几乎能适应各种煤。此外鲁奇公司还开发研制了液态排渣气化炉，该炉可以大幅度提高气化炉内燃烧区反应温度，减少蒸汽消耗量，提高蒸汽分解率，单炉生产能力比固态排渣炉提高了 $3 \sim 4$ 倍。鲁奇公司还进行了"鲁尔-100"气化炉的研究开发，可使气化压力提高到 10MPa。随着操作压力的提高，氧耗量降低，煤气中甲烷含量提高。目前广泛应用的是第 3 代 Mark Ⅳ 型鲁奇炉，并已成功开发出第 4 代 Mark＋型（鲁奇公司开发）和 Mark Ⅴ 型（萨索公司开发）鲁奇炉。

鲁奇加压气化炉（图 1-10）压力为 $2.5 \sim 4.0$MPa，气化反应温度为 $800 \sim 900℃$，固态排渣，以小块煤（对煤粒度要求是 6mm 以上，其中 13mm 以上占 87%，$6 \sim 13$mm 占 13%）原料、蒸汽和氧气连续送风制取中热值煤气，采用固态方式排渣。其特点是生产的煤气中含有 $10\% \sim 12\%$ 的甲烷和不饱和烃，适合处理灰分高、水分高的块粒状褐煤。鲁奇炉内燃料和气化剂逆流运动，炉温较低。鲁奇技术主要缺点是操作流程较长，以及含酚废水难以处理。

中国于 20 世纪 50 年代中期由云南解放军化肥厂引进第 1 代鲁奇炉，以煤制

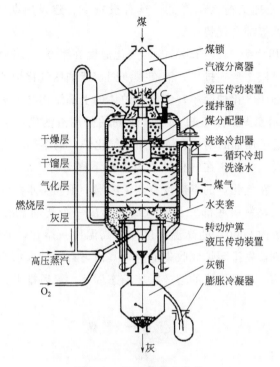

图 1-10　鲁奇加压气化炉

气生产合成氨；20 世纪 80 年代中期，山西天脊煤化工集团公司成套引进第 3 代
Mark Ⅳ 型鲁奇炉，也用于煤制气生产合成氨；之后，兰州气化厂和哈尔滨气化
厂也陆续引进了几套 Mark Ⅳ 型鲁奇炉，于 20 世纪 90 年代初相继投入运行。目
前，中国已引进鲁奇炉超过 50 台（包括已投运和在建），但最新开发的 Mark＋
型和 Mark Ⅴ 型鲁奇炉在我国尚未有引进和使用业绩。鲁奇加压气化技术最大不
足之处在于其产生的废水成分复杂，处理难度大，达标排放困难，处理成本较
高，环保压力大。但经过几十年的技术攻关，其污水经过处理后已基本能够实现
稳定达标排放，在技术上已完全可以达到系统内废水零排放的目标。

（3）BGL 炉

1975 年，英国燃气公司在原鲁奇加压气化技术的基础上开发出液态排渣的
BGL（British Gas and Lurgi）固定床加压气化技术，气化区温度在 1300～
1600℃，气化压力在 2.0～4.0MPa。BGL 气化技术的操作工艺和炉体结构与鲁
奇炉相似，主要差别在于炉底排渣部分。该技术对鲁奇炉的改造主要包括取消转
动炉算系统、渣口下方增设激冷室、增设相关的水路冷却系统和炉内增设耐火衬
里。与鲁奇气化技术相比，BGL 加压气化技术大幅度提高了气化效率和气化强
度，蒸汽用量是后者的 10％～15％，蒸汽分解率超过 90％；产生的废水仅为后

者的 25%，污水处理负荷大幅降低；具有投资少、建设周期短、生产效率高、运行和维护成本低等综合优势。

　　BGL 炉操作压力为 2.5～3.0MPa，气化温度在 1400～1600℃，超过了灰渣流动温度，灰渣呈液态形式排出。液态排渣固定床加压气化炉炉体结构比传统的固态排渣固定床加压气化炉简单，煤锁和炉体的上部结构与干法排渣的鲁奇炉大致相同，BGL 炉示意图如图 1-11 所示。不同的是用渣池代替了炉算。块煤（最大粒度 50mm）通过顶部的闸斗仓进入加压气化炉，助熔剂（石灰石）和煤一起添加。当煤逆着向上的气流在气化炉中由上向下移动时，被干燥、脱除挥发分、气化、最终燃烧。在气化炉的下部设有 4 个喷嘴。喷嘴将水蒸气和氧的混合物以 60m/s 的速率喷入燃料层底部，在喷口周围形成一个扰动状态的燃烧空间，释放出的热量维持炉内 2000℃的高温，这样的高温使灰熔化，并提供热以支持气化反应。液态灰渣首先排到炉底收集池里，其次再自动排入水冷装置。灰渣在水冷装置形成无味的、不可渗滤的熔渣状玻璃态固体，最后排出。

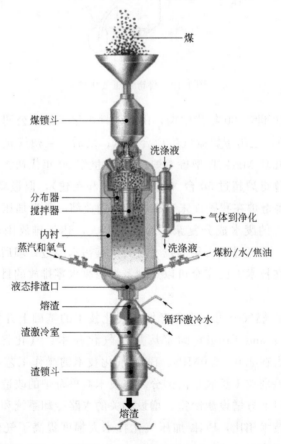

图 1-11　BGL 炉示意图

BGL 气化炉和鲁奇炉最大区别在于 BGL 炉采用液态排渣。鲁奇炉没有耐火衬里，使用水夹套保护炉壳。BGL 气化炉采用常规压力容器材料制成，配有循环冷却水夹套，内壁上设计加入耐火砖衬，形成简单的水夹套保护层。熔渣池的结构和材质是该炉技术关键所在。炉内所用耐火材料需能耐高温和抗腐蚀性能，必须致密、孔径小，不含活性铁，对排渣口的耐火材料要求更高。

2005 年，云南煤化工集团采用英国西田煤气化试验厂的设计方案改造了 1 台固定层加压气化炉作为国内首台 BGL 试验和示范炉，用于探索直接气化当地褐煤（含水量高达 35% 左右）的途径。BGL 加压气化技术在国内的第 1 个大型商业化项目是由内蒙古呼伦贝尔金新化工有限公司从英国引进 3 台 BGL 气化炉建设的 500kt/a 合成氨、800kt/a 尿素生产装置，2011 年 8 月竣工，2011 年 9 月初进入投料试车阶段，目前已正式投运。

（4）赛鼎碎煤加压气化炉

国产化碎煤气化装置较少，主要为赛鼎碎煤加压气化炉，该炉型是赛鼎工程公司在消化、吸收鲁奇加压气化技术的基础上开发的，于 1996 年首次成功应用于山西化肥厂，炉型相当于鲁奇第 3 代 Mark Ⅳ 型气化炉。该技术的成功开发，基本上取代了鲁奇加压气化技术在国内的应用，具有较好的国内应用前景。

1.3 煤气化装置中耐火材料

1.3.1 煤气化装置中耐火材料的服役环境

煤在气化炉中气化为以 CO 和 H_2 为主要组成的混合气体，在气化炉内构成了还原性气氛。固态排渣炉操作温度低于煤渣的熔点，内衬耐火材料主要承受还原性气氛的影响及物料的磨损，以及熔渣的侵蚀。传统气化炉由于气化强度低，耐火材料使用寿命较理想。而 BGL 炉、水煤浆气化炉和粉煤气化炉采取的是液态排渣方式，在气化炉内，操作温度高达 $1300 \sim 1600℃$，操作压力为 $2.0 \sim 9MPa$，同时煤气化过程中，煤中矿物杂质形成熔渣后沿着气化炉耐火砖内壁向下流动，此时矿物质必然会渗透到内衬耐火材料中使其受到侵蚀。因此现代气流床煤气化技术，使得耐火砖在更苛刻的工作环境下应用。O_2 分压在带状范围内随温度变化而变化，1300℃ 为 $10^{-7.6} \sim 10^{-4.6}Pa$，1400℃ 为 $10^{-6.5} \sim 10^{-3.5}Pa$，1500℃ 为 $10^{-5.4} \sim 10^{-2.4}Pa$，1600℃ 为 $10^{-4.2} \sim 10^{-1.2}Pa$。

不同煤种形成的煤渣化学组成不同，但主要含有 SiO_2、CaO、Al_2O_3、FeO_n 等无机、金属氧化物所组成的各类矿物质。气氛中 O_2 分压的变化会使熔渣中 Fe 的存在价态发生变化，引起熔渣黏度的改变，从而影响熔渣在耐火材料中的渗透效应；同时熔渣中的铁与耐火材料反应，最终影响耐火材料服役的寿命。

为了适应煤气化技术的发展，煤气化炉用耐火材料须具有以下特点：

① 具有较高的高温强度，以抵抗气体和熔渣的冲刷和磨损，不至于发生由于高温强度低致使耐火材料遭到破坏从而使压力容器出现热点等损坏的现象；

② 具有较高的热震稳定性，以抵御温度骤变而产生的热应力；

③ 具有低的气孔率、高的体积密度和优良的抗渣性，以抵抗灰渣的渗透和侵蚀；

④ 具有高的化学稳定性，与其他成分少发生或不发生化学反应。

1.3.2　煤气化装置中耐火材料的主要损毁形式

煤气化炉用耐火材料使用寿命影响因素很多，包括耐火材料的组成和物理性能、灰渣的化学组成、气化炉的气氛、气化炉的操作温度和压力等。

不同类型煤气化炉操作温度及排渣形式不同，其耐火材料的损毁形式也不同，损毁主要包括磨损、侵蚀、渗透和剥落，同时还有还原性气氛对耐火材料中部分组分还原反应等。

常压固定床气化炉和加压固定床气化炉中煤粒相对于耐火材料运动速度较慢，煤粒对炉壁耐火材料的磨损较轻；流化床煤气化炉，主要是流态化的煤粒对耐火材料的冲刷磨损。以固态形式排渣的煤气化炉，气化温度较低，对耐火材料的要求不高或不使用耐火材。固态渣与耐火材料发生固相反应程度较小，耐火材料的损毁主要是磨损。

液态排渣的气化炉操作温度高，气化强度大，损毁主要包括化学侵蚀、熔蚀、熔渣渗透以及伴随着温度波动而产生的剥落等，使用寿命依赖于熔渣的组成、操作温度、气化炉的保养以及温度的循环。耐火材料侵蚀较严重，服役寿命不理想。

水煤浆气化炉均以液态形式排渣，液态形式的渣很容易渗入耐火材料内部，并与之发生反应，改变耐火材料的内部结构，在温度波动时使其产生剥落。鲁奇液态排渣炉、粉煤气化炉使用非氧化物作为内衬耐火材料，利用非氧化物导热较好的特性，采用水冷壁结构使耐火材料存在较大的温度梯度，只要操作温度稳定，耐火材料表面能够形成了稳定的挂渣层，形成以渣抗渣的结构；操作温度较高时，耐火材料表面就不能形成了稳定的挂渣层，内衬材料发生氧化而向熔渣中溶解。不同煤气化炉用耐火材料损毁特点如表 1-2 所示。

表 1-2　不同煤气化炉用耐火材料损毁特点

煤气化炉类型	煤运动状态	排渣形式	耐火材料损毁特点	
			磨损	化学反应
固定床	慢	固态	较轻	—
流化床	较快	固态	较严重	—

煤气化炉类型	煤运动状态	排渣形式	耐火材料损毁特点	
			磨损	化学反应
BGL	快	液态	—	反应
水煤浆气化炉	快	液态	严重	反应
粉煤气化炉	快	液态	严重	反应

（1）温度的影响

煤气化反应器工作温度随操作方法不同波动很大，一般低温型气化法温度为800～1100℃，高温气化法温度为1400～1600℃。气化炉的温度是耐火材料使用寿命最主要的影响因素。

① 操作温度对耐火材料的影响。水煤浆气化炉操作温度是根据保证煤充分气化、灰渣能顺利排出来确定的，一般控制在1300～1600℃，操作温度往往与煤灰分的性质有关。若煤灰熔渣熔点高，操作温度相应要提高，通常操作温度应较煤灰渣的熔点高30～50℃（也有报道为50～70℃），或者根据灰渣在高温下的黏温特性曲线来确定操作温度，操作温度应高于临界黏度（25Pa·s）对应的临界温度。温度过低，渣不能顺利排出，易造成排渣口堵塞；温度过高，渣对耐火材料的侵蚀和渗透增加。同时，在高压强还原气氛下，温度过高，会使耐火材料中的 Cr_2O_3 被还原，造成耐火材料结构的破坏。

上海焦化公司、鲁南化肥厂曾有过一段时间使用了高灰熔点煤，操作温度超过了规定温度1400℃达到1480～1500℃，造成了热面砖的严重损坏。根据操作经验，在合适的操作温度以上，每增加100℃，衬砖的蚀损率增加近3～4倍。

Shell气化炉用碳化硅耐火材料做里衬，碳化硅耐火材料存在易氧化的问题，气化炉操作温度的不当会导致SiC发生氧化反应。气化炉正常运行时，熔融态灰渣会在水冷壁表面形成一层渣层，渣层可起到很好的保护水冷壁的作用。但因为熔渣具有流动性，会随着气化炉运行温度的变化而减薄或增厚，当气化炉超温时，熔渣流动性增强，渣层减薄甚至没有渣层附着，此时就要靠水冷壁表面的SiC耐火衬里来抵御炉内介质的侵蚀。气化炉超温时间过长，SiC表面温度上升，超过一定温度时，就会发生氧化反应，引起层层剥落、磨损。

② 温度波动对耐火材料的影响。温度波动将会导致衬砖裂纹的产生和扩大，是造成衬砖损毁的极其重要的外部条件。气化炉温度波动主要来源两个方面：一是停开炉，二是操作控制不当。这两种温度波动，前者不可避免，后者是人为因素。因此，在开、停车时应控制升、降温速度，在操作过程中稳定操作温度。

（2）气氛的影响

煤炭气化过程中，煤在高温高压下与氧气和水蒸气作用产生含有 H_2、CO、

H_2O、CO_2 等混合气体，该混合气体对耐火材料具有很强的还原能力。这些气体与耐火材料直接接触，在压力作用下，通过砖的气孔、裂纹和砖缝渗透到耐火材料内部，气体不仅与热面砖作用，而且与背衬材料发生化学反应，使耐火材料的结构疏松、强度降低，最终导致耐火材料破坏。若炉内氧分压很低，材料中的 Cr_2O_3 也可能被还原成 Cr_2O 或金属 Cr。

① H_2 的影响。M. S. Crowley 对耐火材料中 SiO_2 与 H_2 反应的研究结果表明：耐火材料中无论是游离态的 SiO_2 还是结合态的 SiO_2，都可能与 H_2 发生反应，生成气态 SiO 从耐火材料中逸出，导致耐火材料失重。失重量与耐火材料中 SiO_2 含量成正比。

Roy. E. Dial 归纳了耐火材料与 H_2 的反应机理：当 H_2 不含水蒸气时，发生下列反应：

$$SiO_2(s) + H_2(g) \underset{冷却}{\overset{1024℃}{\rightleftharpoons}} H_2O(g) + SiO(g)$$

由于 H_2 的还原作用，使耐火材料中的 SiO_2 变为气态 SiO 而逸出。另一方面，SiO 在温度降低时，又重新氧化为 SiO_2，产生沉积。该过程通常称为"SiO_2 的转移"。当 H_2 与水蒸气在高于 1204℃ 共存时，上述反应不能进行。但 M. S. Crowley 指出：水蒸气可减缓含 SiO_2 耐火材料的失重，但不能完全消除。

M. S. Crowley 和 J. E Wygant 通过分层分析的方法，从氨厂二段转化器的炉头上取出使用两年后的残砖，发现工作层内的 SiO_2 减少了 50%，而离热面 13mm 处，SiO_2 含量几乎没有变化；从两个废热锅炉取出的沉积物分析结果表明：SiO_2 的转移是废热锅炉产生沉积物的主要因素。所以，气化炉实际运行中，在 H_2 的作用下 SiO 连续逸出，留下薄弱疏松的骨架结构，强度降低，加速了炉衬蚀损。更为严重的是 SiO_2 顺气流在冷却区（废热锅炉、催化剂床及输送管线等）沉积、堵塞管路，影响操作，甚至导致停炉事故发生。

② 水蒸气的影响。早期的研究结果认为，当气氛中有大量蒸汽存在时，SiO_2 可能发生溶解或者最低在 816℃ 下可能会从耐火材料中蒸馏出。这时，耐火材料的强度降低程度随蒸汽分压的增加和温度的提高而增大。实际上，SiO_2 与水蒸气生成气态水化物，如 Si $(OH)_4$ 或 Si_2O $(OH)_4$，其反应式为：

$$SiO_2(s) + H_2O(g) \text{ 过量} \xrightarrow{>816℃} H_xSiO_y(g)$$

在 1100℃、6.86MPa 的条件下，耐火材料接触纯蒸汽 250h 后，试验装置内壁和 Al_2O_3 分离盘上可观察到约 0.5mm 厚的玻璃涂层。经能谱扩散 X 射线分析，其主要成分是含硅物质。同时还发现，高硅耐火材料中 SiO_2 含量减小，证实了上述机理。

③ CO 的影响。CO 对耐火材料的损害作用是一种特殊的破坏形式，首先是 CO 渗入耐火材料的孔隙，由于气孔内 CO 的相对分压增大，发生布氏反应

(Boudouard reaction)：

$$CO(g) \longrightarrow C(s) + CO_2(g)$$

反应结果使碳在耐火材料中沉积下来，碳素沉积导致耐火材料鼓胀破裂，最终损毁。碳素沉积产生在 300～700℃ 的温度范围内，在 450～550℃ 最为严重。这在实际中意味着碳素沉积发生在热面的里侧，热面因此而剥落掉。

碳素沉积的催化剂是氧化铁或碳化铁。研究资料表明：FeO、Fe_2O_3 和 Fe_3O_4 三个氧化物中使碳素沉积量最大的是 Fe_2O_3，没有发现 Fe 对碳素沉积有催化作用。用 SEM 对试样磨光面的观察表明，碳素沉积在试样表层内平均分布，沉积在形式上是大小不一、形状不规则的块状和板片状。电子探针证明沉积物的确是碳，此外在沉积的地方也发现了铁的存在。

（3）操作压力及流体速度的影响

气化炉的操作压力及流速对耐火材料的使用寿命也有较大的影响。

① 操作压力对耐火材料的影响。煤气化效率随压力提高成倍地增大。所以，各种方法都趋向于高压，一般操作压力为 0.1～10.5MPa。水煤浆加压气化炉的工作压力多在 2.7～6.5MPa，压力提高可以成倍提高气化效率，同时也加大对炉衬材料的冲刷。在煤灰熔渣黏度相同的条件下，熔渣渗入衬砖内部的深度要比低操作压力时深，因而衬砖可能发生的剥落厚度要大。在富含水蒸气的气氛中较高压力将加速耐火材料的损毁，对炉衬使用寿命不利。

② 流体速度对耐火材料的影响。运动中的煤、灰、炭和其他固态组分粒子本身是没有腐蚀作用的，但它们的冲刷（磨损）作用可使因气氛及熔渣侵蚀导致表面软化的炉衬过早地损毁。物料颗粒的大小和速度对炉衬的损毁影响很大。在流化床系统中，粒子速度为 1～3m/s 时对炉衬蚀损不明显，而气流速度高于 15m/s 时，蚀损加剧。

在水煤浆加压气化炉中，包括炭粒、熔灰渣在内的固体粒子和合成气体以 5～10m/s 速度从炉膛上部到下部流动。当热面衬砖受熔渣和还原气体的侵蚀表面存在低熔物，这些低熔物易被冲掉，同时热面砖的剥落层也不断受到冲击。这种高速流体的冲刷（磨损），导致衬砖的损毁。

（4）灰渣成分的影响

煤熔渣的主要成分为 SiO_2、FeO、CaO、MgO、Al_2O_3，其中 SiO_2 和 Al_2O_3 的含量大于 CaO、MgO、FeO 含量的总和，为酸性较强的熔渣。通常当温度高于 1400℃ 时，煤灰熔融，所形成的煤熔渣对多数耐火材料都具有侵蚀性。

对耐火材料侵蚀最为严重的成分主要为 CaO、FeO、V_2O_5 和碱金属氧化物等。煤熔渣的黏度一般较高，为保证灰渣能在较低的温度下顺利排出，通常加入石灰或铁的氧化物等助熔剂来降低黏度。随着助熔剂的加入，灰熔渣具有良好的流动性，黏度较低，对热面衬砖的侵蚀和渗透均较严重，它是导致砖衬损毁的非常重要的因素。所以气化炉操作应在保证排渣黏度的情况下，选择较低的操作温度。

① CaO 的作用。对于灰渣中氧化钙含量较低的煤来说，其灰渣的熔融温度一般高达 1400℃，这对气化炉的操作是非常不利的。通常的做法是在煤中加入一定的石灰，使灰渣熔融温度降低，黏度降低，以保证操作温度下灰渣顺利排出。加入的 CaO 与渣中酸性氧化物 SiO_2 及 Al_2O_3 形成钙长石和钙黄长石，使渣的黏性急剧下降，从而保证在气化炉操作温度下，熔渣能顺利排出而不致出现堵塞。

随着 CaO 含量的增加，灰渣对耐火材料的侵蚀也急剧增加，图 1-12 给出了不同 CaO 含量的煤熔渣对耐火砖的侵蚀率。高钙灰渣黏度低，在耐火材料中渗透后形成致密层，若操作温度出现波动，因渗透层与原砖层热膨胀系数不同，极易引起剥落。因此，气化炉操作条件应尽量避免出现温度波动或氧化性气氛。

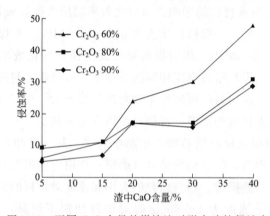

图 1-12　不同 CaO 含量的煤熔渣对耐火砖的侵蚀率

② FeO（Fe_2O_3）的作用。在煤熔渣中增加 FeO 含量，可显著降低灰渣的熔化温度和渣黏度。FeO 的存在，煤熔渣相组成将进入 CaO-FeO-Al_2O_3-SiO_2 体系，能够表示煤渣熔融状态下平衡关系的已知有方铁矿-钙长石-假硅灰石系统和方铁矿-钙长石-二氧化硅系统。该系统表明，与煤渣有关的相组成最低液相温度应在 1080～1200℃ 之间。通过对耐火材料侵蚀性试验，发现随 FeO（Fe_2O_3）含量的增加，熔渣对耐火材料的渗透加剧。特别是当 FeO 含量达到 25％ 时侵蚀最严重。

③ V_2O_5 及碱金属的作用。在还原气氛下，矾的氧化物通常以 V_2O_3 的状态存在，但与 Al_2O_3、CaO、Na_2O 等氧化物共存的情况下，则是以 V_2O_5 的形式与其他氧化物生成 $CaO \cdot V_2O_5$、$Na_2O \cdot V_2O_5$、$Al_2O_3 \cdot V_2O_5$ 等熔点更低的化合物，对耐火材料的侵蚀将更加严重。同时，当 V^{3+} 转变成 V^{5+} 时伴随着较大的体积膨胀，V_2O_3 渗透到砖的气孔或缝隙中，在开、停车的过程中会因矾的

价态转变而导致耐火砖体积膨胀，最终导致砖的胀裂。

碱金属氧化物 K_2O、Na_2O 作为渣的组分将显著降低渣的熔点和黏度，增加渣对耐火材料的侵蚀与渗透；同时，K_2O、Na_2O 在耐火材料中存在，降低了液相出现的温度，从而降低了耐火材料的抗侵蚀性能。在炉内气氛发生变化或开、停车的过程中，K_2O、Na_2O 还与耐火材料中 Cr_2O_3 反应生成溶于水的六价铬盐，对环境的影响很大。

1.3.3 耐火材料对煤气化装置运行的影响

气化炉是一个压力容器，要求炉壳要有足够的强度，炉壳的温度过高强度就会下降。炉壁内衬耐火材料长期在高温下工作，经受高速煤浆冲刷，所以必须具有耐高温和耐磨损的性能以保护炉壁不受熔渣的侵蚀；同时还要起到隔热的作用，避免炉壁温度过高而失去强度。内衬耐火材料抗熔渣侵蚀性差，炉壁的厚度减小会导致炉壁温度升高而失去强度或者过早更换内衬降低气化炉运行次效率。因此，煤气化炉运行过程中，气化炉内衬耐火材料的耐用性、可靠性是气化炉安全高效长周期运行的重要前提。

参 考 文 献

[1] Massey L G. Coal gasification for high and low Btu fuels[M]. Addison-Wesley Publishing Co., Inc., 1979.

[2] Liu K; Cui Z, Fletcher T H. Coal Gasification[M]//Hydrogen and Syngas Production and Purification Technologies. John Wiley & Sons, Inc., 2009：156-218.

[3] 贺永德. 现代煤化工技术手册[M]. 北京：化学工业出版社，2004.

[4] Breault R W. Gasification Processes Old and New：A Basic Review of the Major Technologies[J]. Energies，2010，3(2)：216-240.

[5] Shadle L J, Breault R W, Bennett J. Gasification Technology[M]//Chen W，Suzuki T, Lackner M. Handbook of Climate Change Mitigation and Adaptation. Cham：Springer International Publishing，2017：2557-2627.

[6] 李美莹，王航，尹时雨. 我国煤炭资源特点及其利用[J]. 当代石油石化，2015(11)：24-28.

[7] Wang P, Massoudi M. Slag Behavior in Gasifiers Part I：Influence of Coal Properties and Gasification Conditions[J]. Energies，2013，6(2)：784-806.

[8] 门长贵. 多原料浆气化制合成气技术[J]. 煤化工，1998，(2)：4-6.

[9] Wang P, Massoudi M. Slag Behavior in Gasifiers Part I：Influence of Coal Properties and Gasification Conditions[J]. Energies，2013，6(2)：784-806.

[10] 科柏斯-托切克(K-T)法[J]. 煤炭化工设计，1980(Z1)：23-28.

[11] 张惠林. 国外 K-T 气化技术情况[J]. 煤炭化工设计，1979(02)：65-80.

[12] Wang P, Massoudi M. Slag Behavior in Gasifiers Part I：Influence of Coal Properties and Gasification Conditions[J]. Energies，2013，6(2)：784-806.

[13] 许祥静，刘军. 煤炭气化工艺[M]. 北京：化学工业出版社，2005.

[14] 许世森，张东亮，任永强. 大规模煤气化技术[M]. 北京：化学工业出版社，2006.

[15] 梁永煌，游伟，章卫星. 我国洁净煤气化技术现状与存在的问题及发展趋势(上)[J]. 化肥工业，2013 (6)：30-36.

[16] 许世森，张东亮，任永强. 大规模煤气化技术[M]. 化学工业出版社，2006.

[17] 戢绪国. 鲁奇固定床加压气化技术综述：全国煤气科技信息网第九届全网大会，天津，2009.

[18] 傅斌. BGL 碎煤熔渣气化技术及工业化应用：全国化工合成氨设计技术中心站 2007 年技术交流会，石家庄，2007.

[19] 钱笑公. 液态排渣鲁奇炉综述[J]. 煤气与热力，1992(2)：18-23.

[20] 梁永煌，游伟，章卫星. 我国洁净煤气化技术现状与存在的问题及发展趋势(上)[J]. 化肥工业，2013 (6)：30-36.

[21] Kwong K, Petty A, Bennett J, et al. Wear mechanisms of chromia refractories in slagging gasifiers[J]. International Journal of Applied Ceramic Technology，2007，4(6)：503-513.

[22] Nakano J, Sridhar S, Bennett J, et al. Interactions of refractory materials with molten gasifier slags[J]. International Journal of Hydrogen Energy，2011，36(7)：4595-4604.

[23] Bennett J P, Kwong K. Failure mechanisms in high chrome oxide gasifier refractories[J]. Metallurgical and Materials Transactions A，2011，42(4)：888-904.

[24] Maun A. Equilibrium relations in systems containing chromium oxide, with a bearing on refractory corrosion In slagging coal gasifiers[J]. High Temperatures-High Pressures，1982，14(6)：653-660.

[25] Nowok J W. Viscosity and Structural State of Iron in Coal Ash Slags under Gasification Conditions[J]. Energy & Fuels，1995，9(3)：534-539.

[26] Bennett J P, Kwong K. Refractory liner materials used in slagging gasifiers [J]. Refractories Applications and News，2004，9(5)：20-25.

[27] Rawers J, Kwong J, Bennett J. Characterizing coal-gasifier slag-refractory interactions[J]. Materials at High Temperatures，1999，16(4)：219-222.

[28] 郭宗奇，生民. 煤气化气氛对耐火材料的作用[J]. 能源技术，1991(2)：23-27.

[29] 李晓芹，周敏良. Shell 煤气化炉反应段耐火衬里损伤脱落原因分析及处理措施[J]. 化肥工业，2011 (3)：47-48.

[30] 宋林喜. 水煤浆气化操作条件对高铬耐火材料的影响[J]. 耐火材料，2001，35(3)：155-157.

第2章 耐火材料的分类、基本性能及评价方法

根据 GB/T 18930—2002，耐火材料是指物理和化学性质适宜于在高温环境下使用的非金属材料，但不排除某些产品含有一定量的金属材料。尽管各国规定的定义不尽相同，但基本概念是相同的，即耐火材料是用作高温窑、炉或高温容器等热工设备的内衬结构材料，也可用作高温装置中的元件、部件材料等，它具有很好的耐高温性能、一定的高温力学性能、良好的体积稳定性、抗各种侵蚀性的熔渣及气体的侵蚀性能等。

2.1 耐火材料的分类

2.1.1 我国常用耐火材料的分类方法

耐火材料品种繁多，用途广泛，其分类方法多种多样，常用的有以下几种。

2.1.1.1 按化学矿物组成分类

耐火材料按化学矿物组成可分为 9 类：硅质材料、硅酸铝质材料、镁质材料、白云石质材料、刚玉-尖晶石质材料、铬质材料、碳质材料、锆质材料、特殊材料。

耐火材料的化学矿物组成分类见表 2-1。

表 2-1 耐火材料的化学矿物组成分类

分类	类别	主要化学成分	主要矿物成分
硅质	硅砖	SiO_2	鳞石英、方石英、石英
	石英玻璃	SiO_2	石英玻璃
	熔融石英制品	SiO_2	玻璃相，石英

分类	类别	主要化学成分	主要矿物成分
硅酸铝质	半硅砖	SiO_2、Al_2O_3	莫来石、方石英
	黏土砖	SiO_2、Al_2O_3	莫来石、方石英
	高铝砖	Al_2O_3、SiO_2	莫来石、刚玉
镁质	镁砖(方镁石砖)	MgO	方镁石
	镁铝砖(尖晶石砖)	MgO、Al_2O_3	方镁石、镁铝尖晶石
	镁铬砖	MgO、Cr_2O_3、Al_2O_3	方镁石、尖晶石
	镁橄榄石砖	MgO、SiO_2	镁橄榄石、方镁石
	镁硅砖	MgO、SiO_2	方镁石、镁橄榄石
	镁钙砖	MgO、CaO	方镁石、氧化钙(硅酸二钙)
	白云石砖	MgO、CaO	方镁石、氧化钙
	镁碳砖	MgO、C	方镁石、石墨(或无定形碳)
白云石质制品	白云石砖	CaO、MgO	氧化钙、方镁石
刚玉-尖晶石质	刚玉尖晶石砖	Al_2O_3、MgO	刚玉、尖晶石
铬质制品	铬砖	Cr_2O_3、FeO	铬铁矿
	铬镁砖	MgO、Cr_2O_3	铬尖晶石、方镁石
碳质制品	碳砖	C	石墨,碳(或无定形碳)
	石墨制品	C	石墨
锆质制品	锆英石砖	ZrO_2、SiO_2	锆英石
	锆刚玉砖	ZrO_2、Al_2O_3	氧化锆,刚玉
	锆莫来石砖	ZrO_2、Al_2O_3、SiO_2	莫来石、氧化锆
特殊制品	高纯氧化物制品	Al_2O_3,ZrO_2,CaO,MgO,TiO_2	刚玉,高温型 ZrO_2,氧化钙,方镁石,金红石
	碳化物	SiC,B_4C	
	氮化物	Si_3N_4,BN,AlN,TiN,ZrN	
	硅化物	$MoSi_2$	
	硼化物	ZrB_2,TiB_2	
	氮氧化物	$AlON$,$MgAlON$,Si_2ON_2,$SiAlON$	
	金属陶瓷等		

按化学矿物组成分类可以较好地反映出耐火材料的材质、结构及性质特征，所以这是目前应用最广泛的分类方法。

2.1.1.2 按化学特性分类

耐火材料按化学特性可分为 3 类。

(1) 酸性耐火材料

它是以 SiO_2 为主要成分的耐火材料。在高温下易与碱性耐火材料、碱性渣、高铝质耐火材料或含碱的化合物发生化学反应。硅砖是典型的酸性耐火材料，另外还有氧化锆制品、半硅砖、黏土制品、锆英石制品等；Al_2O_3-SiO_2 系材料和 Al_2O_3-SiO_2-ZrO_2 系材料属于偏酸性耐火材料。

（2）中性耐火材料

在高温下与酸性耐火材料、碱性耐火材料、酸性或碱性渣或熔剂不发生明显化学反应的耐火材料。中性耐火材料主要是指以 R_2O_3（Al_2O_3、Cr_2O_3）和原子键结晶矿物（SiC、C、B_4C、BN、Si_3N_4）为主要成分的耐火材料，如刚玉制品、炭质制品、碳化硅制品、碳化硼质耐火材料、氮化硼质耐火材料、氮化硅质耐火材料等。

（3）碱性耐火材料

在高温下易与酸性耐火材料、酸性渣、酸性熔剂或氧化铝发生化学反应的耐火材料。碱性耐火材料主要以 RO（CaO、MgO）为主要成分，包括镁质耐火材料、氧化钙质耐火材料、白云石耐火材料等。MgO-Al_2O_3、MgO-Cr_2O_3、MgO-SiO_2 系耐火材料属于偏碱性耐火材料，如镁铝制品、镁铬制品、镁铝尖晶石制品、镁橄榄石制品等。

2.1.1.3 按耐火度分类

耐火材料按耐火度可分为 3 类。

① 普通耐火材料：耐火度为 1580～1770 ℃；

② 高级耐火材料：耐火度为 1770～2000℃；

③ 特级耐火材料：耐火度高于 2000℃。

2.1.1.4 按成型工艺分类

耐火材料按成型工艺可分为 7 类：

① 天然岩石加工成型；

② 压制成型耐火材料；

③ 浇注成型耐火材料；

④ 可塑成型耐火材料；

⑤ 捣打（包括机械捣打与人工捣打）成型耐火材料；

⑥ 喷射成型耐火材料；

⑦ 挤出成型耐火材料。

2.1.1.5 按热处理方式分类

耐火材料按热处理方式可分为 4 类：

① 烧成制品；

② 不烧制品；

③ 不定形耐火材料；

④ 熔融（铸）制品。

2.1.1.6　按形状和尺寸分类

耐火材料按形状可分为两大类，定形耐火材料和不定形耐火材料。其中定形耐火材料又分为 5 大类：

① 标型制品；

② 普型制品；

③ 异型制品；

④ 特型制品；

⑤ 其他，如坩埚、皿、管等。

2.1.1.7　按用途分类

耐火材料还可按用途划分为钢铁行业用耐火材料、有色金属行业用耐火材料、石化行业用耐火材料、建材行业（玻璃、水泥、陶瓷等）用耐火材料、电力行业（发电锅炉）用耐火材料、废物焚烧熔融炉用耐火材料、其他行业用耐火材料等。

2.1.2　致密定形耐火材料的分类

中国国家标准 GB/T 17105—1997 对致密定形耐火制品进行了分类，见表2-2。

表 2-2　致密定形耐火材料的分类（GB/T 17105—1997）

制品	主要成分/%	细分类的准则和一般说明
一类高铝耐火制品	$Al_2O_3 \geqslant 56$	这些制品的名称应指明实际使用的原料或其成品的矿物组成，并应说明其确定方法
二类高铝耐火制品	$45 \leqslant Al_2O_3 < 56$	
黏土质耐火制品	$30 \leqslant Al_2O_3 < 45$	
低铝质黏土制品	$10 \leqslant Al_2O_3 < 30$ $SiO_2 < 85$	有些国家称为"半硅质制品"，可以属于低铝黏土制品类或硅质制品类
硅质耐火制品	$85 \leqslant SiO_2 < 93$	
硅石耐火制品	$SiO_2 \geqslant 93$	根据用途确定质量技术条件
碱性耐火制品		鉴于碱性制品的发展，有必要进行细分类和制订出分类新准则
镁质制品	$MgO \geqslant 80$	主要原料是镁砂的制品
镁铬质制品	$55 \leqslant MgO < 80$	主要原料是镁砂和铬矿石的制品
铬镁质制品	$25 \leqslant MgO < 55$	主要原料是铬矿石和镁砂的制品
铬质制品	$Cr_2O_3 \geqslant 25$ $MgO < 25$	主要原料是铬矿石的制品

制品	主要成分/%	细分类的准则和一般说明
镁铝质	MgO≤25	主要原料是镁砂和矾土熟料的制品
镁碳质		主要原料是镁砂和石墨的制品
镁橄榄石制品		主要成分是镁橄榄石的制品
白云石制品		主要成分是白云石的制品
特种耐火制品		制品主要成分
		碳
		石墨
		锆英石
		氧化锆
		碳化硅
		碳化物(碳化硅除外)
		氮化物
		硼化物
		尖晶石(铬铁矿除外)
		以几种氧化物为主要原料的制品(除碱性制品外)纯氧化物制品,包括氧化铝、二氧化硅、氧化镁、氧化锆、高纯制品

2.1.3　不定形耐火材料的分类

中国国家标准《不定形耐火材料　第 1 部分：介绍和分类》（GB/T 4513—2000）对不定形耐火材料进行了分类，具体如下。

（1）根据真气孔率的大小分

分为致密材料和隔热材料两大类，其中隔热材料的真气孔率不低于 45%，以字母"Ge"表示。

（2）以整个混合料的主要化学成分（矿物组成）和（或）决定混合料特性的骨料性质分类

不定形耐火材料的分类（按主要化学组成、矿物组成）见表 2-3。

表 2-3　不定形耐火材料的分类（按主要化学组成、矿物组成）

类别	主要氧化物的名称或极限含量	主要矿物组成
L	高铝质 $Al_2O_3 \geqslant 45\%$ 的材料	莫来石,刚玉
N	黏土质,$10\% \leqslant Al_2O_3 < 45\%$ 的材料	莫来石,方石英
G	硅质,$SiO_2 \geqslant 85\%$,$Al_2O_3 < 10\%$ 的材料	鳞石英,方石英
J	碱性材料(镁砂、铬铁矿、尖晶石、镁橄榄石、白云石以及其他碱土金属氧化物)和它们的混合物	方镁石、铝镁尖晶石、氧化钙、硅酸二钙、铬尖晶石
Te	特殊材料(碳、碳化物、氮化物、锆英石等)及其混合物	碳化硅、氮化硅、锆英石等

（3）按结合形式分

分为陶瓷结合（T）、水硬性结合（S）、化学结合（H）、有机结合（Y）。

（4）按施工方法分

分为耐火捣打料（D）、耐火可塑料（K）、耐火浇注料（J）、耐火压入料（Ya）、耐火喷涂料（P）、耐火泥浆（N）、耐火涂抹料（To）等。

2.2 耐火材料的化学与矿物组成

耐火材料是由多种不同化学成分及不同结构矿物组成的非均质体。耐火材料的性质与其化学组成、物相组成及分布以及各相的特性密切相关。

2.2.1 耐火材料的化学组成

耐火材料的化学组成是耐火材料的最基本特性之一。通常将耐火材料的化学组成按成分含量和其作用分为两部分，即占绝对多量、对其性能起决定作用的基本成分——主成分和占少量的从属成分——副成分。副成分是原料中伴随的杂质成分或在生产过程中为达到某种目的而特别加入的添加成分（加入物）。

2.2.1.1 主成分

主成分是耐火材料中构成耐火基体的成分，是耐火材料的特性基础。它的性质和数量对耐火材料的性质起决定作用。主要成分可以是氧化物，也可以是非氧化物。因此，耐火材料可以是由耐火氧化物构成，也可以是由耐火氧化物与碳或其他非氧化物构成，还可以是全由耐火非氧化物构成。氧化物耐火材料按其主成分的化学性质可分为酸性、中性和碱性三类。

（1）酸性耐火材料

该种材料含有相当数量的游离 SiO_2。酸性最强的耐火材料是硅质耐火材料，几乎由 $94\%\sim97\%$ 的游离 SiO_2 构成。黏土质耐火材料的游离 SiO_2 的含量较少，是弱酸性的。半硅质耐火材料居于其间。

（2）中性耐火材料

高铝质耐火材料（Al_2O_3 的质量分数在 45% 以上）是偏酸而趋于中性的耐火材料，铬质耐火材料是偏碱而趋于中性的耐火材料。

（3）碱性耐火材料

含有相当数量的 MgO 和 CaO 等。镁质和白云石质耐火材料是强碱性的，铬镁系和镁橄榄石质耐火材料以及尖晶石耐火材料属于弱碱性耐火材料。

此种分类对了解耐火材料的化学性质，判断在使用过程中耐火材料之间及耐火材料与接触物间的化学作用情况有着重要意义。

2.2.1.2 杂质成分

耐火材料的原料绝大多数是天然矿物，因此在耐火材料中常含有一定量的杂质。这些杂质会使耐火材料的某些耐火性能降低，例如镁质耐火材料中的主成分是 MgO，其他氧化物如二氧化硅、氧化铁等属于杂质成分。杂质成分越多，高温时形成的液相量越多。

耐火材料中的杂质成分直接影响材料的高温性能，如耐火度、荷重变形温度、抗侵蚀性、高温强度等。其有利的方面是杂质可降低制品的烧成温度，促进制品的烧结等。

2.2.1.3 添加成分

在耐火材料特别是不定形耐火材料的生产或使用中，为改善耐火材料的物理性能、成型或施工性能（作业性能）和使用性能而加入的少量的添加剂。添加剂的加入量随其性质、功能而不同，为耐火材料组成总量的万分之几到百分之几。

按添加剂的添加目的和作用不同分为以下几种。

① 改变流变性能类：包括减水剂（分散剂）、增塑剂、胶凝剂、解胶剂等；

② 调节凝结、硬化速度类：包括促凝剂、缓凝剂等；

③ 调节内部组织结构类：包括发泡剂（引气）、消泡剂、防缩剂、膨胀剂等；

④ 保持材料施工性能类：包括抑制剂（防鼓胀剂）、保存剂、防冻剂等；

⑤ 改善使用性能类：包括助烧结剂、矿化剂、快干剂、稳定剂等。

这些添加成分，除可烧掉的成分外，它们都会留在材料的化学成分中。

通过化学组成分析，按所含成分的种类和数量，可以判断制品或原料的纯度和特性。借助于有关相图可大致估计制品的矿物组成和其他有关性能。

2.2.2 耐火材料的矿物组成

耐火材料的矿物组成取决于它的化学组成和工艺条件。化学组成相同的材料，由于工艺条件的不同，所形成矿物相的种类、数量、晶粒大小和结合情况会有差异，其性能也可能有较大差别。例如，SiO_2 含量相同的硅质制品，因 SiO_2 在不同工艺条件下可能形成结构和性质不同的两类矿物鳞石英和方石英，使制品的某些性质会有差别。即使材料的矿物组成一定，但由于矿相的晶粒大小、形状和分布情况的差别，也会对材料的性能有显著的影响。

耐火材料的矿物组成可以从所用原料的加热相变化、生产过程中各物料间相互作用及生成的化合物或发生的相变化来判定，从而确定耐火材料的生产工艺、制品质量以及该材料在何种条件使用较为合适。

耐火材料的矿物组成一般可分为主晶相和次晶相两大类。主晶相是指构成材料结构的主体且熔点较高的晶相。主晶相的性质、数量和结合状态直接决定着材料的性质。常见耐火制品的主要化学成分主晶相见表2-4。

表 2-4　常见耐火制品的主要化学成分及主晶相

类别	主要化学成分	主晶相
硅砖	SiO_2	鳞石英、方石英
半硅砖	SiO_2、Al_2O_3	莫来石、方石英
黏土砖	SiO_2、Al_2O_3	莫来石、方石英
Ⅱ、Ⅲ 等高铝砖	Al_2O_3、SiO_2	莫来石、方石英
Ⅰ 等高铝砖	Al_2O_3、SiO_2	莫来石、刚玉
莫来石砖	Al_2O_3、SiO_2	莫来石
刚玉砖	Al_2O_3、SiO_2	刚玉、莫来石
电熔刚玉砖	Al_2O_3	刚玉
铝镁砖	Al_2O_3、MgO	刚玉、镁铝尖晶石
镁砖	MgO	方镁石
镁硅砖	MgO、SiO_2	方镁石、镁橄榄石
镁铝砖	MgO、Al_2O_3	方镁石、镁铝尖晶石
镁铬砖	MgO、Cr_2O_3	方镁石、镁铬尖晶石
铬镁砖	MgO、Cr_2O_3	镁铬尖晶石、方镁石
镁橄榄石砖	MgO、SiO_2	镁橄榄石、方镁石
镁钙砖	MgO、CaO	方镁石、氧化钙
镁白云石砖	MgO、CaO	方镁石、氧化钙
白云石砖	CaO、MgO	氧化钙、方镁石
锆刚玉砖	Al_2O_3、ZrO_2、SiO_2	刚玉、莫来石、斜锆石
锆莫来石砖	Al_2O_3、SiO_2、ZrO_2	莫来石、锆英石
锆英石砖	ZrO_2、SiO_2	锆英石
镁碳砖	MgO、C	方镁石、石墨(或无定形碳)
铝碳砖	Al_2O_3、C	刚玉、莫来石、石墨(或无定形碳)

　　除主晶相和次晶相外，耐火材料还含有基质。

　　基质是指耐火材料中大晶体或骨料间结合的物质。基质对材料的性能起着很重要的作用。在使用时，往往是基质首先受到破坏，调整和改变材料的基质可以改善材料的使用性能。

2.3　耐火材料性能的划分

　　耐火材料的性能包含很多内容，不同国家对性能的划分也不同，如日本将耐火材料的性能分为：物理性能、化学性能、力学性能、热学性能等。其中物理性能包括：密度、真密度、显气孔率、吸水率、透气度、气孔尺寸分布等；化学性能仅介绍了抗水化性；力学性能包括耐压强度、抗折强度、抗拉强度、弹性模量、断裂韧性、高温变形性、耐磨性；热学性能包括：耐火度、熔点、热膨胀性、重烧线变化、导热性、抗热震性等。可见，日本对耐火材料性能的划分与中国有很大的区别，但日本的耐火材料的物理性能与中国划分的耐火材料的结构性能相似。中国对耐火材料性能的划分，不同的书籍，也略有区别。西安建筑科技大学教授蒋明学博士对耐火材料的性能进行了详尽的划分，见表 2-5。

表 2-5 耐火材料的性能（不含化学性能）

主要工艺性能	结构性能	力学性能	物理性能	耐温性能	使用性能
黏结时间	显气孔率	耐压强度	导热性	熔点	抗热震性
泥浆稠度	真气孔率	高温耐压强度	热膨胀性	耐火度	抗结构剥落
黏结强度	透气性	抗折强度	导电性	重烧线变化	高温耐磨性
堆积密度	孔径分布	高温抗折强度	磁性	永久线变化	抗熔体腐蚀
可塑性	真密度	抗拉强度（拉伸强度）	光学性质	玻璃渗出	抗气体腐蚀
塑性指数	体积密度	弹性模量	声学性质	荷重软化温度	承载能力
回弹性	物相组成	断裂韧性	放射性		
含水量	粒度组成	抗蠕变性	硬度		
黏度	显微结构	抗冲击性	耐磨性		
可压缩性	内部裂纹	泊松比			
流动性	孔洞				

笔者认为，蒋明学博士对耐火材料性能的划分比较合理、全面，因此本章性能部分的内容基本上按照此划分来写，并根据实际情况进行了调整与合并。调整后的耐火材料的性能表见表 2-6。

表 2-6 本章重点介绍的耐火材料的性能（不含化学性质）

结构性能	力学性能	热学和电学性能	使用性能
气孔率	耐压强度	热容	耐火度
吸水率	抗折强度	导热性	荷重软化温度
体积密度	扭转强度	温度传导性	高温蠕变性
真密度	弹性模量	热膨胀性	高温体积稳定性
透气性	耐磨性	导电性	抗热震性
气孔孔径分布	断裂韧性		抗侵蚀性
	泊松比		抗氧化性
			抗水化性
			耐真空性

2.4 耐火材料的结构性能

耐火材料的结构性能包括气孔率、吸水率、体积密度、真密度、透气性、气孔孔径分布等。它们是评价耐火材料质量的重要指标。耐火材料的结构性能与该材料所用原料和其制造工艺，包括原料的种类、配比、粒度和混合、成型、干燥及烧成条件等密切相关。

2.4.1 气孔率

耐火材料中的气孔大致可分为 3 类，见图 2-1。

① 封闭气孔，封闭在制品中不与外界相通；

② 开口气孔，一端封闭，另一端与外界相通，能被流体填充；

③ 贯通气孔，贯通材料两面，流体能够通过。

图 2-1　耐火制品中气孔类型
1—封闭气孔；2—开口气孔；
3—贯通气孔

贯通气孔对耐火材料使用过程中被外界介质侵入的影响最大从而加速材料损坏，开口气孔次之，封闭气孔影响很小。

通常将上述 3 类气孔合并为两类，即开口气孔（包括贯通气孔）和闭口气孔。一般来说，开口气孔占总气孔体积的多数，闭口气孔的体积很少。

相应地，气孔率有 3 种，包括显气孔率（耐火材料中所有开口气孔的体积与其总体积之比，%）、闭口气孔率（耐火材料中所有闭口气孔的体积与其总体积之比，%）和真气孔率（耐火材料中的开口气孔和闭气孔的体积之和与总体积之比，即显气孔率和闭口气孔率之和，%）。

耐火材料的气孔率指标常用显气孔率来表示。

由于闭口气孔的体积难于直接测定，因此，材料的气孔率指标常用开口气孔率，也即显气孔率来表示。

$$\text{真气孔率（总气孔率）} = \frac{V_1 + V_2}{V_0} \times 100\%$$

$$\text{显气孔率（开口气孔率）} = \frac{V_1}{V_0} \times 100\%$$

式中　V_0——总体积，cm^3；

　　　V_1——开口气孔体积，cm^3；

　　　V_2——闭口气孔体积，cm^3。

气孔率是多数耐火材料的基本技术指标，它几乎影响耐火材料的所有性能，尤其是强度、热导率、抗渣性、抗热震性等。一般来说，气孔率增大，强度降低，热导率降低，抗渣性降低。但气孔率对抗热震性的影响比较复杂。耐火材料性质与气孔率的关系如图 2-2 所示。

耐火材料的气孔率受所用原料、工艺条件等多种因素的影响，一般来说，选用致密的原料，按照最紧密堆积原理来采用合理的颗粒级配，选用合适的结合剂，物料充分混炼，高压成型，提高烧成温度和延长保温时间均有利于降低材料的气孔率。

致密定形耐火制品的显气孔率按照中国国家标准《致密定形耐火制品体积密度、显气孔率和真气孔率试验方法》（GB/T 2997—2015）（修改采用 ISO 5017：2013）进行测定，显气孔率计算公式如下：

$$\pi_a = \frac{m_3 - m_1}{m_3 - m_2} \times 100\%$$

式中　π_a——显气孔率，%；

　　　m_1——干燥试样的质量，g；

　　　m_2——饱和试样悬浮在浸液中的质量，g；

　　　m_3——饱和试样（在空气中）的质量，g。

致密耐火制品的显气孔率一般为 10%～28%；隔热耐火材料的真气孔率大于 45%。

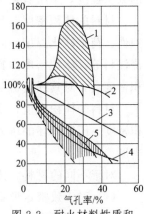

图 2-2　耐火材料性质和气孔率的关系

1—抗热震性；2—线膨胀系数；
3—体积密度；4—热导率；
5—耐压强度

2.4.2　吸水率

吸水率是耐火材料全部开口气孔所吸收水的质量与其干燥试样的质量之比，以百分数（%）表示，它实质上反映了材料中的开口气孔量。

在耐火原料生产中，习惯上用吸水率来鉴定原料的煅烧质量，原料煅烧得越好，吸水率数值应越低。一般应小于 5%。

对颗粒状（粒度大于 2.0mm）耐火材料的吸水率的测定，按照中国国家标准《耐火材料颗粒体积密度试验方法》（GB/T 2999—2016）进行，吸水率按下式计算：

$$\omega_a = \frac{m_3 - m_1}{m_1} \times 100\%$$

式中　ω_a——吸水率，%；

　　　m_1——干燥试样的质量，g；

　　　m_3——饱和试样在空气中的质量，g。

2.4.3　体积密度

耐火材料的干燥质量与其总体积（耐火材料中的固体、开口气孔和闭口气孔的体积总和）的比值，即材料单位体积的质量，g/cm^3。体积密度表征耐火材料的致密程度，是所有耐火原料和耐火制品质量标准中的基本指标之一。

材料的体积密度对其其他许多性能都有显著的影响，如气孔率、强度、抗侵蚀性、荷重软化温度、耐磨性、抗热震性等。对轻质隔热材料，如隔热砖、轻质浇注料等，体积密度与其导热性和热容量也有密切的关系。一般来说，材料的体积密度高，对其强度、抗侵蚀性、耐磨性、荷重软化温度有利。

材料的体积密度，受所用原料、生产工艺等因素的影响，控制所用原料的体积密度、压制砖坯的压力和制定合理的烧成制度，均能有效控制最终制品的体积密度。

对于不同的材料，体积密度的检测方法也不同。

（1）对于致密定形耐火制品的体积密度

按照中国国家标准 GB/T 2997—2015（修改采用 ISO 5017：2013）进行测定，计算公式如下：

$$\rho_b = \frac{m_1}{m_3 - m_2} \times \rho_{ing}$$

式中　　ρ_b——试样的体积密度，g/cm^3；

　　　　m_1——干燥试样的质量，g；

　　　　m_2——饱和试样悬浮在浸液中的质量，g；

　　　　m_3——饱和试样（在空气中）的质量，g；

　　　　ρ_{ing}——试验温度下，浸渍液体的密度，g/cm^3。

（2）对于定形隔热耐火制品的体积密度

按照中国国家标准《定形隔热耐火制品体积密度和真气孔率试验方法》（GB/T 2998—2015）（修改采用 ISO 5016：1997）进行测定，计算公式如下：

$$\rho_b = \frac{m}{V_b}$$

式中　　ρ_b——试样的体积密度，g/cm^3；

　　　　m——干燥试样的质量，g；

　　　　V_b——试样的总体积，cm^3；

（3）对于粒状（粒度大于 2.0mm）耐火材料的体积密度

按照中国国家标准《耐火材料颗粒体积密度试验方法》（GB/T 2999—2016）进行，采用称量法和滴定管法两种方法测定。

① 采用称量法，体积密度按下式计算：

$$\rho_R = \frac{m_1}{V_R} = \frac{m_1 \rho_t}{m_3 - m_2}$$

式中　　ρ_R——试样的体积密度，g/cm^3；

　　　　m_1——干燥试样的质量，g；

m_2——饱和试样的表观质量（相当于饱和试样悬挂在液体中的质量），g；

m_3——饱和试样在空气中的质量，g；

ρ_t——试验温度下，浸液的密度，g/cm^3；

V_R——试样的体积，cm^3。

② 采用滴定管法，体积密度按下式计算：

$$\rho_R = \frac{m_1}{V_R}$$

式中 ρ_R——试样的体积密度，g/cm^3；

m_1——干燥试样的质量，g；

V_R——试样的体积，cm^3。

部分耐火材料的体积密度和显气孔率的数值见表2-7。

表 2-7 部分耐火材料的体积密度和显气孔率的数值

材料名称	体积密度/(g/cm³)	显气孔率/%
普通黏土砖	1.8~2.0	30.0~24.0
致密黏土砖	2.05~2.20	20.0~16.0
高致密黏土砖	2.25~2.30	15.0~10.0
硅砖	1.80~1.95	22.0~19.0
镁砖	2.60~2.70	24.0~22.0
镁钙砖	≥2.95	≤8
高炉用 Si_3N_4 结合 SiC	≥2.58	≤19
高铝砖		≤22
稳定性白云石砖	约2.83	15
半再结合镁铬砖	2.10	18
直接结合镁铬砖(MgO 82.61%,Cr_2O_3 8.72%)	15	3.08
熔铸刚玉砖(Al_2O_3>93%)	3.54	3~4
熔铸锆莫来石砖	2.85~2.95	
熔铸氧化锆砖($ZrO_2$94%)	>5.35	0.8
熔铸镁铬砖(MgO 50%~60%,$Cr_2O_3$15%~20%)	>3.7(真密度)	5~15
刚玉再结合砖(Al_2O_3>98%)	2.95	<21
烧结刚玉砖(Al_2O_3>98.5%)	2.95	14~16
锆刚玉砖(AZS33,AZS40)		1
高炉用碳化硅砖(Si_3N_4,SiAlON,β-SiC 结合)	2.6~2.9	9.6~16

2.4.4 真密度

耐火材料中的固体质量与其真体积（耐火材料中固体部分的体积）之比（g/cm³）。真比重是材料的真密度除以 4℃时水的密度。两者在数值上可视为相同。国际上已不再使用真比重这个概念，但日本耐火材料技术协会编辑出版的《耐火材料手册》一书，还在使用真比重。

在耐火材料中，硅砖的真密度是衡量石英转化程度的重要技术指标。SiO_2 组成的各种不同矿物的真密度不同，鳞石英的真密度最小，方石英次之，石英最大。在研究多相材料的相转变时，在化学组成一定时，可根据真密度的数据来判断材料的物相组成。

对于耐火原料、耐火制品及不定形耐火材料的真密度，可按中国国家标准《耐火材料　真密度试验方法》（GB/T 5071—2013）（修改采用国际标准 ISO 5018：1983）进行测定。

2.4.5 透气性

耐火材料在压差下允许气体通过的性能。透气性一般用透气度来表征。

由于气体是通过材料中贯通气孔透过的，透气度与贯通气孔的大小、数量、结构和状态有关，并随耐火制品成型时的加压方向而异。它和气孔率有关系，但无规律性，并且又和气孔率不同。

对某些耐火材料，透气度是非常关键的指标，直接影响其侵蚀介质如熔渣、钢液、铁水及各种气体（蒸气）的侵蚀性，抗氧化性，透气功能等。对某些材料，如用于隔离火焰或高温气体或直接接触熔渣、熔融金属的制品，要求其具有很低的透气度；而有些功能材料，则又必须具有一定的透气度。

耐火材料的透气度直接受其生产工艺的影响，通过控制颗粒配比、成型压力及烧成制度可控制材料的透气度。

对致密定形耐火制品的透气度，按照中国国家标准《致密定形耐火制品透气度试验方法》（GB/T 3000—2016）（修改采用国际标准 ISO 8841：1991）进行测定。按下式计算试样的透气度：

$$\mu = 2.16 \times \frac{10^{-6} \eta h \, q_v{}'}{d_2 \Delta p'}$$

式中　μ——试样的透气度，m^2；

　　　η——试验温度下通过试样的气体的动力黏度，$Pa \cdot s$；

　　　h——试样高度，mm；

　　　d——试样直径，mm；

　　　$\Delta p'$——试样两端的气体的压差，mmH_2O（$1mmH_2O = 133.322Pa$，下同）；

q'_v——通过试样的气体的流量，cm^3/min。

2.4.6 气孔孔径分布

气孔孔径分布是耐火材料中不同孔径下的孔容积分布频率。

致密耐火制品中的气孔主要为毛细孔，孔径多为 $1\sim30\mu m$；气孔微细化的铝炭制品和致密高铝砖的平均孔径小于 $1\sim2\mu m$；熔铸或隔热耐火制品的气孔孔径可大于 $1mm$，称为缩孔或大气孔。

气孔孔径分布对材料的抗侵蚀性、强度、热导率、抗热震性等有一定的影响。

耐火材料的孔径分布也直接受原料、颗粒级配、粉料和微粉、结合剂、成型和烧成制度等的影响。

中国黑色冶金行业标准《耐火材料气孔孔径分布试验方法》（YB/T 118—1997）采用压汞法测定耐火材料的开口气孔的孔径分布、平均孔径、气孔的孔容积百分率。测试孔径范围 $0.006\sim360\mu m$。

按照如下公式计算孔径：

$$D = \frac{-4\gamma\cos\theta}{p}$$

式中　D——孔径，μm；

　　　p——压力，MPa；

　　　γ——汞的表面张力，48.5Pa；

　　　θ——汞与耐火材料的接触角，$(°)$。

平均孔径按下式计算：

$$\overline{D} = \frac{\int_0^{V_{总}} D\,dV}{V_{总}}$$

式中　$\overline{D}$——平均孔径，μm；

　　　D——某一压力所对应的孔直径，μm；

　　　$V_{总}$——开口气孔的总容积，cm^3；

　　　dV——孔容积微分值，cm^3。

孔容积百分数按下式计算：

$$V' = \frac{V_{总}-V_1}{V_{总}}\times100\%$$

式中　V'——小于 $1\mu m$ 的孔容积百分数，%；

　　　$V_{总}$——汞压入总量，cm^3；

　　　V_1——大于 $1\mu m$ 孔径的汞压入量，cm^3。

2.5 耐火材料的热学性能和电学性能

耐火材料的热学性能包括热容、热导率、温度传导性、热膨胀性、导电性等。它们是衡量制品能否适应具体热工过程需要的依据，是工业窑炉和高温设备进行结构设计时所需要的基本数据。耐火材料的电学性能主要是其导电性。

耐火材料的热学性能与其制造所用原料、工艺，与其化学组成、矿物组成及显微结构等都密切相关。

2.5.1 热容

材料温度升高 1K 所吸收的热量即是它的热容；比热容是单位质量（1g 或 1kg）的材料温度升高 1K 所吸收的热量，又称质量热容，单位为 J/(g·K)。耐火材料的热容直接影响所砌筑炉体的加热和冷却速度。耐火材料比热容数值主要用于窑炉设计中的热工计算。蓄热室格子砖采用高热容的致密材料，以增加蓄热量和放热量，提高换热效率。

耐火材料的热容与其化学矿物组成和所处的温度有关。常用耐火材料的平均比热容与温度的关系如图 2-3 和图 2-4 所示。常见耐火材料的比热容见表 2-8。

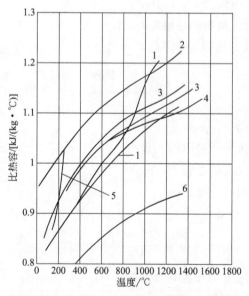

图 2-3　常见耐火材料的平均比热容与温度的关系（一）
1—黏土砖；2—镁砖；3—硅砖；4—硅线石砖；5—白云石砖；6—铬砖

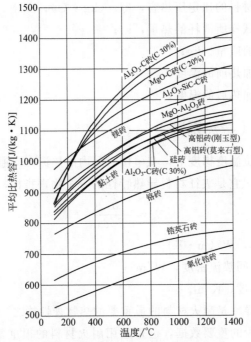

图 2-4　常见耐火材料的平均比热容与温度的关系（二）

表 2-8　常见耐火材料的比热容　　　　单位：J/(g·K)

砖种	密度 /(g/cm³)	温度/℃						
		200	400	600	800	1000	1200	1400
黏土砖	2.4	0.875	0.946	1.009	1.063	1.110	1.156	1.235
硅砖	1.8	0.913	0.984	1.043	1.097	1.135	1.168	1.193
镁砖	3.0	0.976	1.047	1.086	1.126	1.164	1.210	—
碳化硅砖	2.7	0.795	0.942	1.017	1.026	0.971	0.938	—
硅线石砖	2.7	0.842	0.959	1.030	1.068	1.080	1.101	1.122
刚玉砖	3.1	0.904	0.976	1.026	1.063	1.093	1.118	1.139
炭砖	1.6	0.946	1.172	1.327	1.432	1.516	1.578	1.616
铬砖	3.1	0.745	0.812	0.854	0.883	0.909	0.929	1.365
锆英石砖	3.6	—	0.749	0.682	0.712	0.745	0.775	0.808
镁橄榄石砖	2.7	—	1.047	1.068	1.084	1.105	1.122	—

　　由于材料的比热容已积累充分数据，平常很少测定耐火材料的热容，也没有相应的检验标准，检验方法多采用量热计法。

　　比热容按下式计算：

$$c_p = \frac{Q}{m(t_1 - t_0)}$$

式中　c_p——耐火材料的比定压热容，kJ/（kg·℃）；

　　　Q——加热试样所消耗的热量，kJ；

　　　m——试样的质量，kg；

　　　t_0——试样加热前的温度，℃；

　　　t_1——试样加热后的温度，℃。

2.5.2　热导率（导热系数）

热导率是在单位温度梯度下，在单位时间内沿热流方向通过材料单位面积的热量，W/(m·K)。它是表征材料导热特性的一个物理指标，可表示为：

$$\lambda = \frac{q}{dT/dx}$$

式中　λ——热导率，W/(m·K)；

　　　q——单位时间热流密度，W/m²；

　dT/dx——温度梯度，K/m。

耐火材料的热导率是耐火材料的最重要的热物理性能之一，是在高温热工设备的设计中不可缺少的重要数据，也是选用耐火材料的很重要的一个考虑因素。对于那些要求隔热性能良好的轻质耐火材料和要求导热性能良好的隔焰加热炉结构材料，其热导率尤为重要。采用热导率小的材料砌筑热工窑炉的内衬可以减少厚度或热损失，节约能源；采用热导率大的材料作为隔焰板和换热器，可以提高炉膛温度和传热效率。

耐火材料热导率的大小直接决定其用途，也影响其抗热震性、抗剥落性及抗侵蚀性。

影响耐火材料热导率的因素较多，也很复杂。首先，材料的热导率与其化学组成、矿物（相）组成、致密度（气孔率）、微观组织结构有密切的关系。不同化学组成的材料，其热导率也有差异。晶体结构复杂的材料，热导率也低。对于非等轴晶系的晶体，热导率也存在各向异性。耐火材料中的气孔多少、形状、大小、分布均影响其热导率。由于气孔内的气体热导率低，因此气孔增多会降低材料的热导率。在一定的温度以内，气孔率越大，热导率越低。相应地，耐火材料越致密，气孔率越低，其热导率应越高。其次，温度是影响耐火材料热导率的外在因素。

多数耐火材料的热导率为 $1\sim6$W/(m·K)，但 SiC 制品属于高热导率的材料。隔热材料的热导率为 $0.02\sim0.35$W/(m·K)，且随温度的升高而增大。

由于影响耐火材料热导率因素的复杂性，实际耐火材料的热导率通常靠试验来测定。对于测量温度不大于1250℃、热导率小于 1.5W/（m·K）的耐火材料按中国国家标准《耐火材料　导热系数试验方法（热线法）》（GB/T 5990—

2006）的试验方法进行，该标准也适用于粉状及颗粒料；对于测量温度在 75～2800K、热扩散系数在 10^{-7}～10^{-3} m^2/s 时的均匀各向同性固体材料，按照《闪光法测量热扩散系数或导热系数》（GB/T 22588—2008）进行测定；对于热面温度在 200～1300℃、热导率在 0.03～2.00 $W/(m \cdot K)$ 的耐火材料按中国黑色冶金行业标准《耐火材料　导热系数试验方法（水流量平板法）》（YB/T 4130—2005）的试验方法进行；对于不含碳、不导电及热导率不大于 15 $W/(m \cdot K)$ 的耐火材料，按照中国国家标准《耐火材料　导热系数试验方法（铂电阻温度计法）》（GB/T 36133—2018）（2018-04-01 实施）测其热导率。一些典型耐火砖的热导率与温度的关系见图 2-5。

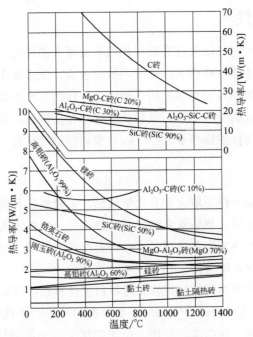

图 2-5　典型耐火砖的热导率与温度的关系

2.5.3　温度传导性

温度传导性是材料在加热或冷却过程中，各部分温度倾向一致的能力，即温度的传递速度。

温度传导性用热扩散系数（也称导温系数）来表示，

$$\alpha = \frac{\lambda}{\rho c_p}$$

式中　α——热扩散系数，m^2/s；

　　　λ——热导率，$W/(m \cdot K)$；

ρ——体积密度，kg/m³；

c_p——比定压热容，J/(kg·K)；

耐火材料的 α 值越高，则在同样的外部加热或冷却条件下，材料内部温度的传播速度越高，各处的温差也就越小，因此它决定材料急冷急热时内部温度梯度的大小。

材料的热扩散系数是分析和计算不稳定传热过程的重要参数，间歇式窑炉墙体温度分布和蓄热量的计算，隧道窑窑车蓄热量的计算等都要用到热扩散系数。

材料的热扩散率与其导热性和体积密度有关。现行的耐火材料中国国家标准中还没有测定热扩散率的试验方法。

2.5.4 热膨胀性

热膨胀性是耐火材料随温度升高体积或长度增大的性能，常用线膨胀率和平均线膨胀系数，或者体膨胀率和体膨胀系数来表征。线膨胀率是指由室温至试验温度间，试样长度的相对变化率，用％表示。平均线膨胀系数 α 是指由室温至试验温度间，温度每升高1℃（K），试样长度的相对变化率，单位为℃$^{-1}$（K^{-1}）。相应地，体积膨胀用体积膨胀率（$\Delta V/V_0$）或体积膨胀系数 β 来表示，

$$\beta = \frac{\Delta V}{V_0 \times \Delta T}$$

耐火材料的热膨胀性还取决于其化学组成、矿物组成及微观结构，同时也随温度区间的变化而不同。热膨胀系数实际上并不是一个恒定值，它随温度的变化而变化，平常所说的热膨胀系数都具有在指定的温度范围内的平均值的概念，应用时应注意它适用的温度范围。

耐火材料的热膨胀对其抗热震性及体积稳定性有直接的影响，是生产（制定烧成制度）、使用耐火材料时应考虑的重要性能之一。对于热膨胀大的以及存在多晶转变的耐火材料，在高温下使用时由于膨胀大，为抵消热膨胀造成的应力，要预留膨胀缝。线膨胀率和线膨胀系数是预留膨胀缝和砌体总尺寸结构设计计算的关键参数。

耐火材料的线膨胀率或平均线膨胀系数按照国家标准《耐火材料 热膨胀试验方法》（GB/T 7320—2008）进行（顶杆法和示差法）。试验原理：以规定的升温速率将试样加热到指定的试验温度，测定随温度升高试样长度的变化值，计算出试样随温度升高的线膨胀率和指定温度范围的平均线膨胀系数。

（1）顶杆法

试样由室温至试验温度的各温度间隔的线膨胀率按下式计算：

$$\rho = \frac{L_t - L_0}{L_0} \times 100\% + A_{k(t)}$$

式中 ρ——试样的线膨胀率，%（精确至0.01）；

L_0——试样原始长度，mm；

L_t——试样加热至试验温度 t 时的长度，mm；

$A_{k(t)}$——在温度 t 时仪器的校正值，%。

试样由室温至试验温度的平均线膨胀系数按下式计算：

$$\alpha = \frac{\rho}{(t - t_0) \times 100} \times 10^6$$

式中 α——试样的平均线膨胀系数，10^{-6}℃^{-1}；

ρ——试样的线膨胀率，%；

t_0——室温，℃；

t——试验温度，℃。

（2）示差法

试样由室温至试验温度的线膨胀率按下式计算：

$$\rho = \frac{L_t - L_0}{L_0} \times 100\%$$

式中 ρ——试样的线膨胀率，%；

L_0——试样原始长度，mm；

L_t——试样加热至试验温度 t 时的长度，mm。

试样由室温至试验温度的平均线膨胀系数的计算和顶杆法相同。

常用耐火制品的平均线膨胀系数见表2-9，常用耐火浇注料的平均线膨胀系数见表2-10。

表2-9 常用耐火制品的平均线膨胀系数

材料名称	黏土砖	莫来石砖	莫来石刚玉砖	刚玉砖	半硅砖	硅砖	镁砖	锆莫来石熔铸砖	锆英石砖	重结晶SiC砖
平均线膨胀系数×10⁶/℃⁻¹（20～1000℃）	4.5～6.0	5.5～5.8	7.0～7.5	8.0～8.5	7.0～7.9	11.5～13.0	14.0～15.0	6.8	4.6（1100℃）	4.5～5.0（20～1500℃）

表2-10 常用耐火浇注料的平均线膨胀系数

结合剂种类	骨料品种	测定温度/℃	平均线膨胀系数×10⁶/℃⁻¹
矾土水泥	高铝质黏土质	20～1200	4.5～6.0 5.0～6.5
磷酸	高铝质黏土质	20～1300	4.0～6.0 4.5～6.5
水玻璃	黏土质	20～1000	4.0～6.0
硅酸盐水泥	黏土质	20～1200	4.0～7.0

各种耐火砖的热膨胀曲线如图 2-6 和图 2-7 所示。

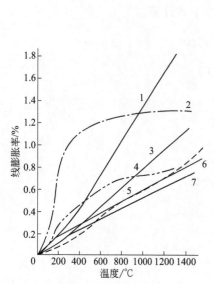

图 2-6　常用耐火砖的热膨胀曲线

1—镁砖；2—硅砖；3—铬镁砖；4—半硅砖；

5，7—黏土砖；6—高铝砖

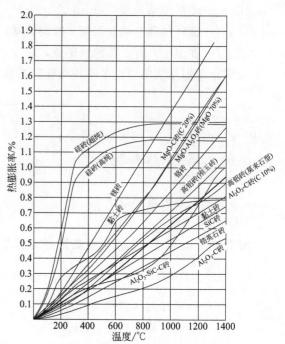

图 2-7　典型耐火材料的热膨胀曲线

2.5.5　导电性

导电性是指材料导电的能力。通常用比电阻（又称电阻率或电阻系数，表示电流通过材料时，材料对电流产生阻力大小的一种性质）来表示，材料的比电阻越大，则导电性能越低。

比电阻与温度的关系为：

$$\rho = A e^{B/T}$$

式中，ρ 为比电阻；T 为热力学温度；A，B 为与材料特性有关的常数。

在常温下，一般耐火材料（含碳耐火材料除外）是电的不良导体。随着温度的升高，电阻减小，导电性增强。耐火材料中的杂质、气孔及所处的气氛，均对其导电性有影响。杂质含量高，电阻率也高，因此，制备电绝缘性好的耐火材料应尽可能选用较纯的原料。耐火材料的比电阻随气孔率的增高而增大，气孔率高，导电性下降。但在高温下，气孔率对电阻的影响会减弱甚至消失。

石墨具有良好的导电性，导电耐火材料主要是指以石墨作为导电物质的含碳耐火材料，主要有：MgO-C 质，MgO-CaO-C 质，Al_2O_3-C 质等。在含碳耐火材料中，石墨的加入量与粒度均对材料的比电阻有影响。在 MgO-C 砖中，当石墨的加入量为 5%～12% 时，随石墨加入量的增大，比电阻急剧下降；而当石墨的加入量为 12%～20% 时，比电阻降低的幅度较小；选用＜0.147mm 的石墨更有利于改善其导电性。另外，由于石墨导电性能的各向异性及其分布的定向性造成了 MgO-C 砖导电性能的各向异性，所以在成型及使用（筑炉）含石墨耐火材料时应注意砖中石墨的方向性。

测量含炭耐火制品的常温比电阻按照中华人民共和国黑色冶金行业标准《含炭耐火制品常温比电阻试验方法》（YB/T 173—2000）的试验方法进行，其原理是采用直流双臂电桥直接测出试样电阻，按试样长度和平均截面积计算比电阻。计算公式如下：

$$\rho = \frac{RA}{L}$$

式中　ρ——试样的比电阻，$\Omega \cdot m$；

　　　R——试样的电阻，Ω；

　　　A——试样的平均截面积，m^2；

　　　L——试样的长度，m。

2.6　耐火材料的力学性能

耐火材料的力学性能是指耐火材料在外力作用下，抵抗变形和破坏的能力。耐火材料在使用和运输过程中会受到各种外力如压缩力、拉伸力、弯曲力、剪切力、摩擦力或撞击力的作用而变形甚至损坏，因此检验不同条件下耐火材料的力学性能，对于了解它抵抗破坏的能力，探讨它的损坏机理，寻求提高制品质量的途径，具有重要的意义。耐火材料的力学性能指标主要有耐压强度、抗折强度、抗拉强度、高温扭转强度、弹性模量、耐磨性等。

2.6.1　耐压强度

耐压强度指耐火材料在一定温度下，按照规定条件加压，发生破坏前单位面积上所能承受的极限压力。耐火材料的耐压强度分为常温耐压强度和高温耐压强度。常温耐压强度是指耐火材料在室温下所能承受的极限压力；高温耐压强度是指在高温条件下，以规定的条件加压，试样破碎或其高度压缩为原来的 (90±1)% 时，试样单位面积上所能承受的压力。

常温耐压强度能够表明材料的烧结情况，以及与其组织结构相关的性质，另外，通过常温耐压强度可间接地评判其他性能，如耐磨性，耐冲击性等。

耐火材料的常温耐压强度与材料本身的材质有关，但生产工艺对它也有很大的影响。高的常温耐压强度表明材料的生坯压制质量及砖体烧结情况良好。常温耐压强度与其体积密度和显气孔率有关，体积密度越大，气孔率越低，其常温耐压强度也应越高，因此，能够提高材料体积密度的生产工艺，对提高常温耐压强度也是有利的，如采用烧结良好、致密的原料，合理的颗粒级配，高压成型，高温烧成并适当延长保温时间等。

高温耐压强度数值能够反映材料在高温下结合状态的变化，尤其对于不定形耐火材料，由于加入了一定数量的结合剂，温度升高，结合状态发生变化，更需测定其高温耐压强度。

检测致密和隔热耐火材料的常温耐压强度，按照中国国家标准《耐火材料常温耐压强度试验方法》（GB/T 5072—2008）进行，其做法是：在规定条件下，对已知尺寸的试样以恒定的加压速度施加荷载直至破碎或者压缩到原来尺寸的90%，记录最大荷载。根据试样所承受的最大载荷和平均受压截面积，计算常温耐压强度。计算公式如下：

$$\sigma = \frac{F_{\max}}{A_0}$$

式中　　σ——常温耐压强度，MPa；

　　$F_{\max}$——记录的最大载荷，N；

　　A_0——试样受压面初始截面积，mm^2。

常见耐火材料的常温耐压强度见图 2-8。

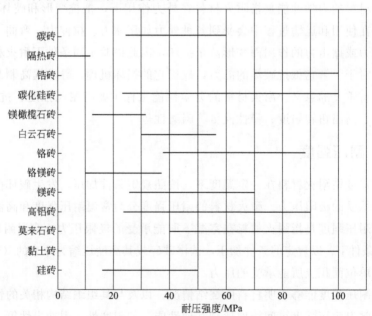

图 2-8　常见耐火材料的常温耐压强度

耐火材料高温耐压强度的测定按照中国国家标准《耐火材料　高温耐压强度试验方法》（GB/T 34218—2018）进行，其原理是：以规定的升温速率加热试样到试验温度并保温至试样温度均匀，然后对试样以规定的加荷速率施加荷载直至破碎或者压缩到原来尺寸的（90±1）％，记录最大荷载。根据试样所承受的最大载荷和受压截面面积，计算高温耐压强度。计算公式如下：

$$\sigma = \frac{F_{max}}{A_0}$$

式中　σ——高温耐压强度，MPa；

　　F_{max}——记录的最大载荷，N；

　　A_0——试样受压面初始截面积，mm^2；

常见耐火材料的高温耐压强度如图 2-9 所示。部分氧化物材料的高温耐压强度随温度的变化见图 2-10。

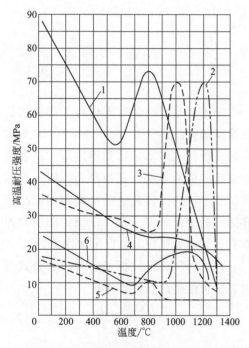

图 2-9　常见耐火材料的高温耐压强度
1—刚玉砖；2—黏土砖；3—高铝砖；
4—镁砖；5，6—硅砖

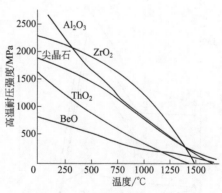

图 2-10　部分氧化物材料的
高温耐压强度随温度的变化

2.6.2　抗折强度

具有一定尺寸的耐火材料条形试样，在三点弯曲装置上所能承受的最大应力，又称抗弯强度、断裂模量，表明材料抵抗弯矩的能力（MPa）。耐火材料的抗折强度分为常温抗折强度和高温（热态）抗折强度。室温下测得的抗折强度称为常温抗折强度；耐火材料在规定的高温条件下（一定的温度及保温时间）所测得的抗折强度值称为该温度下的高温抗折强度。

　　材料的化学组成、矿物组成、组织结构、生产工艺等对材料的抗折强度尤其是高温抗折强度有决定性的影响。通过选用高纯原料、控制砖料合理的颗粒级配、加大成型压力、使用优质结合剂及提高制品的烧结程度，可提高材料的抗折强度。

　　中国国家标准《耐火材料　常温抗折强度试验方法》（GB/T 3001—2017）规定了耐火材料（包括定形和不定形）常温抗折强度的试验方法。其原理是：在室温下，以恒定的加荷速率对试样施加应力直至断裂。

　　常温抗折强度按下式计算：

$$\sigma_F = \frac{3}{2} \times \frac{F_{max} L_s}{bh^2}$$

式中　　σ_F——常温抗折强度，MPa；

F_{max}——对试样施加的最大压力，N；

L_s——下刀口间的距离，mm；

b——试样的宽度，mm；

h——试样的高度，mm。

中国国家标准《耐火材料　高温抗折强度试验方法》（GB/T 3002—2017）规定了耐火材料（包括定形和不定形）高温抗折强度的试验方法。其原理是，以一定的升温速率加热试样到试验温度，保温至试样达到规定的温度分布，以恒定的加荷速率对试样施加张应力，直至试样断裂。

　　耐火材料高温抗折强度的计算公式与常温抗折强度计算公式相同

$$\sigma_F = \frac{3F_{max} L_s}{2bh^2}$$

式中　　σ_F——高温抗折强度，MPa；

F_{max}——试样断裂时的最大荷载，N；

L_s——支承刀口之间的距离，mm；

b——试样的宽度，mm；

h——试样的高度，mm。

常见耐火材料的抗折强度曲线如图2-11所示。

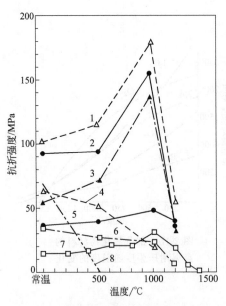

图2-11　常见耐火材料的抗折强度曲线

1—白云石砖；2—高铝砖；3—叶蜡石砖；
4—镁砖；5—硅砖；6—铬砖；
7—熟料砖；8—不烧镁铬砖

2.6.3 抗拉强度

在一定的温度下，以恒定的速率对试样进行拉伸，试样发生破坏时所能承受的极限拉力。抗拉强度包括常温抗拉强度和高温抗拉强度。

常温抗拉强度的测定按照中国国家标准《耐火材料　常温抗拉强度试验方法》（GB/T 34219—2017）进行，该标准适用于致密定形和致密不定形耐火材料常温抗拉强度的测定，隔热定形和不定形耐火材料可以参考使用。测试原理是：在常温条件下，以恒定的拉伸速率对耐火材料试样施加荷载直至破坏，测量试样在破坏时单位面积上所能承受的最大荷载。

常温抗拉强度的计算公式如下：

$$R = \frac{F_{max}}{ab}$$

式中　R——常温抗拉强度，MPa；

F_{max}——试样破坏时的最大荷载，N；

a——试样的宽度，mm；

b——试样的高度，mm。

高温抗拉强度的测定按照中国国家标准《耐火材料　高温抗拉强度试验方法》（GB/T 34220—2017）进行，该标准适用于致密定形和不定形耐火材料高温抗拉强度的测定。测试原理是：在高温条件下，以恒定的拉伸速率对耐火材料试样施加拉力直至断裂，根据试样断裂前所承受的最大拉力和截面面积计算出高温抗拉强度。

高温抗拉强度的计算公式如下：

$$\sigma = \frac{F_{max}}{A_0}$$

式中　σ——高温抗拉强度，MPa；

F_{max}——试样断裂时的最大荷载，N；

A_0——试样最小截面积，mm^2。

2.6.4 高温扭转强度

在高温下，以规定的加荷速率给试样施加扭矩，试样发生破坏时所能承受的极限剪切应力，表征材料在高温下抵抗剪切应力的能力。由于砌筑窑炉的耐火砖在加热或冷却时承受着复杂的剪切应力，因此，高温扭转强度是判别其质量好坏的一项重要性质。高温扭转强度取决于材料的性质和结构特征。高温扭转强度的测定按照中国国家标准《耐火材料　高温抗扭强度试验方法》（GB/T 34217—2017）进行，该标准适用于致密定形和不定形耐火材料。原理是：在设定的温度下，对规定尺寸的试样以恒定的速率施加扭矩直至断裂，即试样不能够再承受进一步增大的剪切应力。根据试样断裂时所承受的扭矩和截面尺寸计算出高温抗扭强度。

高温扭转强度的计算公式如下：

$$\tau = \frac{M}{0.208\alpha^3}$$

式中　τ——高温抗扭强度，MPa；

　　　M——试样断裂时作用在试样上的扭矩，N·mm；

　　　α——试样加热段中部截面边长的平均值，mm；

　0.208——与试样形状（正方形截面）有关的形状因子参数。

2.6.5　弹性模量

弹性模量是指材料在外力作用下产生的应力与伸长或压缩弹性形变之间的关系，也称杨氏模量。其数值为试样横截面所受正应力与应变之比。它表征材料抵抗变形的能力，与材料的强度、变形、断裂等性能均有关系，是材料的重要力学参数之一。

材料的弹性模量受其化学矿物组成、显微组织结构的影响，尤其是主晶相的性能、基质的性能及两者的结合情况。另外，温度也对其有重要的影响，一般随着温度的升高，弹性模量下降。研究耐火材料的弹性模量和温度的关系可以帮助判断其基质软化、液相形成和由弹性变形过渡到塑性变形的温度范围，确定材料内的晶型转变及其他结构变化。

材料的弹性模量与其抗热震性、抗折强度和耐压强度均有一定的关系。在材料其他性质相同的情况下，弹性模量与抗热震性有着反比关系；同类材料的弹性模量与其抗折强度、耐压强度大致成正比关系。

耐火材料常温动态杨氏模量的测定按照中国国家标准《耐火材料　动态杨氏模量试验方法（脉冲激振法）》（GB/T 30758—2014）（等同采用 ISO 12680-1：2005）进行，高温动态杨氏模量的测定按照中国国家标准《耐火材料　高温动态杨氏模量试验方法（脉冲激振法）》（GB/T 34186—2017）进行。这两个标准适用于测试均一性耐火材料的弹性模量，是动态测试方法，可测试长条状和圆柱状的试样的杨氏模量。

2.6.6　耐磨性

耐火材料抵抗坚硬物料或气体（含有固体物料）摩擦、磨损（研磨、摩擦、撞击等）的能力，可用来预测耐火材料在磨损及冲刷环境中的适用性。通常用经过一定研磨条件和研磨时间研磨后材料的体积损失或质量损失来表示。

耐火材料的耐磨性取决于矿物组成、组织结构和材料颗粒结合的牢固性，及本身的密度、强度。因此，生产时骨料的硬度、泥料的粒度组成、材料的烧结程度等工艺因素均对材料的耐磨性有影响。常温耐压强度高，气孔率低，组织结构致密均匀，烧结良好的材料总是有良好的常温耐磨性。

耐火材料的常温耐磨性可按中国国家标准《耐火材料　常温耐磨性试验方法》（GB/T 18301—2012）（修改采用 ISO 16282：2007《致密定形耐火制品常温耐磨性的测定》）进行，原理是：用 450kPa 的压缩空气将 1000g 具有规定粒度级别的碳化硅砂通过喷砂管垂直喷射到试样的平坦表面，测定试样的磨损体积。按下式计算磨损量，

$$A = \frac{m_1 - m_2}{\rho} = \frac{m}{\rho}$$

式中　A——磨损量，cm^3；

　　　ρ——试样的体积密度，g/cm^3；

　　m_1——试验前试样质量，g；

　　m_2——试验后试样质量，g；

　　m——试样的质量损失，g。

研究、测定耐火材料在高温实际使用中的耐磨性如何，对于高速含尘气流管道和设备的内衬，如电厂循环流化床锅炉内壁、旋风分离器内壁、粉煤管道及喷煤管，水泥厂预热预分解窑，石灰窑内衬，高炉上部内衬，焦炉焦化室等显得特别重要。

2.7　耐火材料的使用性能

耐火材料的使用性能是指耐火材料在高温下使用时所具有的性能。包括耐火度、荷重软化温度、高温体积稳定性、高温蠕变性、抗热震性、抗侵蚀性、抗氧化性、抗水化性、耐真空性等。其中，抗侵蚀性是指抵抗各种侵蚀介质侵蚀的能力，包括抗熔体侵蚀性、抗气体侵蚀性，重点介绍抗渣性、耐酸性、抗碱性、抗CO 侵蚀性等。

2.7.1　耐火度

耐火度是指耐火材料在无荷重时抵抗高温作用而不熔融和软化的性能。耐火度的意义不同于熔点，熔点是纯物质的结晶相与其液相处于平衡状态下的温度。由于耐火材料一般是由多种矿物组成的多相固体混合物，其熔融是在一定的范围内进行的。

耐火材料的化学组成、矿物组成及各相分布、结合状况对其耐火度有决定性

的影响。各种杂质成分特别是有强熔剂作用的杂质成分，会严重降低材料的耐火度。因此，提高原料纯度、严格控制杂质含量是提高材料耐火度的一项非常重要的工艺措施。

由于耐火材料在实际使用中，除受高温作用外，还受到各种荷载的作用及各种侵蚀介质的侵蚀，服役环境非常复杂，所以耐火度不能作为耐火材料使用温度的上限。

耐火材料的耐火度通常都用标准测温锥的锥号表示。各国标准测温锥规格不同，锥号所代表的温度也不一致。世界上常见的测温锥有德国的塞格尔锥（Segerkegel，缩写为 SK）、国际标准化组织的标准测温锥（ISO）、中国的标准测温锥（WZ）和苏联的标准测温锥（пκ）等。其中 ISO、WZ、пκ 是一致的，采用锥号乘以 10 即为所代表的温度。

测温锥的中国锥号 WZ、苏联锥号 пκ 和德国塞格 SK 锥号对照表见表 2-11。

表 2-11　测温锥的 WZ、пκ 和 SK 锥号对照表

中温部分					高温部分				
中国锥号 WZ	苏联锥号 пκ	塞格锥号 SK	德国标准 /℃	美国标准 /℃	中国锥号 WZ	苏联锥号 пκ	塞格锥号 SK	德国标准 /℃	美国标准 /℃
110	110	1	1100	1160	154	154	20	1540	1530
112	112	2	1120	1165	158	158	26	1580	1595
114	114	3	1140	1170	161	161	27	1610	1605
116	116	4	1160	1190	163	163	28	1630	1615
118	118	5	1180	1205	165	165	29	1650	1640
120	120	6	1200	1230	167	167	30	1670	1650
123	123	7	1230	1250	169	169	31	1690	1680
125	125	8	1250	1260	171	171	32	1710	1700
128	128	9	1280	1285	173	173	33	1730	1745
130	130	10	1300	1305	175	175	34	1750	1760
132	132	11	1320	1325	177	177	35	1770	1785
135	135	12	1350	1335	179	179	36	1790	1810
138	138	13	1380	1350	182	182	37	1820	1820
141	141	14	1410	1400	185	185	38	1850	1835
143	143	15	1430	1435	188	188	39	1880	
146	146	16	1460	1465	192	192	40	1920	
148	148	17	1480	1475	196	196	41	1960	
150	150	18	1500	1490	200	200	42	2000	
152	152	19	1520	1520					

几种常见的耐火原料及制品的耐火度见表 2-12。

表 2-12　几种常见的耐火原料及制品的耐火度

名称	耐火度范围/℃	名称	耐火度范围/℃
结晶硅石	1730~1770	镁砖	>2000
硅砖	1690~1730	白云石砖	>2000
半硅砖	1630~1650	稳定性白云石砖	>1770
黏土砖	1610~1750	熔铸刚玉砖(Al₂O₃>93%)	>1990
高铝砖	1750~2000	刚玉再结合砖(Al₂O₃>98%)	>1790
莫来石砖	>1825	烧结刚玉砖(Al₂O₃>98.5%)	>1790

耐火度的测定方法按照中国国家标准《耐火材料 耐火度试验方法》（GB/T 7322—2017）进行测定，其原理是，将由被测耐火原料或制品制成的试验锥与已知耐火度的标准测温锥一起栽在锥台上，在规定的条件下加热并比较试验锥与标准测温锥的弯倒状态或通过热电偶直接测量试验锥弯倒时的温度来表示试验锥的耐火度。试锥在不同熔融阶段的弯倒情况如图 2-12 所示。

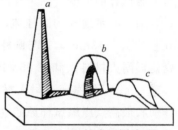

图 2-12　试锥在不同熔融阶段的弯倒情况

a—熔融开始以前；b—在相当于耐火度的温度下；c—在高于耐火度的温度下

2.7.2　荷重软化温度

耐火材料在规定的升温速率加热条件下，承受恒定荷载产生规定变形时的温度。它表示了耐火材料同时抵抗高温和荷重两方面作用的能力。

影响耐火材料荷重软化温度的内在因素是材料的化学、矿物组成和显微结构，具体包括如下几点。

① 构成材料的主晶相、次晶相及基质的种类与特性，各物相间的结合情况。若晶相和基质的高温性能好，耐高温结晶相形成网络骨架，结合紧密，材料的荷重软化温度就高。

② 晶相和基质的数量，高温下材料内形成液相的数量及黏度。材料内晶相多，高温下形成液相的数量少、黏度大，材料的荷重软化温度就越高。

③ 晶相与液相的相互作用情况。

耐火材料的荷重软化温度与其气孔率也有着较明显的关系，一般致密、气孔率低的材料开始变形温度较高。

影响耐火材料荷重软化温度的工艺因素是原料的纯度、配料的组成及制品的烧成温度。因此，通过提高原料的纯度以减少低熔物或熔剂的含量（如减少黏土砖中的 Na_2O，硅砖中的 Al_2O_3，镁砖中的 SiO_2 和 CaO），配料时添加某种成分以优化制品的结合相，调整颗粒级配及增加成型压力以提高砖坯密度，适当提高烧成温度及延长保温时间以提高材料的烧结及促进各晶相晶体长大和良好结合，可以显著提高制品的荷重软化温度。

测定耐火材料荷重软化温度的方法有示差升温法和非示差升温法两种。中国国家标准《耐火材料　荷重软化温度试验方法（示差升温法）》（GB/T 5989—2008）[等同采用 ISO 1893：2005《耐火材料　荷重软化温度的测定（示差升温法）》] 规定了示差法测定致密和隔热定形耐火材料在恒定压力下按照规定的制度升温而产生变形的方法，最高温度可进行到 1700℃。测试原理是：在规定的恒定压负荷和升温速率下加热圆柱体试样，直到试样产生规定的压缩形变，记录升温时试样的形变，测定在产生规定形变量时的相应温度。试验条件如下：所用试样为中心带通孔的圆柱体，直径（50±0.5）mm、高（50±0.5）mm，中心通孔直径 12～13mm，并与圆柱体同轴；施加在试样上的载荷分别为 0.2MPa（致密定形耐火材料）和 0.05MPa（隔热定形耐火材料）；升温速率一般为 4.5～5.5℃/min（致密定形耐火材料超过 500℃时，可为 10℃/min）。分别报告自试样膨胀最高点压缩试样原始高度的变形为 0.5%、1.0%、2.0% 和 5.0% 的温度，即相对应荷重软化 $T_{0.5}$、T_1、T_2 和 T_5 的温度。

中国黑色冶金行业标准《耐火材料　荷重软化温度试验方法（非示差-升温法）》（YB/T 370—2016）规定了用非示差升温法测定耐火材料的荷重软化温度的方法。测试原理与 GB/T 5989—2008 基本相同。试验条件如下：所用试样为圆柱体，定形耐火制品圆柱体试样尺寸为（ϕ36±0.5）mm×（50±0.5）mm，不定形耐火材料圆柱体试样尺寸为（ϕ350±0.5）mm×（50±0.5）mm；试样两端面必须研磨至互相平行，并垂直于中心轴；试样不应有缺边、裂纹等缺陷或水化现象；施加在试样上的压应力分别为 0.2MPa（致密定形耐火材料）和 0.05MPa（隔热定形耐火材料），也可按照供需合同或技术条件规定加荷；升温速率一般为 ≤1000（5～10℃/min），＞1000℃（4～5℃/min）。对定形制品，报告 T_0、$T_{0.6}$，不定形耐火材料分别报告 T_0、$T_{0.6}$、$T_{2.0}$、$T_{4.0}$。

值得注意的是，由于测定时所加荷载和升温速率的不同，即便是同一种材料，其荷重软化温度也会不同。因此，比较不同材料的荷重软化温度，应确认是在同一种测试条件下进行的。

几种耐火材料的荷重变形曲线如图 2-13 所示。几种耐火材料的 0.2MPa 荷重变形温度见表 2-13。

表 2-13　几种耐火材料的 0.2MPa 荷重变形温度

砖种	0.6% 变形温度 T_H/℃	4% 变形温度/℃	40% 变形温度 T_k/℃
硅砖（耐火度 1730℃）	1650	—	1670

砖种	0.6% 变形温度 T_H/℃	4%变形温度/℃	40%变形温度 T_k/℃
玻璃窑硅砖	1650～1680	—	—
半硅砖(叶蜡石砖)	约1490	—	—
一级黏土砖(40%Al_2O_3)	1400	1470	1600
三级黏土砖	1250	1320	1500
莫来石砖($Al_2O_3$70%)	1600	1660	1800
刚玉砖($Al_2O_3$90%)	1870	1900	—
镁砖	1550		1580
高纯镁砖	≥1750	—	—
直接结合镁铬砖	1680	—	—
熔铸镁铬砖	>1700	—	—
镁白云石砖	>1700(2%变形)	—	—
镁橄榄石砖	1640～1680(2%变形)	—	—
石灰砖	>1600(2%变形)	—	—
烧结刚玉砖(Al_2O_3>98.5%)	>1700	—	—
熔铸刚玉砖(Al_2O_3>93%)	>1750	—	—
刚玉再结合砖(Al_2O_3>98%)	>1700	—	—
铝铬砖	1450	—	—
铝铬渣砖	1700～1730	—	—

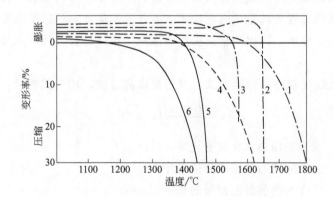

图 2-13　几种耐火材料的荷重变形曲线

1—高铝砖（$Al_2O_3$70%）；2—硅砖；3—镁砖；4,6—黏土砖；5—半硅砖

2.7.3　高温体积稳定性

高温体积稳定性是耐火材料在使用过程中，由于受热负荷的作用，其外形体

积或线性尺寸保持稳定不发生变化（收缩或膨胀）的性能。材料的高温体积稳定性通常用加热永久线变化来表示。

耐火材料在无外力作用下，加热到规定的温度，保温一定时间，冷却到常温后所残留（产生）的线膨胀或收缩。正号"＋"表示膨胀，负号"－"表示收缩。加热永久线变化是评定耐火材料质量的一项重要指标。对判别材料的高温体积稳定性，从而保证砌筑体的稳定性，减少砌筑体的缝隙，提高其密封性和抗侵蚀性，避免砌筑体整体结构的破坏，都具有非常重要的意义。

对于烧成耐火制品来说，其在烧成的过程中，由于内部的物理化学变化一般都没达到烧成温度下的平衡，另外可能会由于各种原因存在烧成不充分，在制品以后的长期使用过程中，受高温的作用，一些物理化学变化或烧成变化会继续进行，从而使制品产生不可逆的收缩或膨胀。因此，此项指标可以作为评价耐火制品烧结程度的一个参考依据。烧结不良的制品，此项指标必然较大。

为了控制烧成制品的加热永久线变化在标准之内甚至达到更小值，适当提高烧成温度和延长保温时间是有效的工艺措施。但也不宜过高，否则会引起制品的变形，组织玻璃化，降低材料的抗热震性。

不定形耐火材料的加热永久线变化与其化学组成及加热处理条件密切相关，通过选用合适的原料或添加某种外加剂、制定合理的烘烤制度，可以避免或抑制产生较大体积变化的化学反应或晶型转变或者抵消一些体积变化，从而降低不定形材料的永久线变化率。

中国国家标准《耐火材料　加热永久线变化试验方法》（GB/T 5988—2007）规定了耐火材料加热永久线变化的试验方法。原理是：将已知长度或体积的长方体或圆柱体试样，置于试验炉内，按规定的升温速率加热到试验温度，保温一定时间，冷却到室温后，再次测量其长度或体积，最终计算其加热永久线变化率或体积变化率。

加热永久线变化率的计算公式，对于长度测量法，用下式表示：

$$L_c = \frac{L_1 - L_0}{L_0} \times 100\%$$

式中　L_c——试样的加热永久线变化率，％；

　　　L_1——试样加热后各点测量的长度，mm；

　　　L_0——试样加热前各点测量的长度，mm。

对于体积测量法，用下式计算：

$$L_c = \frac{1}{3} \times \frac{V_1 - V_0}{V_0} \times 100\%$$

常用耐火制品的加热永久线变化率指标见表2-14。

表 2-14 常用耐火制品的加热永久线变化率指标

材质	品种	测试条件	指标值/%
黏土质	N-1	1400℃,2h	+0.1 −0.4
	N-2a	1400℃,2h	+0.1 −0.5
	N-2b	1400℃,2h	+0.2 −0.5
	N-3a N-3b N-4 N-5	1350℃,2h	+0.2 −0.5
硅 质	JG-94	1450℃,2h	≤0.2
高铝质	LZ-75 LZ-65 LZ-55	1500℃,2h	+0.1 −0.4
	LZ-48	1450℃,2h	+0.1 −0.4
镁及镁硅质	MZ-91	1650℃,2h	≤0.5
	MZ-89	1650℃,2h	≤0.6

2.7.4 高温蠕变性

高温蠕变性是指材料在高温下受应力作用随着时间变化而发生的等温形变。因施加外力的不同,高温蠕变性可分为高温压蠕变、高温拉伸蠕变、高温弯曲蠕变和高温扭转蠕变等。常用高温压蠕变来表征材料的高温蠕变性。

无论何种形式的蠕变,都是变形量与温度、应力和时间的函数关系。在应力和温度不变的情况下,根据对变形-时间关系曲线的分析,耐火材料的蠕变可分为 3 个阶段,即减速蠕变(初期蠕变)、匀速蠕变(黏性蠕变、稳态蠕变)和加速蠕变。

耐火材料的高温蠕变性除与其化学矿物组成、显微结构有关外,还与使用过程中的外界因素有关,如使用温度、压力、气氛,使用过程中烟尘、熔融金属、熔渣等对耐火材料的侵蚀等。

为了改善耐火材料的蠕变性,重要的是改善其化学矿物组成及显微结构。可采取提高原料的纯度,制定合理颗粒级配,加大成型压力,适当提高烧成温度、延长保温时间等措施。

通过测定耐火材料的蠕变,可以研究耐火材料在高温下由于应力作用而产生的组织结构的变化,检验制品的质量和评价生产工艺。此外,通过测定耐火制品在不同温度和荷重下的蠕变曲线,可以了解制品发生蠕变的最低温度、不同温度下的蠕变速率和高温应力下的变形特征,从而为窑炉设计时,预测耐火制品在实际应用中承受负荷的变化,评价制品的使用性能提供依据。

中国国家标准《耐火材料 压蠕变试验方法》(GB/T 5073—2005)规定了致密和隔热耐火制品压蠕变的试验方法。其原理是,在恒压下,以一定的升温速率,加热规定尺寸的试样,并达到设定的试验温度,记录试样在该恒定温度下随时间变化而产生的高度方向上的变形量以及相对于试样原始高度的变化百分数。

蠕变率按下式计算：

$$P = \frac{L_n - L_0}{L_i} \times 100$$

式中　　P——蠕变率，%；

　　　　L_i——试样原始高度，mm；

　　　　L_0——试样恒温开始时的高度，mm；

　　　　L_n——试样恒温 n 小时的高度，mm。

耐火材料典型高温蠕变曲线如图 2-14 所示。固定温度时的荷重和固定荷重时的温度对蠕变的影响如图 2-15 所示。

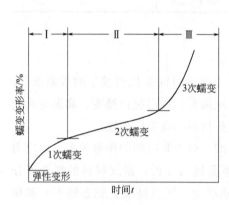

图 2-14　耐火材料典型高温蠕变曲线

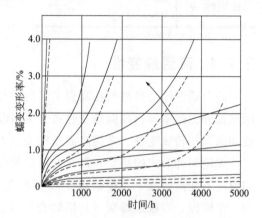

图 2-15　固定温度时的荷重和固定荷重时的温度对蠕变的影响

2.7.5　抗热震性

抗热震性是指耐火材料抵抗温度急剧变化而不损坏的能力，也称热震稳定性、抗热冲击性、抗温度急变性、耐急冷急热性等。耐火材料的抗热震性是其力学性能和热学性能在温度变化条件下的综合表现。

耐火材料在使用过程中，经常会受到使用温度的急剧变化的作用。如转炉、电炉等炼钢时的加料、冶炼、出钢或停炉中的炉温变化，其他间歇式高温窑炉或容器在间歇过程中，由于温度急剧变化，导致炉衬耐火材料产生裂纹、剥落甚至溃坏。此种破坏作用限制了制品和窑炉的加热和冷却速度，限制了窑炉操作的强化，是窑炉耐火材料损坏的主要原因之一。

影响耐火材料抗热震性的因素是非常复杂的。根据材料抗热震断裂和抗热震损伤的有关理论，材料的力学性能和热学性能，如强度、断裂能、弹性模量、热膨胀系数、热导率等是影响其抗热震性的主要因素。一般来说，耐火材料的热膨胀系数小，抗热震性就越好；材料的热导率（或热扩散率）高，抗热震性就越好。但对于强度、断裂能、弹性模量对抗热震性的影响，则与材料原来是否已存在微裂纹和裂纹的扩展等有关。此外，耐火材料的颗粒组成、致密度、气孔是否微细化、气孔的分布、制品形状等均对其抗热震性有影响。材料内存在一定数量的微裂纹和气孔，有利于其抗热震性；制品的尺寸大并且结构复杂，会导致其内部严重的温度分布不均和应力集中，恶化其抗热震性。

基于以上对抗热震性影响因素的分析，改善材料的抗热震性可采取以下工艺措施。

① 原料及外加剂的选择：尽量选用热膨胀系数低、热导率高的原料，在不影响材料其他性能的情况下，加入热膨胀系数低、热导率高的外加剂；

② 材料微观结构的优化：如在材料中引入第二相或第二种材料（氧化锆），利用其相变产生微裂纹达到增韧的目的；

③ 在满足使用条件的情况下，尽量制造尺寸小、形状简单的制品。

中国国家标准《耐火材料　抗热震性试验方法》（GB/T 30873—2014）规定了耐火材料的抗热震性试验方法。其原理是：在规定的试验温度和冷却介质下，一定形状和尺寸的试样，在经受急冷急热的温度突变后，根据其破损程度确定耐火材料的抗热震性。该标准包括三个试验方法如下。

① 水急冷法-直形砖试样。采用 $230mm \times 114mm \times 65/75mm$ 直形砖试样。

② 水急冷法-小试样。采用 $50mm \times 50mm$ 圆柱体或 $40mm \times 40mm \times 160mm$ 的长方体为试样。

③ 空气急冷法。采用 $(114 \pm 3)mm \times (64 \pm 2)mm \times (64 \pm 2)mm$ 的长方体试样。

2.7.6　抗侵蚀性

抗侵蚀性是指耐火材料在高温下抵抗各种侵蚀介质侵蚀和冲蚀作用的能力。这些侵蚀介质包括各种炉渣（高炉、电炉、转炉、精炼炉、有色金属冶炼炉、煅烧炉、反应炉等）、燃料、灰分、飞尘、铁屑、石灰、水泥熟料、氧化铝熟料、垃圾、液态熔融金属、玻璃熔液、酸、碱、电解质液、各种气态物质（煤气、CO，硫、锌及碱蒸气）等。

抗侵蚀性是衡量耐火材料抗化学侵蚀和机械磨损的一项非常重要的指标，对于制定正确的生产工艺，合理选用耐火材料具有重要的意义。

影响耐火材料抗侵蚀性的因素有内在的和外在的。内在因素主要包括：耐火材料的化学、矿物组成，耐火材料的组织结构，耐火材料的一些物理性能等；外在因素主要有：侵蚀介质的性质、使用条件（温度、压力等）以及侵蚀介质与耐火材料在使用条件下的相互作用等。

（1）耐火材料的化学、矿物组成

不同化学组成的材料其抗侵蚀性不同，酸性耐火材料对酸性侵蚀介质有较好的抗侵蚀性，而碱性耐火材料抵抗酸性侵蚀介质侵蚀的能力就很弱。

耐火材料是多相聚集体，由主晶相、次晶相和基质组成。主晶相的耐火度高、晶粒大、晶界少，抗侵蚀性相对好一些；若基质中杂质含量高，则易于形成液相，若形成的液相黏度低，对材料的抗侵蚀性不利。

（2）耐火材料的组织结构

主要指耐火材料中各物相的分布与结合情况以及气孔的数量、大小、形状及分布状况等。

（3）耐火材料的一些物理性能

耐火材料的体积密度、显气孔率、抗热震性、抗氧化性、高温体积稳定性等对其抗侵蚀性影响很大。体积密度高、气孔率低的致密材料相对疏松的材料有较好的抗侵蚀性；抗热震性差的材料受到热冲击的时候，会出现裂纹或开裂剥落，从而使侵蚀介质进入材料内部，导致其抗侵蚀性降低；抗氧化性差的含碳耐火材料，表面氧化后形成脱碳层，结构疏松易脱落，使抗侵蚀性降低；高温体积稳定性差的材料，一般也会使其抗侵蚀性变差。

（4）侵蚀介质的影响

主要指侵蚀介质的化学组成、酸碱性、黏度，介质的温度、流动速度（静态还是动态），压力和气氛（对气态侵蚀介质，氧化性、还原性等）等。

（5）耐火材料与侵蚀介质的相互作用

耐火材料与侵蚀介质发生反应形成高熔点或高黏度物相，有利于降低对材料的侵蚀。

（6）使用条件的影响

主要包括使用温度的高低及波动情况、压力、气氛、接触时间及面积等。温度高，波动大，压力大或真空，气氛侵蚀性强，接触时间长、面积大，对材料的侵蚀就越严重。

基于以上分析，改进耐火材料的抗侵蚀性可采取如下措施。

① 提高原料的纯度，改善制品的化学矿物组成，尽量减少低熔物及杂质的含量。

② 注意耐火材料的选材，尽量选用与侵蚀介质的化学组成相近的耐火材料；另外，耐火材料在使用中，还应该注意所用材料之间化学特性应相近，防止或减轻在高温条件下所用材料之间的界面损毁反应。

③ 选择适宜的生产工艺，获得具有致密而均匀的组织结构的制品。

由于侵蚀介质的多样性和复杂性，因此研究耐火材料抗侵蚀性的试验方法也应该不同。这里仅介绍抗渣性、抗酸碱性、抗玻璃液侵蚀、抗一氧化碳侵蚀性等的试验方法。

2.7.6.1 抗渣性

抗渣性是耐火材料在高温下抵抗熔渣渗透、侵蚀和冲刷的能力。各种炉渣、燃料、灰分、飞尘、铁屑、石灰、水泥熟料、氧化铝熟料、垃圾、熔融金属等可广义地称为熔渣，因此，这里的抗渣性包含的内容很广。

耐火材料的抗渣性按照中国国家标准《耐火材料 抗渣性试验方法》（GB/T 8931—2007）测定。该标准包括以下四个方法。

（1）静态坩埚法

该方法适用于各种炉渣对耐火材料抗渣侵蚀性能的比较试验。其试验原理是：将装有炉渣的坩埚状耐火材料试样置于炉内，按照一定升温速率升温至试验温度并保温一定的时间，炉渣与坩埚试样发生反应。以炉渣对试样剖面的侵蚀量（深度、面积及面积百分率）和渗透量（深度、面积及面积百分率）评价材料抗渣性的优劣。

（2）静止试样浸渣通气法

该方法更适合于高炉用耐火材料的抗渣性试验。其试验原理是：将试样置于动态的渣液中，经过一定时间后，以试样试验前后的质量变化率评价其抗渣性。

（3）转动试样浸渣通气法

该方法较适用于高温下，熔融的动态炉渣对耐火材料的冲刷、侵蚀性试验。其试验原理是：在通氮气搅动的熔融炉渣中，试样按照规定的转速正反转动。经过一定的时间后，测定试样被炉渣侵蚀的深度和面积。

（4）回转渣蚀法

该方法较适用于高温下，熔融的动态炉渣对耐火材料的渗透、冲刷性试验。试验原理是：用试样组成断面呈多边形的试验镶板，作为回转圆筒炉内衬。加热到试验温度，并按规定时间让内衬承受炉渣的侵蚀与冲刷作用。测量试验前后试样的厚度变化，以比较其抗渣性的优劣。

2.7.6.2 耐酸性

耐酸性是耐火材料抵抗酸侵蚀的能力。通常以材料在规定的酸中侵蚀后质量损失的百分数来表示。测定耐火制品耐酸性的方法一般选用硫酸作为侵蚀介质。中国国家标准《耐火材料 耐硫酸侵蚀性试验方法》（GB/T 17601—2008）（修改采用国际标准 ISO 8890：1988《致密定形耐火制品 耐硫酸侵蚀试验方法》）规定了耐火制品耐硫酸侵蚀性试验方法。其他形式的耐火材料耐硫酸侵蚀试验也可以参照使用。试验要点是：将按规定方法制备的试样（0.63～0.80mm 的颗粒），放入质量分数为 70% 的沸硫酸中侵蚀 6h，然后测定其质量损失量，以试样侵蚀后的质量损失量与初始质量之比的百分数（酸蚀率）表示耐硫酸侵蚀率。计算公式如下：

$$R_{硫酸} = \frac{m_1 - m_2}{m_1} \times 100\%$$

式中 $R_{硫酸}$——试样的耐硫酸侵蚀率，%；

m_1——试样的初始质量，g；

m_2——酸蚀后残存试样的质量，g。

2.7.6.3 抗碱性

抗碱性是耐火材料在碱性环境中抵抗损毁的能力。测定耐火材料抗碱性方法，通常以无水 K_2CO_3 为侵蚀介质，有混合侵蚀法和直接接触熔融侵蚀法两种。

中国国家标准《耐火材料 抗碱性试验方法》（GB/T 14983—2008）规定了耐火材料抗碱性试验方法。该标准方法包括下面三个方法。

（1）碱蒸气法

该方法适用于定形耐火制品抗碱性的测定。试验原理是：在 1100℃下，K_2CO_3 与木炭反应生成碱蒸气，对耐火材料试样发生侵蚀作用，生成新的碱金属的硅酸盐和碳酸盐化合物，使耐火材料性能发生变化。对试验结果可以采用目测判定、强度判定及显微结构判定。其中强度判定以强度变化率 p_r 表证，

$$p_r = \frac{p_0 - p_1}{p_0} \times 100\%$$

式中 p_r——强度变化率，%；

p_0——抗碱试验前试样的常温耐压强度，MPa；

p_1——抗碱试验后试样的常温耐压强度，MPa。

（2）熔碱坩埚法

该方法适用于普通耐火材料抗碱性的测定。试验原理是：将一定量的 K_2CO_3 放入试样内，在高温下碱与试验材料反应产生体积膨胀，观察试样的破坏程度。以侵蚀试验后试样表面的裂纹宽度评定材料抗碱性的优劣。

（3）熔碱埋覆法

该方法适用于具有强耐碱性耐火材料（如赛隆结合、氮化硅结合碳化硅耐火材料等）的抗碱性测定。试验原理是：通过试样在熔融碱液中浸泡，测定试样侵蚀前后质量的变化，以侵蚀后的质量变化率 m_r 评定材料的抗碱侵蚀能力。m_r 按下式计算

$$m_r = \frac{m_1 - m}{m} \times 100\%$$

式中 m_r——抗碱试验后试样的质量变化率，%；

m——抗碱试验前试样的质量，g；

m_1——抗碱试验后试样的质量，g。

2.7.6.4 抗玻璃液侵蚀

抗玻璃液侵蚀是玻璃窑用耐火材料抵抗玻璃液侵蚀、冲刷的能力。中国建材

行业标准《玻璃熔窑用耐火材料 静态下抗玻璃液侵蚀试验方法》（JC/T 806—2013）规定了玻璃熔窑用耐火材料静态下抗玻璃液侵蚀的试验方法。该方法适用于测定耐火材料在静态、等温条件下抗玻璃液侵蚀的性能。

耐火材料与玻璃液接触时，在接触面会发生物理化学反应，从而在材料的表面留下明显的凹痕。该试验方法就是通过测量试样凹痕的深度来表证耐火材料在规定条件下的抗玻璃液侵蚀的能力。

2.7.6.5 抗一氧化碳侵蚀性

抗一氧化碳性是指耐火材料在一定的温度和 CO 气氛中抵抗一氧化碳破坏的能力。耐火材料在 $400 \sim 700 ℃$ 遇到强烈的 CO 气氛时，由于 CO 分解，游离 C 就会沉积在材料上含铁点的周围，使材料崩裂损坏。降低材料的气孔率及其氧化铁含量，可以提高其抗一氧化碳破坏的能力。

中国国家标准《耐火材料 抗一氧化碳性试验方法》（GB/T 29650—2013）规定了耐火材料抗一氧化碳性的试验方法。试验原理是：将试样暴露于试验温度下特定的一氧化碳气氛中，经过一定的时间，观察试样的破坏程度。

2.7.7 抗氧化性

抗氧化性是指规定尺寸的试样在高温和氧化气氛中抵抗氧化的能力。

由于碳很难被熔渣侵蚀，具有良好的导热性和韧性，加入碳后，显著改善了材料的使用性能如抗渣侵蚀性及抗热震性。但是碳在高温下易氧化，这是含碳耐火材料损坏的重要原因。

提高含碳耐火材料的抗氧化性，可采取以下措施。

① 选择抗氧化能力强的碳素材料。

② 改善制品的结构特征，增强制品致密程度，降低气孔率。

③ 添加抗氧化剂，主要是金属（Si、Al、Mg、Zr、Ca 等）、合金（Al-Si、Al-Mg、Si-Ca）以及非氧化物化合物（SiC、Si_3N_4、B_4C、BN）等。

④ 石墨表面涂层法：石墨表面涂层法是用物理或化学方法在石墨表面覆盖一层具有良好的润湿性的氧化物、金属、碳化物、氮化物等。表面涂层法主要有如下几种。

a. 水解沉积涂层法：将石墨作为金属的有机或无机盐水解产物的成核基体，使石墨表面吸附一层水解产物涂层，然后在低于石墨被氧化的温度下热处理，使水解产物分解为相应氧化物。目前研究的水解沉积涂层法主要有 TiO_2 涂层法与 Al_2O_3 涂层法。

b. 非均匀成核法：以 $ZrOCl_2 \cdot 8H_2O$ 为前驱体，在石墨表面包覆 ZrO_2 涂层。

c. 其他涂层法如下：SiC 和磷酸盐涂层，日本有人用高速气流冲击法在鳞片石墨表面涂上一层亲水性的 SiC 颗粒；化学气相沉积法（CVD）；聚合物覆盖法，用酚醛树脂、呋喃树脂、硅树脂等的溶液浸渍石墨粉，在石墨表面形成有机物包覆层。

中国国家标准《致密定形含碳耐火制品试验方法》（GB/T 17732—2008）中规定了含碳耐火材料的抗氧化性试验方法：原理是，将试样置于炉内，在氧化气氛中按照规定的加热速率加热至试验温度，并在该温度下保持一定时间，冷却至室温后将试样切成两半，测量其脱碳层的厚度。

升温速率从室温至 1000℃ 为 8～10℃/min，从 1000～试验温度（1400℃）为 4℃/min。

2.7.8 抗水化性

抗水化性是碱性耐火材料在大气中抵抗水化的能力。碱性耐火材料中的 CaO、MgO，特别是 CaO，在大气中极易吸潮水化，生成氢氧化物，使制品疏松破坏。其化学反应式如下：

$$CaO + H_2O \longrightarrow Ca(OH)_2$$

$$MgO + H_2O \longrightarrow Mg(OH)_2$$

提高碱性耐火材料的抗水化性，通常采用下列几种方法。

① 高温烧成法：提高烧成温度使其死烧。

② 加入少量添加物法：作为助烧结剂，提高烧结密度，或添加物与 CaO 或 MgO 反应生成低熔相将 CaO 或 MgO 颗粒包裹起来与环境隔绝，或生成稳定的不易水化的化合物等；通常加入稀土氧化物、Fe_2O_3、Al_2O_3、TiO_2 等。

③ 表面改性处理：碳酸化表面处理是利用 CO_2 气体在一定条件下对镁钙砂进行处理，使其表面生成碳酸盐薄膜，达到抗水化的目的；另外，还可用磷酸或聚磷酸盐溶液对 CaO 质材料进行表面处理，使经过表面处理的镁钙砂颗粒表面形成磷酸盐包裹层，以提高熟料颗粒的抗水化性能。

④ 改善包装法：加保护层（密封包装）减少与大气接触。

对于耐火材料抗水化性的检测，熟料颗粒及制品使用不同的检测方法。美国的 ASTM C492（2003）：《死烧粒状白云石水化性试验方法》可用于测定熟料颗粒的抗水化性，其要点是：取大于 $425\mu m$ 的颗粒料 100g 作为试样，经 105～110℃ 烘干后，置入恒温恒湿箱中，在 71℃、83% 的相对湿度条件下，保持 24h，冷却后，过 $425\mu m$ 筛，称量 $425\mu m$ 筛的筛下料，以此筛下料的质量作为试样水化的百分率。美国 ASTM C544：《镁砂或方镁石颗粒水化性试验方法》规定全部试样通过 3.35mm 筛，再过 $425\mu m$ 筛，取 3.35mm 筛至 $425\mu m$ 筛之间的颗粒料 100g（3.35～1.70mm，1.70mm～$850\mu m$，$850～425\mu m$ 三部分相等），放入瓷坩埚内，置于高压釜中，在 162℃、552kPa 条件下，保持 5h，冷却卸压后，取出放入鼓风干燥箱中干燥至恒重，称量记录水化后试样的干重 G，再将其过 300μm 筛，记录试样水化后 300μm 筛的筛上料为 H，其水化百分率 H_d 计算式如下：

$$H_d = \frac{G-H}{G} \times 100\%$$

美国的 ASTM C456《碱性砖抗水化性试验方法》规定了测定制品水化性的方法，其要点是：从 5 块制品上取切不带原制品表皮的边长 25mm 的立方体试块 5 块，烘干后，放入瓷坩埚内，置于高压釜中，在 162℃、552kPa 条件下，连续保持 5h，卸压后，观察试样变质的情况，若无变质，再重蒸压 5h，反复进行，最多累积到 30h 为止。试块经水化后的状况分为 4 级。Ⅰ级：未受影响；Ⅱ级：表面水化；Ⅲ级：开裂或破碎；Ⅳ级：崩解。并写明蒸压的总时数及每次蒸压后各个试样的情况。

2.7.9　耐真空性

耐火材料的耐真空性是指其在真空和高温下使用时的耐久性。耐火材料在高温减压下使用时，其中一些组分易挥发，材料中组分与介质间的反应容易进行；另外，在真空下，熔渣沿材料中毛细管渗透的速度明显加快。所以，许多材料在真空下使用时，耐久性降低。当耐火材料使用于真空熔炼炉和其他真空处理装置时，必须考查其耐真空性。

提高耐火材料的耐真空性，应选择蒸气压低和化学稳定性好的化合物来构成材料的组成，另外提高材料的致密度也有利于其耐真空性的改善。

各国均没有制定标准试验方法测定耐火材料的耐真空性，现多采用的方法是：将耐火材料置于一定真空度的侵蚀条件下，经过一定的时间，计算其质量损失或质量损失速度，以此衡量其耐真空性。

2.8　基于煤气化工况条件的耐火材料特种评价方法

煤气化炉内工作环境复杂，同时存在高温、高压、还原性气体和动态侵蚀性熔渣。气化炉的气化效率和安全运行直接受耐火材料使用寿命的影响。因此，耐火材料抗侵蚀性是煤气化用内衬材料最重要的性能，也是基于煤气化工况条件下最能直接评价的性能。本节将主要介绍几种基于煤气化工况的耐火材料特种评价方法。

2.8.1　改进静态坩埚法

2.8.1.1　改进静态坩埚法实验装置及过程

传统静态坩埚法由于无法获得煤气化炉的气氛环境，实验结果往往会与实际产生一定差异。改进静态坩埚法通过管式炉控制炉内气氛，使实验气氛接近煤气化炉工作环境。改进静态坩埚法实验装置如图 2-16 所示，实验用试样与传统方法一致，采用坩埚试样，将坩埚试样置于管式炉内，同时可向炉内通入所需还原性气体（一般为 $H_2 + N_2$ 或 $CO + CO_2$）。在加热之前或升温至实验温度时通过加渣口加入侵蚀性煤渣。实验结束后试样随炉冷却至室温，对侵蚀后试样进行分析。为了能够分析高温下侵蚀试样的物相，可通过增加水冷系统在高温侵蚀后淬火冷却。

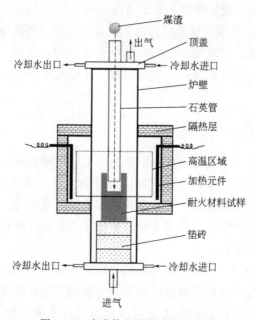

图 2-16　改进静态坩埚法实验装置

2.8.1.2　改进静态坩埚法的特点

改进静态坩埚法是评价气化炉用耐火材料抗侵蚀性的常用方法，其主要特点如下：

① 能够控制炉内气氛，科学模拟实际气化炉气氛条件；

② 操作简单，升降温速率快；

③ 试样尺寸可减小，便于同一试样取样对比分析；

④ 加渣时间可根据情况任意调整；

⑤ 可实现高温淬冷，利于分析试样高温物相。

2.8.1.3　改进静态坩埚法实验案例

将工业用高铬砖（$90\%\,Cr_2O_3$）加工成内径 5cm、高 10cm 的坩埚试样放入管式炉内，以 $20℃/min$ 的升温速率升温至 $1500℃$，然后放入 40g 渣，通入 CO/CO_2

混合气体（CO/CO$_2$＝1.8），在此温度下保温 5h。实验结束后以 15℃/min 的速率降温至室温。将侵蚀后的试样进行抗侵蚀性分析。其中，所用煤渣组分如表 2-15 所示，高铬砖组分如表 2-16 所示。

表 2-15 坩埚法实验用煤渣的组分

组分/%	SiO$_2$	Al$_2$O$_3$	Fe$_2$O$_3$	CaO	MgO	K$_2$O	Na$_2$O
煤渣 A	53.70	18.30	15.90	7.67	2.31	1.1	1.02
煤渣 B	32.50	10.48	9.42	29.30	11.45	0.74	6.12

表 2-16 坩埚法实验用高铬砖的组分

组分/%	Cr$_2$O$_3$	Al$_2$O$_3$	SiO$_2$	CaO	MgO	Fe$_2$O$_3$
高铬砖	89.65	9.87	0.05	0.21	0.13	0.09

侵蚀后试样的宏观和微观形貌如图 2-17 所示，坩埚试样内存在一定量的残渣，在试样表面有一定的侵蚀和渗透，其侵蚀和渗透情况可以通过宏观分析，较容易的测量出来。通过试样表面微观分析可以看到，侵蚀后试样存在明显的渣层、反应层和渗透层，由尖晶石组成的反应层存在于试样表面的颗粒和基质区域。通过反应层物相分析可知，尖晶石主要为 FeCr$_2$O$_4$ 和 FeAl$_2$O$_4$，表明在该实验方法下气氛条件基本与气化炉内气氛一致（$p_{O_2}=10^{-9}\sim10^{-7}$atm）。

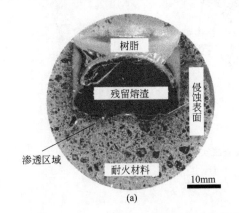
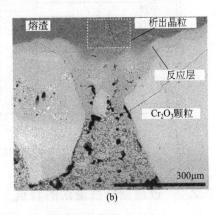

图 2-17 侵蚀后试样的宏观（a）和微观（b）形貌

2.8.2 改进回转抗渣法

2.8.2.1 改进回转抗渣法实验装置和过程

传统回转抗渣法同样无法精确控制实验过程中的气氛条件，造成实验结果的可靠性和科学性不高。改进的回转抗渣法通过加装高精度气体流量调控系统，精确控制燃烧气体，从而获得所需的气氛条件。改进回转抗渣法实验装置示意如

图 2-18 所示。实验过程与传统回转抗渣法基本一致，首先，将尺寸为 230mm×65mm×40.2/75mm 的楔形试样砌筑在回转抗渣炉内，炉体的外部和内部尺寸分别为 $\phi340mm×390mm$ 和 $\phi150mm×230mm$，炉体处于水平位置，能够以大约 5r/min 的速率转动，并能倾斜 90°倒渣。然后，采用 C_2H_2 和 O_2 的混合气体作为燃料，根据实验所需气氛条件确定与之对应的混合气体流量和流量比，通过高精度流量计精确调控混合气体的流量和流量比，以大约 200℃/h 的速率将炉体进行加热升温。温度升至试验温度并保温 30min 后，将 500g 煤渣投入炉内，形成约 10mm 深的渣池，继续保温 2h 后迅速倾斜炉体 90°将熔渣全部倒入水中急冷，期间保持炉体加热和回转。随后将炉体复位，再加入 500g 煤渣，保温 2h 后倒入水中急冷，如此重复加渣-保温-倒渣过程，并持续一定时间。试验结束后，待炉体自然冷却，将试样取出进行侵蚀特性分析。

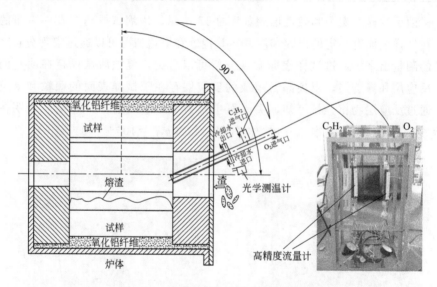

图 2-18　改进回转抗渣法实验装置示意

2.8.2.2　改进回转抗渣法的特点

改进回转抗渣法也是评价气化炉用耐火材料抗侵蚀性的常用方法，其主要特点如下：

① 与传统回转抗渣法相比，能够较精确控制炉内气氛，获得实验所需气氛条件；

② 相比静态法操作较为复杂；

③ 试样尺寸大，基本为标准砖尺寸，且一次可砌筑多个试样，便于相同条件下不同材料体系对比分析；

④ 实验过程用渣量大，侵蚀时间较长；

⑤ 侵蚀过程为动态过程，与实际气化炉内熔渣的流动状态一致。

2.8.2.3　改进回转抗渣法实验案例

将工业用高铬耐火材料砌筑在回转炉内，燃气气体 C_2H_2 和 O_2 的摩尔比设定为 45:55，实验温度为 1600℃，保温时间为 20h。实验用侵蚀性煤渣为碱度较高的煤灰渣，其组分如表 2-17、表 2-18 所示。实验过程间隔一定时间进行加渣和倒渣。经计算和实验验证，在实验温度下炉内的气氛条件基本与气化炉实际气氛条件一致（$p_{O_2}=10^{-9}\sim10^{-7}$ atm）。

表 2-17　回转抗渣法实验用煤渣的组分

组分	SiO_2	Al_2O_3	Fe_2O_3	CaO	MgO	TiO_2	K_2O	Na_2O	碱度
含量/%	34.72	11.68	24.81	17.66	4.36	0.45	1.14	5.17	1.13

表 2-18　回转抗渣法实验用高铬砖的组分

组分	Cr_2O_3	Al_2O_3	ZrO_2	CaO	MgO	Fe_2O_3
含量/%	86.20	7.96	4.75	0.11	0.06	0.12

侵蚀后试样的宏观和微观形貌如图 2-19 所示。高铬耐火材料被碱性煤灰渣侵蚀后有较明显被侵蚀掉的痕迹，试样表面附有残渣，在试样表层形成了反应层，结构由离散状逐渐变得致密。靠近熔渣一侧晶粒呈离散状分布，结构疏松，晶粒尺寸大约为 20μm；靠近基质内部一侧，基质结构比较致密。EDS 分析表明，反应层为 FeO 和 MgO 固溶到 Cr_2O_3 和 Al_2O_3 中形成的尖晶石固溶体，且疏松结构的尖晶石中 FeO 和 MgO 相对含量较致密结构高。该实验方法下耐火材料在动态熔渣的冲刷下表面均存在不同程度地被冲刷的痕迹，实验现象更加接近实际气化炉内衬材料的侵蚀状态。另外，可控的气氛条件使得该实验方法成为更加科学、可靠的气化炉用耐火材料侵蚀评价方法。

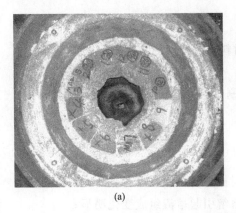
(a)

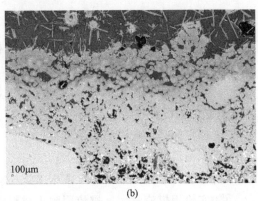
100μm
(b)

图 2-19　侵蚀后试样的宏观（a）和微观（b）形貌

2.8.3 改进旋转抗渣法

2.8.3.1 改进旋转抗渣法实验装置和过程

改进旋转抗渣法同样是在传统方法上通入一定组成的气体来实现炉内气氛条件的可控。改进旋转抗渣法实验装置如图 2-20 所示，主要由盛渣坩埚、试样旋转杆、气体通入和输出以及加热系统组成。将待侵蚀试样加工成尺寸为 5cm × 5cm ×20cm 的长条，悬挂在可升降和旋转的长杆上。同时在坩埚内加入一定量的煤渣。按照实验设定的升温速率升温至实验温度，待熔渣全部转变为熔融状态后，将试样降至一定高度，使得试样部分浸入熔渣内，并旋转试样，同时通入 Ar、N_2、CO/CO_2 等气体，待侵蚀一定时间后，将试样升高至熔渣液面以上，停止旋转并随炉冷却。实验结束后，取出试样进行侵蚀特性分析。

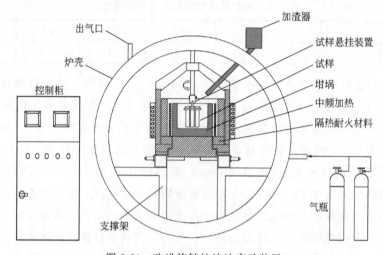

图 2-20　改进旋转抗渣法实验装置

2.8.3.2 改进旋转抗渣法的特点

改进旋转抗渣法是评价气化炉用耐火材料溶解特性的常用方法，其主要特点如下：

① 通过旋转试样模拟熔渣对试样的冲刷，且旋转速率可调，更适用于评价耐火材料的溶解特性；

② 操作简单，升降温速率可控；

③ 试样尺寸较小，加工简单；

④ 可同时悬挂 4 个试样，便于多试样对比分析；

⑤ 实验用煤渣量大，避免因耐火材料溶解引起熔渣组成变化明显；

⑥ 可通入惰性和还原性气体，便于控制炉内气氛条件。

2.8.3.3 改进旋转抗渣法实验案例

将工业用刚玉砖、铬刚玉砖、高铬砖加工后置于旋转抗渣炉内，坩埚内放入工业煤灰渣至坩埚体积 2/3～3/4。按 15℃/min 的升温速率将坩埚加热至1600℃，随后将试样浸入熔渣中，按 40～50r/min 的速率旋转试样，保持此速率旋转侵蚀 2h 后将试样升起，冷却后取出试样进行侵蚀性能分析。实验用煤渣和耐火材料的组分如表 2-19 和表 2-20 所示。

表 2-19　旋转抗渣法实验用煤渣的组分

组分	SiO_2	Al_2O_3	Fe_2O_3	CaO	MgO	TiO_2	K_2O	Na_2O
含量/%	46.02	21.08	10.41	19.51	0.89	0.77	1.05	1.31

表 2-20　旋转抗渣法实验用耐火材料的组分

组分	Cr_2O_3	Al_2O_3	ZrO_2	Fe_2O_3
高铬砖/%	86.34	7.96	4.75	0.15
铬刚玉砖/%	12.4	85.9	—	—
刚玉砖/%	—	99.5	—	0.08

实验后试样的侵蚀结果如图 2-21 所示。高铬砖具有优异的抗侵蚀性，结果显示其侵蚀程度最小，而铬刚玉砖和刚玉砖的侵蚀程度相对较大，并发生明显的溶蚀现象，通过计算侵蚀后试样的体积分数可获得不同试样的相对蚀损量，对比分析不同耐火材料的侵蚀情况。

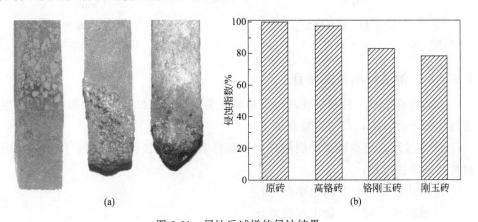

图 2-21　侵蚀后试样的侵蚀结果

2.8.4　熔渣冲刷法

2.8.4.1　熔渣冲刷法实验装置和过程

熔渣冲刷法是一种模拟气化炉气氛环境和熔渣动态侵蚀的评价方法，该方法所用的实验装置如图 2-22 所示。装置主要有炉膛、加热系统、充气系统和加渣系统组成。炉膛呈圆柱形，由无水泥预制块或高纯氧化铝陶瓷制成，能够放置待侵蚀试样。炉膛内可同时放置两个试样，温度最高可达 1650℃。为防止炉膛材料产生裂纹，升温速率控制在 1.5～2℃/min。炉膛上下有两块可活动圆盘，两个陶瓷管通过上圆盘插入炉腔内，然后用高铝水泥密封。实验过程中，液态熔渣经陶瓷管流入炉膛，经试样后流入炉膛底部熔渣收集罐内。实验用试样形状和尺寸，如图 2-23 所示。试样上部形似坩埚的部分在实验过程中能够形成渣池，可评价熔渣对材料的溶蚀，侧面凹槽的部分则可评价熔渣对材料的冲刷。

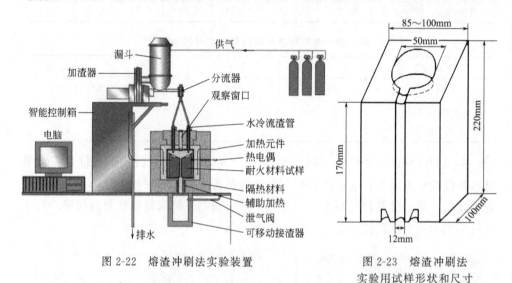

图 2-22　熔渣冲刷法实验装置　　　　图 2-23　熔渣冲刷法
实验用试样形状和尺寸

2.8.4.2　熔渣冲刷法的特点

熔渣冲刷法是一种较少使用但能够较真实模拟气化炉气氛条件和熔渣动态侵蚀过程的评价方法，其主要特点如下：

① 通过液态流动熔渣冲刷耐火材料试样表面，直接模拟气化炉内熔渣对内衬材料的冲蚀过程；

② 操作较复杂，升温速率慢；

③ 试样尺寸较大，加工过程复杂；

④ 可同时放置 2 个试样，便于对比分析；

⑤ 实验用煤渣量大，煤渣组成始终保持原组分；

⑥ 可通入还原性气体，便于控制炉内气氛条件。

2.8.4.3　熔渣冲刷法实验案例

将不同组成的刚玉-尖晶石和铝铬耐火材料加工成实验所需尺寸，放入炉内。

实验参数如下：实验温度为 1400～1500℃，侵蚀时间为 20～30h，加渣速率为 50～60g/min。实验通入气体为 2%H_2 和 98%N_2 混合气体，经计算和验证该气氛条件下 Fe 的氧化物主要以 Fe^{2+} 存在，与气化炉内条件一致。实验用煤渣的组分和耐火材料组分如表 2-21 和表 2-22 所示。

表 2-21　熔渣冲刷法实验用煤渣的组分

组分	SiO_2	Al_2O_3	Fe_2O_3	CaO	MgO	V_2O_5	K_2O	Na_2O
煤渣 A/%	49.6	17.3	12.1	5.1	1.6	4.3	2.0	5.1
煤渣 B/%	36.6	17.9	34.7	2.3	0.9	0.0	2.1	0.7

表 2-22　熔渣冲刷法实验用耐火材料的组分

试样编号	主要组分
1	刚玉-尖晶石
2	刚玉-尖晶石
3	刚玉-尖晶石
4	75.7%Al_2O_3,19.1% Cr_2O_3,1.6% SiO_2
5	4.3%Al_2O_3,95.3% Cr_2O_3,0.2% SiO_2
6	16.2%Al_2O_3,79.8%Cr_2O_3,3.1% SiO_2

　　将侵蚀后试样沿截面切开，观察和分析系列耐火材料的侵蚀性能。从图 2-24 可以看出，该方法下侵蚀后试样经熔渣冲刷侵蚀后上表面出现明显被侵蚀掉的凹坑，侧壁出现程度较小的溶蚀，主要原因可能是由于熔渣饱和后侵蚀性减弱。蚀损量分析表明，高铬耐火材料比高铝耐火材料表现出更好的抗侵蚀性，研究结果与相关报道一致。另外，不同组成的煤渣对高铝耐火材料的侵蚀性存在较明显的差异。从实验结果来看，该评价方法下耐火材料的侵蚀程度均较明显（包括高铬材料），较其他方法来说无疑是一个优势。

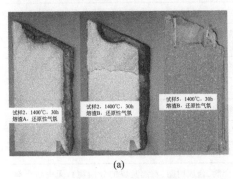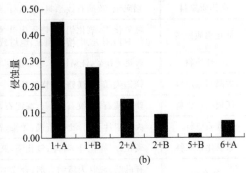

图 2-24　侵蚀后耐火材料的宏观形貌（a）及其蚀损量对比（b）

2.9 耐火材料生产工艺

2.9.1 耐火原料

耐火材料是由各种不同种类的耐火原料在特定的工艺条件下加工生产而成。不同类型耐火材料需要不同类型原料。耐火原料的种类繁多，分类方法也多种多样。按原料的生成方式可分为天然矿物原料和人工合成耐火原料两大类，天然矿物原料是耐火原料的主体。自然界中存在的各种矿物是由构成这些矿物的各种元素所组成。现已探明氧、硅、铝三种元素的总量约占地壳中元素总量的90%，氧化物、硅酸盐和铝硅酸盐矿物占明显优势，是蕴藏量十分巨大的天然耐火原料。天然耐火原料的主要品种有：硅石、黏土、铝矾土、蓝晶石族矿物原料、菱镁矿、白云石、镁橄榄石、锆英石、铬铁矿和石墨等。天然原料通常含杂质较多，成分不稳定，性能波动较大，只有少数原料可直接使用，大部分都要经过提纯、分级甚至煅烧加工后才能满足耐火材料的生产要求。人工合成耐火原料在近几十年的发展十分迅速。这些合成的耐火原料可以完全达到人们预先设计的化学矿物组成与组织结构，质量稳定，是现代高性能与高技术耐火材料的主要原料。常用的人工合成耐火原料有：莫来石、镁铝尖晶石、锆莫来石、碳化硅等。

按化学特性，耐火原料又可分为酸性耐火原料，如硅石、黏土、锆英石等；中性耐火原料，如刚玉、铝矾土、莫来石、铬铁矿、石墨等；碱性耐火原料，如镁砂、白云石砂、镁钙砂等。见表2-23、表2-24。

表 2-23　耐火原料的综合分类

耐火原料的分类	主要品种(原料举例)
硅质及半硅质原料	硅石(脉石英、石英岩、石英砂岩、燧石岩)，熔融石英，硅微粉
黏土质原料	高岭土，球黏土，耐火黏土(软质黏土、硬质黏土、半软质黏土)，焦宝石
高铝质原料	铝矾土，蓝晶石族原料(蓝晶石、红柱石、硅线石)，合成莫来石(莫来石、锆莫来石)
氧化铝质原料	氢氧化铝，氧化铝(煅烧氧化铝、烧结氧化铝、板状氧化铝)，电熔刚玉(电熔白刚玉、电熔亚白刚玉、电熔棕刚玉、电熔致密刚玉、锆刚玉)
碱性原料	轻烧菱镁矿，烧结镁砂，电熔镁砂，海水镁砂，白云石砂，合成镁白云石砂，钙砂，镁钙砂
尖晶石族原料	镁铝尖晶石，镁铬砂，铬铁矿
镁铝硅酸原料	镁橄榄石，蛇纹石，滑石，绿泥石，海泡石
碳质原料	天然鳞片石墨，土状石墨，焦炭，石油焦，烟煤及无烟煤
非氧化物原料	碳化硅，氮化硅，赛隆，氮化硼，氮化铝，碳化硼
结合剂	有机结合剂(天然结合剂、合成结合剂、合成树脂、石油及煤的分馏物)，无机结合剂(铝酸盐水泥、硅酸盐、磷酸及磷酸盐、硫酸盐、溶胶、结合黏土等)
添加剂	稳定剂，促凝剂，增塑剂，减水剂，分散剂，抑制剂，发泡剂，抗氧化剂

表 2-24　耐火材料的种类与所用原料

耐火材料的种类	主要原料	辅助原料
硅质	硅石、废硅砖	石灰、铁鳞、亚硫酸纸浆废液
黏土质	黏土熟料	结合黏土、水玻璃等
高铝质	铝矾土熟料	结合黏土、工业氧化铝,蓝晶石族原料
刚玉质	电熔或烧结刚玉、莫来石、氧化铝	结合黏土、蓝晶石族原料、磷酸铝等
碳化硅质	碳化硅	结合黏土、氧化硅微粉、硅粉、纸浆废液
镁质	烧结镁砂、电熔镁砂	纸浆废液、卤水
高铬质	电熔氧化铬砂	氧化铝粉等

常见耐火原料的理化指标见表 2-25。

表 2-25　常见耐火原料的理化指标　　　　　　单位:%

组成	Al_2O_3	R_2O	Fe_2O_3	SiO_2	TiO_2	MgO/CaO	SiC	体积密度/(g/cm³)	显气孔率/%
烧结刚玉	99.53	0.2～0.3	0.04	0.2	0.04	—	0.05	3.55～3.60	3～4
电熔白刚玉	99.24	0.15～0.25	0.1	0.3	—	0.15		3.45	5～7
矾土熟料	55～88	0.2～0.6	1.5～1.8	4～40	3.0～4.0	0.1～0.3	—	2.5～3.3	6～18
氧化铝微粉	99.36	0.1～0.3	0.1	0.2		0.1			
中档镁砂	—		0.8～1.5	1～2	—	94～96		3.1～3.3	—
碳化硅			0.3	0.4			95～98	3.12	

2.9.2　定形耐火材料生产工艺

耐火材料在生产过程中,虽然不同耐火制品(定形耐火材料)所使用的原料不同,具体控制工艺条件也不同,但它们的生产工序和加工方法基本上是一致的。如在制品生产过程中一般都要经过原料破碎、细磨、筛分、配料、混炼、成型、干燥和烧成等加工工序,而且在这些加工工序中影响制品质量的基本因素也大致相同。

2.9.2.1　原料加工——破碎和筛分

生产耐火材料用耐火熟料(或生料)的块度,通常具有各种不同的形状和尺寸,其大小可由粉末状至 350mm 左右的大块。另外,由试验和理论计算表明,单一尺寸颗粒组成的泥料不能获得紧密堆积,必须由大、中、小颗粒组成的泥料才能获得致密的坯体。因此,块状耐火原料经拣选后必须进行破粉碎,以达到制备泥料的粒度要求。

耐火原料的破粉碎,是用机械方法(或其他方法)将块状物料减小成为粒状和粉状物料的加工过程，习惯上又称为破粉碎，具体分为粗碎、中碎和细碎。粗碎、中碎和细碎的控制粒度根据需要进行调整。粗碎、中碎和细碎分别选用不同的设备。

① 粗碎（破碎）。物料块度从 350mm 破碎到 50～70mm。粗碎通常选用不同型号的颚式破碎机。其工作原理是靠活动颚板对固定颚板做周期性的往复运动，对物料产生挤压、劈裂、折断作用而破碎物料的。

② 中碎（粉碎）。物料块度从 50～70mm 粉碎到 5～20mm。中碎设备主要有圆锥破碎机、双辊式破碎机、冲击式破碎机、锤式破碎机等。圆锥破碎机的破碎部件是由两个不同心的圆锥体，即不动的外圆锥体和可动的内圆锥体组成的，内圆锥体以一定的偏心半径绕外圆锥中心线做偏心运动，物料在两锥体间受到挤压和折断作用被破碎。双辊式破碎机是物料在两个平行且相向转动的辊子之间受到挤压和劈碎作用而破碎。冲击式破碎机和锤式破碎机是通过物料受到高速旋转的冲击锤冲击而破碎，破碎的物料获得动能，高速冲撞固定的破碎板，进一步被破碎，物料经过反复冲击和研磨，完成破碎过程。

③ 细碎（细磨）。物料粒度从 5～20mm 细磨到小于 0.088mm 或 0.044mm，甚至约 0.002mm。细碎设备有筒磨机、雷蒙磨机（又称悬辊式磨机）、振动磨机、气流磨机和搅拌式磨机等。

影响耐火原料破粉碎的因素，主要是原料本身的强度、硬度、塑性和水分等，同时也与破粉碎设备的特性有关。

在耐火材料生产过程中，将耐火原料从 350mm 左右的大块破粉碎到 5～0.088mm 的各粒度料，通常采用连续粉碎作业，并根据破粉碎设备的结构和性能特点，采用相应的设备进行配套，例如采用颚式破碎机、双辊式破碎机、筛分机、筒磨机，或者采用颚式破碎机、圆锥破碎机、筛分机、筒磨机等进行配套，对耐火原料进行连续破粉碎作业。

原料在破粉碎过程中不可避免地带入一定量的金属铁杂质。这些金属铁杂质对制品的高温性能和外观造成严重影响，必须采用有效方法除去。除铁方法有物理除铁法和化学除铁法。物理除铁法是用强磁选机除铁，对颗粒和细粉选用不同的专用设备。化学方法采用酸洗。

耐火原料经破碎后，一般是大中小颗粒连续混在一起。为了获得符合规定尺寸的颗粒组分，需要进行筛分。筛分是指破粉碎后的物料，通过一定尺寸的筛孔，使不同粒度的原料进行分离的工艺过程。

筛分过程中，通常将通过筛孔的粉料称为筛下料，残留在筛孔上粒径较大的物料称为筛上料，在闭流循环粉碎作业中，筛上料一般通过管道重返破碎机进行再粉碎。

根据生产工艺的需要，借助于筛分可以把颗粒组成连续的粉料，筛分为具有一定粒度上下限的几种颗粒组分，如1~3mm的组分和小于1mm的组分等。有时仅筛出具有一定粒度上限（或下限）的粉料，如小于3mm的全部组分或大于1mm的全部组分等。要达到上述要求，关键在于确定筛网的层数和选择合理的筛网孔径。前者应采用多层筛，后者可采用单层筛。

2.9.2.2 泥料的制备

生产耐火制品的泥料（也称砖料）是按一定比例配合的各种原料的粉料，在混炼机混炼过程中加入水或其他结合剂而制得的混合料。它应具有砖坯成型时所需要的性能，如塑性和结合性等。泥料制备工序包括配料和混炼两个工艺过程。

根据耐火制品的要求和工艺特点，将不同材质和不同粒度的物料按一定比例进行配合的工艺称为配料。配料规定的配合比例也称配方。

确定泥料材质配料时，主要考虑制品的质量要求，保证制品达到规定的性能指标；经混炼后砖料具有必要的成型性能，同时还要注意合理利用原料资源，降低成本。

泥料中颗粒组成的含意包括：颗粒的临界尺寸、各种大小颗粒的百分含量和颗粒的形状等。颗粒组成对坯体的致密度有很大影响。只有符合紧密堆积的颗粒组成，才有可能得到致密坯体。

最紧密堆积的颗粒，可分为连续颗粒和不连续颗粒。

图2-25给出不连续三组分填充物堆积密度的计算值和实验值，由图可见，堆积密度最大的组成为：55%~65%粗颗粒，10%~30%中颗粒，15%~30%细颗粒。

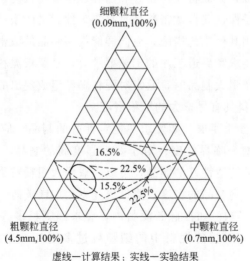

虚线—计算结果；实线—实验结果

图2-25　熟料堆积的气孔率

用不连续颗粒可以得到最大的填充密度，但其缺点是将产生严重的颗粒偏析，而且也是不实际的。实际生产中，还是选择级配合理的连续颗粒，通过调整各粒级配合的比例量，达到尽可能高的填充密度。

耐火制品生产中，通常力求制得高密度砖坯，为此常要求泥料的颗粒组成应具有较高的堆积密度。要达到这一目的，只有当泥料内颗粒堆积时形成的孔隙被细颗粒填充，后者堆积时形成的孔隙又被更细的颗粒填充，在如此逐级填充条件下，才可能达到泥料颗粒的最紧密堆积。在实际配制泥料时，要按照理论直接算出达到泥料最紧密堆积时的最适宜的各种粒度的直径和数量比是困难的，但是按照紧密堆积原理，通过实验所给出的有关颗粒大小与数量的最适宜比例的基本要求，对于生产是有重要的指导意义。

通过大量的试验结果表明，在下述条件下能获得具有紧密堆积特征的颗粒组成。

① 颗粒的粒径是不连续的，即各颗粒粒径范围要小。

② 大小颗粒间的粒径比值要大些，当大小粒径间的比值达 5～6 以上时，即可产生显著的效果。

③ 较细颗粒的数量，应足够填充于紧密排列的颗粒构成的间隙中。当两种组分时，粗细颗粒的数量比为 7∶3；当三种组分时为 7∶1∶2，其堆积密度较高。

④ 增加组分的数目，可以继续提高堆积密度，使其接近最大的堆积密度。

上述最紧密堆积理论，只是对获得堆积密度大的颗粒组成指出了方向，在实际生产中并不完全按照理论要求的条件去做。首先，是因为粉料的粒级是连续的，要进行过多的颗粒分级将使得粉碎和筛分程序变得很复杂；其次，虽然能紧密堆积的颗粒组成是保证获得致密制品具有决定性意义的条件，但在耐火制品生产过程中还可以采用其他工艺措施，也同样能提高制品的致密度。另外，原料的性质，制品的技术要求和后道工序的工艺要求等，都要求泥料的颗粒组成与之相适应。因此，在生产耐火制品时，通常对泥料颗粒组成提出的基本要求如下。

① 应能保证泥料具有尽量大的堆积密度。

② 满足制品的性质要求。如要求热稳定性好的制品，应在泥料中适当增加颗粒部分的数量和增大临界粒度；对于要求强度高的制品，应增加泥料的细粉量；对于要求致密的抗渣性好的制品，可以采取增大粗颗粒临界粒度和增加颗粒部分的数量，从而提高制品的密度，降低气孔率，如镁碳砖。

③ 原料性质的影响。如在硅砖泥料内，要求细颗粒多些，使砖坯在烧成时易于进行多晶转化；而镁砖泥料中的细颗粒过多则就易于水化，对制品质量不利。

④ 对后道工序的影响。如泥料的成型性能，用于挤泥成型应减小临界粒度，

并增大中间粒度数量；用于机压成型大砖，应增加临界粒度。

普通耐火制品为三级配料，这类制品如普通黏土砖、高铝砖等。制造耐火制品用泥料的颗粒组成多采取"两头大，中间小"的粒度配比，即在泥料中粗、细颗粒多，中间颗粒少。因此，在实际生产中，无论是原料的粉碎或泥料的制备，在生产操作和工艺检查上，对大多数制品的粉料或泥料，只控制粗颗粒筛分（如 $3\sim2mm$ 或 $2\sim1mm$）和细颗粒筛分（如小于 $0.088mm$ 或小于 $0.5mm$）两部分的数量。

原料组成除规定原料粒度比例外，还有原料种类比例。所用原料的性质及工艺条件应满足制品类型和性能要求。

① 从化学组成方面看，配料的化学组成必须满足制品的要求，并且要求应高于制品的指标要求。因为要考虑到原料的化学组成有可能波动，制备过程中可能引入的杂质等因素。

② 配料必须满足制品物理性能及使用要求。选择原料的纯度、体积密度、气孔率、类型（烧结料或电熔料）等；选择原料的材质。

③ 坯料应具有足够的结合性，因此配料中应含有结合成分。有时结合作用可由配料中的原料来承担。但有时主体原料是瘠性的，则要由具有黏结能力的结合剂来完成，如纸浆废液、糊精、结合黏土和石灰乳等。纸浆废液不影响制品化学组成，而结合黏土和石灰乳影响制品化学组成。所选用的结合剂应当对制品的高温性能无负面作用，黏土和石灰乳可分别用作高铝砖和硅砖的结合剂。

通常配料的方法有重量配料法和容积配料法两种。

重量配料的精确度则较高，一般误差不超过 2%，是目前普遍应用的配料方法。重量配料用的称量设备有手动称量秤、自动定量秤、电子秤和光电数字显示秤等。上述设备中，除手动称量秤外，其他设备都可实现自动控制。它们的选用应根据工艺要求、自动控制水平以及操作和修理技术水平而定。

容积配料是按物料的体积比来进行配料，各种给料机均可做容积配料设备，如皮带给料机、圆盘给料机、格式给料机和电磁振动给料机（不适用于细粉）等。容积配料一般多使用于连续配料，其缺点是配料精确性较差。

混炼是使不同组分和不同粒度的物料同适量的结合剂经混合和挤压作用达到分布均匀和充分润湿的泥料制备过程。混炼是混合的一种方式，伴随有一定程度的挤压、捏和、排气过程在内。

影响泥料混炼均匀的因素很多，如合理选择混炼设备，适当掌握混炼时间，以及合理选择结合剂并适当控制其加入量等，都有利于提高泥料混炼的均匀性。另外，加料顺序和粉料的颗粒形状等对泥料混炼的均匀性也有影响，如近似球形颗粒的内摩擦力小，在混炼过程中相对运动速度大，容易混炼均匀，棱角状颗粒料的内摩擦力大，不易混炼均匀，故与前者相比都需要较长的混炼时间。

混炼设备有以下几种。

（1）湿碾机

湿碾机是利用碾轮与碾盘之间的转动对泥料进行碾压、混炼及捏合的混合设备。主要常见老型号是底部下传动盘转湿碾机（$\phi1600mm \times 450mm$ 及 $\phi1600mm \times 400mm$ 两种）及少量上部传动碾砣转的湿碾机，这些设备笨重，混合过程中物料易被粉碎，动力消耗大。但由于其结构简单，在耐火材料厂尚未被完全替代。新型号的湿碾机有某公司设计的 $\phi2400mm$ 及 SJH-28 型二种。其碾轮与碾盘之间的间距可调整，减少对物料的粉碎。

（2）行星式强制混合机

行星式强制混合机的中心立轴担有一对悬挂轮、两副行星铲和一对侧刮板，盘不转，中心立轴转，带动悬挂轮、行星铲和侧刮板顺时针转，行星铲又作逆时针自转，泥料在三者之间为逆流相对运动，在机内既做水平运动又被垂直搅拌，$5 \sim 6min$ 可得到均匀混合，而颗粒不破碎。

在泥料混炼时，通常混炼时间越长，混合得越均匀。在泥料混合初期，均匀性增加很快，但当混合到一定时间后，再延长混合时间对均匀性的影响就不明显了。因此，对于不同类型混合机械所需混合时间是有一定限度的。

物料中瘠性料的比例、结合剂与物料的润湿性等影响混炼的难易程度，因此不同性质的泥料对混炼时间的要求也不同。如用湿碾机混炼时，黏土砖料为 $4 \sim 10min$，硅砖料为 15min 左右，镁砖料则为 20min 左右，铝碳滑板砖料约为 30min。混炼时间太短，会影响泥料的均匀性；而混炼时间太长，又会因颗粒的再粉碎和泥料发热蒸发而影响泥料的成型性能。

用湿碾机混炼泥料时，加料顺序会影响混炼效果。通常先加入颗粒料，然后加结合剂，混合 $2 \sim 3min$ 后，再加细粉料，混合至泥料均匀。

泥料的混炼质量对成型和制品性能影响很大。混炼泥料的质量表现为泥料成分的均匀性（化学成分、粒度）和泥料的塑性。在高铝砖实际生产中，通常以检查泥料的颗粒组成和水分含量来评定其合格与否。混炼质量好的泥料，细粉形成一层薄膜均匀地包围在颗粒周围，水分分布均匀，不单存在于颗粒表面，而且渗入颗粒的孔隙中；泥料密实，具有良好的成型性能。如果泥料的混炼质量不好，则用手摸料时有松散感，这种泥料的成型性能就较差。

2.9.2.3　成型

将泥料加工成具有一定形状的坯体的过程称为成型，成型的坯体具有较致密的均匀的结构，并具有一定的强度。生产耐火制品的成型方法，常用的有以下几种。

（1）可塑成型

可塑成型（也称挤压成型），一般指含水量 $16\% \sim 25\%$ 的呈塑性状态的泥料制坯方法，使可塑性泥料强力通过模孔的成型方法称为挤压成型。通常用连续螺旋式挤泥机或叶片式搅拌机与液压机连用，将泥料混合、挤实和成型。这种成型方法适宜于将可塑泥料加工成断面匀称的条形和管形等坯体。

（2）机压成型

机压成型又称半干法成型，指用含水量在 2%～7% 的泥料制备坯体的方法。一般采用各种压砖机、捣固机、振动机械成型。与可塑成型相比，坯体具有密度高、强度大、干燥和烧成收缩小、制品尺寸容易控制等优点，半干成型是常用的成型方法。

普通的机压成型砖坯的压制过程，实质上是一个使泥料内颗粒密集和空气排出形成致密坯体的过程。其特点是泥料压缩量大，而且压缩量几乎与压力成正比增加；当坯体被压缩到一定程度后，就进入了压制过程的第二个阶段。在这个阶段中，成型压力已增加到能使泥料内颗粒发生脆性和弹性变形的程度，所以在压制时由于泥料内颗粒受压变形和多角形颗粒的棱角被压掉，从而使坯体内颗粒间的接触面增加，摩擦阻力增大。因此，使这一阶段的压制特性表现为跳跃式的压缩变化，即呈阶梯形变化曲线；当压制进入第三阶段时，成型压力已超过临界压力，即使压力再升高，坯体几乎不再被压缩。

砖坯的上述压制特征说明，泥料的自然堆积密度越大，颗粒间的摩擦力越小，泥料受单位压力作用时的压缩量就越大，砖坯的体积密度也就越高。因此，在泥料中加入一些有机活化剂，增大泥料内颗粒的活动能力和降低泥料与模壁之间的摩擦力，可以提高砖坯压制的密实程度。

提高砖坯成型质量的主要措施如下。

① 要求泥料具有适当而稳定的颗粒组成。压制砖坯时，如泥料中粗颗粒过多，易使砖坯边角不严，表面粗糙和颗粒脱落。泥料过细，则由于泥料中气膜（或水膜）大，压制时弹性后效大，易引起层裂。

② 压力和水分间必须相适应。泥料中的水分主要起着结合作用和润滑作用，它有利于泥料在成型压力作用下颗粒间发生移动。水分含量较低的泥料成型时，其内摩擦较大，要获得致密坯体，就必须有较高的成型压力。但水分含量大的泥料则不能采用高压力成型，因为高水分泥料成型时的弹性后效大，而且水分易向坯体的不致密处集中，因此采用高压力成型时易产生过压裂纹。

总的来说，成型压力和泥料水分含量要求成反比。例如黏土制品，当采用低压力成型（低吨位压机或手工成型）时，泥料水分一般为 6%～9%；而采用高压成型（高吨位压机成型）时，水分就应低些，一般为 3%～5%。

目前，成型耐火材料坯体用的机械设备主要有摩擦压砖机、杠杆压砖机、液压机、回转压砖机、振动成型机等。关于生产中具体选用何种设备，需根据制品的形状、尺寸、性能要求以及生产数量等因素综合考虑而定。

无论采用哪种成型机械，对其砖模的结构和模板的质量都是很关键的问题。在设计和制作模具时一般应考虑以下几个原则。

① 缩放尺率。耐火制品的外形尺寸必须符合规定要求，而砖坯在干燥和烧成过程中都将发生体积变化，特别在烧成过程中体积变化较大。一般制品产生收缩，而硅砖则由于多晶转变作用产生膨胀。因此，在设计模型时必须考虑缩放尺，以保证制品尺寸的正确性。

② 模板安装应有锥度，下口小、上口大、对称，并要保证制品尺寸合格。模型安装后的锥度一般为千分之五。有的砖型尺寸公差要求小，模板安装也可没有锥度，采用活动模板的办法解决。内模板外侧设计锥度，坯体出模时连同内模一起顶出，外模板固定。

2.9.2.4 砖坯的干燥

砖坯干燥的目的是为了提高半成品的强度，以便能够安全运输，堆放和装窑。湿坯经干燥后还能保证在烧成初期可快速升温。特别是水分含量高的砖坯，若干燥不好，烧成时就会产生严重开裂和变形。

砖坯的干燥过程实质上是经预热后的热空气（或热烟气）把热量传递给坯体，坯体吸收热量而提高温度，从而使水分蒸发逸出坯体，并随热气体排出干燥器。水分从坯体排除的过程，一般分两个阶段进行，即等速干燥阶段和减速干燥阶段。

在等速干燥阶段中，主要是排除砖坯表面的物理水，水分蒸发在坯体表面进行。随着水分排出，坯体相应地收缩。故此阶段的干燥速度应慢些，以免坯体急剧收缩而产生开裂，这对含水量高的大型或特异型制品尤为重要。当等速干燥阶段基本结束进入减速干燥阶段时，水分的蒸发便由坯体表面逐渐移向坯体内部，这时坯体的干燥速度受温度、孔隙数量及其大小等因素影响，砖坯从载热体中吸收的热量，一方面提高坯体温度，同时供给水分蒸发。在这个阶段中砖坯的干燥速度与砖坯的温度，以及水蒸气自孔隙向外传递的速度有关。水分在孔隙中蒸发以后，自坯体的内部移向表面，然后扩散至载热体中。当坯体温度升高，而水分蒸发量恰为水蒸气自孔隙中向外传递的最大量时，此时坯体的安全干燥速度最大。因此，在这个阶段内，若温度过低，会使水分蒸发量减少，干燥过程就延缓；若温度过高，则会造成坯体内部蒸发的大量水分来不及排出，从而使砖坯产生毛细裂纹，甚至开裂。因此，砖坯干燥时，首先要选择和控制适宜的载热体温度和湿度，以保证砖坯具有最大的安全干燥速度。

砖坯干燥时，伴随着水分蒸发过程还常有一些物理-化学变化发生。例如，在硅酸铝制品的泥料中，通常还加入少量的亚硫酸纸浆废液，在干燥时浓缩而对坯体中颗粒进行胶结，使坯体强度增加；硅砖中由胶体状态的 $Ca(OH)_2$ 转变为

结晶水化物 $Ca(OH)_2 \cdot H_2O$ 以及它与活性 SiO_2 作用所生成的含水硅酸盐 $(CaO \cdot SiO_2 \cdot nH_2O)$ 等,均使硅砖坯体强度增加;用水玻璃结合的不烧制品,干燥时水玻璃发生缩聚作用,使坯体的强度得到显著提高等。

2.9.2.5 烧成

烧成是指对砖坯进行煅烧的热处理过程。砖坯经过烧成,可使其中的某些组分发生分解和化合等化学反应,使砖坯烧结形成玻璃质或晶体结合的制品,从而使制品获得较好的体积稳定性和强度,以及其他特性。

耐火制品的性质不仅取决于原料的成分和性质、配料组成和生产方法,而且在很大程度上取决于烧成质量的好坏。烧成是耐火制品生产过程中的一道重要工序,无论是制品的质量或是企业的技术经济指标,如产品质量、劳动生产率、单位产品燃料消耗定额和产品成本等,都在很大程度上取决于烧成的好坏。所以,烧成是耐火材料生产过程中特别关键的工序。

耐火材料烧成窑炉的种类很多,但目前耐火制品烧成时,最常用的烧成设备有隧道窑、梭式窑、倒焰窑和热处理窑。此外还有用于特种要求的窑炉,如电加热式窑炉,根据需要控制窑炉内的气氛。通常采用气体燃料(如天然气、煤气)和液体燃料(如重油、轻柴油等),我国已基本取缔直接使用固体燃料。

隧道窑属于连续作业的窑炉,是耐火材料生产中比较先进和普遍使用的窑炉。它的主要优点是机械化、自动化程度高,生产能力较大,热效率也高。但隧道窑在烧制不同品种的砖时,其烧成制度的更换不如梭式窑和倒焰窑灵活。

隧道窑沿长度方向分为预热带、烧成带和冷却带。根据制品类型和工艺要求,有普通隧道窑和高温隧道窑两大类型。高温隧道窑烧成温度可达 1650℃ 以上,窑长 50～130m,窑宽 1.1～3.2m,年生产能力 5000～32000t,单位产品热耗 6600～6900kJ/kg。

砖坯在烧成过程中进行一系列的物理-化学反应,使砖坯变得致密,强度增加,体积稳定,并保证有准确的外形尺寸。

耐火材料在烧成时,根据制品发生变化的特征,整个烧成过程可分为三个阶段。

(1)加热阶段

即从制品进窑或点火时起至达到制品烧成的最高温度时为止。在这个阶段中进行着砖坯加热,残余水分和化学结晶水分的排出,某些物质的分解和新的化合物的形成,多晶转变以及液相生成等,包括有机和无机结合剂、添加剂的分解、氧化燃烧等,放出 CO_2 和水及其他小分子。在这个阶段,由于上述原因,坯体的重量减轻,气孔率增大,强度降低。随温度增加,达到液相形成温度和物相合成温度,由于液相的扩散、流动、溶解、沉析传质过程的进行,颗粒在液相表面张力作用下，进一步靠拢而促使坯体致密化，使其强度增加，体积缩小，气孔率降低，坯体进行烧结。

（2）最高烧成温度时的保温阶段

坯体中各种反应趋于完全、充分、液相数量增加，结晶相进一步成长，砖坯达到致密化。制品在烧成过程中，不仅要使表面达到烧成温度，而且要使制品内部也达到烧成温度。这个温度均匀化的过程是靠传热来实现的，为此需要一定的时间。由此可见，制品越大，装窑密度越高，则此时间就越长。此外，由于窑炉内各部位温度的不均匀性，也需要一定的保温时间。

（3）冷却阶段

冷却阶段是指从烧成最高温度至出窑温度。

在此阶段中，制品在高温时进行的结构和化学变化基本上得到了固定。在此阶段的初期，制品中还进行着一些物理-化学变化，发生物相的析晶、某些晶体的晶型转变、玻璃相固化、微裂纹产生等过程。冷却制度会影响制品的强度、抗热震性等物理性能。

为了合理地进行各种耐火制品的烧成，应预先确定每种制品的烧成制度，其内容包括：烧成的最高温度；在各阶段的升温速度；在最高温度下的保温时间；制品冷却的降温速度；在上述各阶段中窑内的气氛性质。

烧成制度可以制成横坐标为时间（h），纵坐标为温度（℃）的曲线，也可以由温度范围、升温速度和时间为内容的列表形式表示。

耐火制品烧成温度主要取决于以下几点。

① 使用的原料的性质。原料的主要矿物相的熔点、矿物相之间的最低共熔点温度与烧成温度直接相关。耐火制品参考烧成温度为主要矿物相熔点温度的 $0.7\sim0.85$ 倍。因此，高纯镁砖烧成温度高于镁尖晶石砖；刚玉砖烧成温度高于莫来石砖；碱性耐火制品的烧成温度高于高铝耐火制品；

② 对于相同材质，原料纯度越高，烧成温度越高。纯度高的直接结合碱性制品烧成温度高于硅酸盐结合的碱性制品。

③ 原料细粉的粒度。分散度高则比表面积越大，表面自由能越大，烧结动力越大。因此微粉可促进烧结，降低烧成温度。

耐火制品烧成时，在加热和冷却过程中许可的升（降）温速度以及必需的保温时间，取决于：

① 加热和冷却时制品内进行的物理化学变化过程中所产生的内应力大小；

② 完成这一物理化学变化所需的温度和时间；

③ 烧成过程中耐火制品的温度梯度、热膨胀和冷收缩产生的应力。

耐火制品的烧成过程可以用两种加热方式来完成，即制品在较低温度下用较长时间烧成，或在较高的温度下用较短的时间烧成。如相同耐火高铝制品在倒焰窑中烧成，烧成温度较低、时间长，在隧道窑烧成，烧成温度相对较高，时间较短。实际上由于窑炉内传热缓慢，以及制品在窑炉内受热的不均匀性，所以用快速烧成耐火制品是有限度的。出窑是将烧好的制品经冷却后从窑内取出，或从窑车上卸下来的操作过程。出窑操作的好坏，对成品外形质量有着直接影响。在出窑过程中，如果操作不注意或不熟练，往往会造成制品缺边掉角，从而降低成品合格率。

2.9.2.6 成品拣选

成品拣选工作，就是拣选工按国家标准或有关合同条款对不同耐火制品外形要求规定的项目及技术要求，对成品进行逐块检查，剔除不合格品；根据标准规定或使用要求，将合格品进行分级，以保证出厂的耐火制品外形质量符合标准规定的等级。

成品拣选的基本要求是掌握国家标准对不同耐火制品的外形质量要求，以及各项检验项目的检查方法，并在成品拣选过程中能熟练应用。这样才能在拣选过程中做到快速、准确。否则就会出现两种情况，一种是把废品当成合格品，影响制品的使用寿命；另一种是把合格品当作废品，造成浪费。

国家标准《定型耐火制品尺寸、外观及断面的检查方法》（GB/T 10326—2016）规定了定型耐火制品尺寸、外观及断面的检查工具和检查方法。

2.9.3 不定形耐火材料生产工艺

不定形耐火材料是由骨料、细粉和结合剂混合而成的散状耐火材料。必要时可加外加剂。不定形耐火材料无固定的外形，呈松散状、浆状或泥膏状，因而也称为散状耐火材料；此外，不定形耐火材料可以制成预制块使用或构成无接缝的整体构筑物，因此也称为整体耐火材料。不定形耐火材料具有生产工艺简单、生产周期短、节约能源、使用时整体性好、适应性强、便于机械化施工等特点。

不定形耐火材料的基本组成是骨料和细粉耐火物料。根据使用要求，可由各种材质组成。为了使这些耐火物料结合为整体，加入适当品种和数量的结合剂，并根据不定形耐火材料具体需求加入少量适当的外加剂，以改善不定形耐火材料的可塑性、流动性、凝结性等。

不定形耐火材料化学和矿物组成主要取决于所用的骨料和细粉，另外还与结合剂的品种和数量有密切关系。同时，不定形耐火材料使用性能在很大程度上取决于不定形耐火材料作业性能、施工方法和技术。

不定形耐火材料生产流程包含原料破碎、细磨、筛分、配料、搅拌混合、包装等工序。根据不同类型的不定形材料，在搅拌混合工序有所差异。以耐火浇注料为例，不同材质，不同结合的浇注料可分为多个品种。见表2-26。

表 2-26 各种浇注料的材质与组成

浇注料材质	主要原料	结合剂
普通硅酸铝质	焦宝石、矾土熟料、红柱石、硅线石、蓝晶石	矾土基铝酸钙水泥、水玻璃、磷酸二氢铝、结合黏土
莫来石质、刚玉质、高铝-尖晶石质、刚玉-尖晶石质、铝镁质	电熔或烧结莫来石、电熔或烧结刚玉、矾土熟料、电熔或烧结镁铝尖晶石、镁砂	纯铝酸钙水泥、磷酸二氢铝、镁砂、uf-SiO_2、uf-Al_2O_3
高铝-SiC-C 质、刚玉-SiC-C 质、MgO-C 质、Al_2O_3-MgO-C 质	矾土、电熔或烧结刚玉、SiC、沥青、电熔或烧结镁砂、预处理石墨	纯铝酸钙水泥、酚醛树脂+有机酸、uf-SiO_2、uf-Al_2O_3
不锈钢（Fe-Ni-Cr alloy）纤维增强的浇注料	高铝矾土料、刚玉等耐火原料、不锈钢纤维	矾土基铝酸钙水泥、纯铝酸钙水泥、磷酸二氢铝、uf-SiO_2、uf-Al_2O_3

参 考 文 献

[1] 中国冶金百科全书. 耐火材料卷. 北京：冶金工业出版社. 1997.

[2] 李红霞. 耐火材料手册. 北京：冶金工业出版社，2007.

[3] 蒋明学. 耐火材料性能检测的现状.《耐火材料》创刊四十周年特刊，2006，40：274.

[4] 胡宝玉，徐延庆，张宏达. 特种耐火材料实用技术手册. 北京：冶金工业出版社，2004.

[5] 耐火材料标准汇编. 北京：中国标准出版社，2015.

[6] REFRACTORIES HANDBOOK. The Technical Association of Refractories，Japan，1998.

[7] 雷远春. 硅酸盐材料理化性能检验. 武汉：武汉理工大学出版社，2002.

[8] 王维邦. 耐火材料工艺学. 第 2 版. 北京：冶金工业出版社，2004.

[9] 许晓海，冯改山. 耐火材料技术手册. 北京：冶金工业出版社，1999.

[10] 徐维忠. 耐火材料。北京：冶金工业出版社，1991.

[11] Kaneko T，Zhu J，Thomas H，et al. Influence of oxygen partial pressure on synthetic coal slag infiltration into porous Al_2O_3 refractory. Journal of the American Ceramic Society，2012，95（5），1764-1773.

[12] Kaneko T，Zhu J，Howell N，et al. The effects of gasification feedstock chemistries on the infiltration of slag into the porous high chromia refractory and their reaction products. Fuel，2014，115（1）：248-263.

[13] Kaneko T，Zhu J，Howell N，et al. The effects of gasification feedstock chemistries on the infiltration of slag into the porous high chromia refractory and their reaction products. Fuel，2014，115（1）：248-263.

[14] Cai B，Li H，Zhao S，et al. Study on the erosion mechanism of acid coal slag interactions with silicon carbide materials in the simulated atmosphere of a coal gasifier. Ceramics International，2017，43（5）：4419-4426.

[15] Cai B，Li H，Zhao S，et al. Erosion of high chromia refractory by basiccoal slag under simulated coal gasification atmosphere. Ceramics International. 2018，44（5）：4592-4602.

[16] 蔡斌利，李红霞，赵世贤，等. 模拟煤气化炉气氛下酸性渣对 Si_3N_4-SiC 材料的侵蚀及其机理. 硅酸盐学报，2018，46（3）：434-442.

[17] Zhao S，Cai B，Sun H，et al. Thermodynamic simulation of the effect of slag chemistry on the

corrosionbehavior of alumina-chromia refractory, International Journal of Minerals, Metallurgy and Materials, 2016, 23(12): 1458-1465.

[18] Cai B, Li H, Zhao S, et al. Erosion of high chromia refractory by basic coal slag under simulated coal gasification atmosphere. Ceramics International. 2018, 44(5): 4592-4602.

[19] 杜炳建, 闫双志, 孙红刚, 等. 水煤浆气化炉用耐火材料抗渣性试验方法的研究进展, 耐火材料, 2013, 47(5): 388-391.

[20] University of North Dacota. Dynamic testing of gasifier refractory: Report of Department of Chemical Engineering in University of North Dacota [R]. Grand Forks: University of North Dacota, 2005.

[21] Hong X. Characterization of refractory corrosion by flowing slag [D]. Grand Forks: University of North Dacota, 2005.

[22] University of North Dacota. Dynamic testing of gasifier refractory: Report of Department of Chemical Engineering in University of North Dacota [R]. Grand Forks: University of North Dacota, 2005.

第3章 水煤浆气化装置用耐火材料

3.1 概述

水煤浆气化技术是将煤或石油焦等固体烃类化合物以水煤浆或水炭浆的形式与气化剂一起通过喷嘴，气化剂高速喷出与料浆并流混合雾化，在气化炉内进行火焰型非催化部分氧化反应的工艺过程。目前最为成熟和具有代表性的工艺有美国 GE 气化技术（原 Texaco 气化）、美国 CB&I 公司的 E-Gas 气化技术（原 DOW 气化）以及我国以华东理工大学为主开发的多喷嘴对置式水煤浆气化技术（Opposed Multi-Burner Coal Water Slurry，简称 OMB 气化技术）。另外，西北化工研究院的多元料浆气化技术、清华大学的非熔渣-熔渣分级气化技术（清华炉）也属于该类技术。

GE 水煤浆加压气化工艺发展至今已有 50 多年历史，20 世纪 80 年代引入我国后得到了长足发展。截至 2015 年，GE 气化炉在国内已有 159 台，是目前商业化运作最为成熟的煤气化技术。GE 气化炉燃烧室是以耐火材料为内衬的立式压力容器，其耐火材料整体可分为三大部分：锥底、筒体和拱顶。三部分耐火材料可独立安装和拆除，拱顶与筒体之间预留一定的膨胀空间，以备气化炉运行时炉砖整体向上膨胀。耐火材料由内向外又可分为若干层，以筒体为例，可分为向火面耐火层、背衬层、隔热层和可压缩层四层。耐火材料用量大，技术要求高。

E-Gas 气化技术为二段式水煤浆气化技术，水煤浆经煤浆泵加压后，与来自空分的氧气通过一段气化炉水平段两端的混合烧嘴送入一段气化炉内，在一段气化炉中，含碳原料与氧气在 1450℃、4.0MPa 的环境下发生部分氧化反应，气化为以 H_2、CO、CO_2 和 H_2O 为主的合成气。二段气化炉由一个垂直的、内衬耐火材料的腔体构成，H_2O 在二段气化炉中，由二段烧嘴注入质量分数占总量 10%～15% 的煤浆，与来自一段气化炉的高温合成气发生反应。E-Gas 用于 IGCC 发电具有更高的投入产出比。E-Gas 技术在美国 Wabash 工业化后，在韩国浦项、印度 Jamnagar 以及我国山东神驰化工等正在筹建。中海油惠州炼化二期项目制氢装置采用 E-Gas 技术，共 3 台气化炉，2 开 1 备，项目由中国化学工程集团公司六公司承建，于 2015 年 4 月 27 日开工建设，2017 年 10 月 2 日 1000 万吨/年炼油工程试车成功，2017 年 10 月 26～28 日，煤输工程通过验收检查。中海油惠州炼化二期项目的耐火材料设计、生产和施工等全套由洛阳耐火材料研究院完成，E-Gas 气化炉耐火材料品种多、用量大。

多喷嘴气化技术是我国"九五"期间的重点开发项目，2005 年在山东试车成功后，已在国内得到了大量推广应用，并推广到了美国 Valero 公司。该技术与 GE 技术最显著的区别在于其气化炉中上部设置多对（目前为 2 对）喷嘴进行对喷，提高了气化效率。其所用耐火材料种类及布置与 GE 气化炉基本相同。

GE 气化炉耐火材料主要分 3 种材料，耐火材料的布置示意图如图 3-1 所示，筒体部位从热面向冷端依次排列如下。

（1）向火面耐火层

又称热面砖，是耐高温耐侵蚀的消耗层，一般选用高铬耐火材料〔Cr_2O_3 含量≥75％（质量分数）〕，要求其具有高温化学稳定性、高温强度优、较高的抗蠕变强度和抗热震性。

（2）背衬层

主要作用是隔热保温，并在向火面砖消失的情况下作为一个短暂的安全衬里使用，背衬砖大多使用铬刚玉砖（Cr_2O_3 含量约为 12％）。

（3）隔热层

要求隔热性能好，以使金属外壳始终处于安全温度界限之内，同时尽量减少热损失，一般选用氧化铝空心球砖。

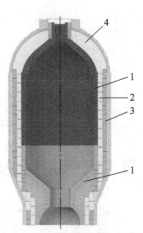

图 3-1　GE 气化炉耐火材料的布置示意图
1—高铬砖；2—铬刚玉砖；
3—氧化铝空心球砖；
4—铬刚玉浇注料

GE 水煤浆气化炉操作温度为 1300～1600℃，气化压力为 2.0～8.7MPa，强的还原气氛，液态煤渣（多呈酸性）和高温气体的冲刷，开、停车时的温度和压力变化，这些工况对内衬高铬材料损毁十分严重。

目前，作为内衬的高铬砖锥底和渣口的使用寿命为 3～6 个月，筒体和拱顶部位的高铬砖使用寿命为 1～2 年，背衬的铬刚玉砖寿命为 5～10 年，而保温层氧化铝空心球砖为永久层，几乎不需用更换。目前全套耐火材料已完全实现了国产化，表 3-1 列出了我国及国外主要高铬砖生产厂家的产品主要性能指标。我国产品的部分性能指标已超越国外同类产品，主要生产商有中钢集团洛阳耐火材料研究院有限公司、中钢集团洛阳耐火材料有限公司等。

多喷嘴对置式气化炉所用耐火材料及布置与 GE 气化炉类似。E-Gas 气化炉主要耐火材料有高铬砖、铬刚玉砖、刚玉-莫来石砖、氧化铝空心球砖、致密黏土砖、轻质保温砖等 5 种。第一段由于气化温度高，内衬材料也采用高铬材料，而在第二段气化温度相对较低，液态渣量少，内衬材料以铬刚玉砖为主。

表 3-1　我国及国外高铬砖生产厂家的产品主要性能指标

项目		法国		美国	中国	
		Zichrom80	Zichrom90	Aurex90	CRB-86	CRB-90
化学组成 /%	Cr_2O_3	78.94	87.29	89.00	87.34	89.72
	Al_2O_3	9.59	3.46	10.20	5.32	5.22
	Fe_2O_3	—	0.15	—	0.15	0.18
	ZrO_2	2.62	6.02	—	4.92	4.02
体积密度/(g/cm³)		4.00	4.21	4.21	4.28	4.26
显气孔率/%		13	17	17	16	15
常温耐压强度/MPa		144	145	48.3	168	147
抗折强度(1400℃)/MPa		15.0	13.0	5.5	32.2	28.2
热膨胀系数(1300℃)/×10⁻⁶/℃		7.4(1500℃)	6.6	—	7.6	7.8

3.2　高铬耐火制品

以氧化铬和氧化铝为主要原料，或引入少量氧化锆，经高温烧成而制得氧化铬含量不小于 75%，氧化铬、氧化铝和氧化锆含量不小于 98% 的定形耐火制品称为高铬砖。

3.2.1　高铬耐火制品的研发历程

水煤浆加压气化炉的使用寿命主要由 Cr_2O_3 为基的高铬砖决定。早期大量研究开发和实炉实践显示，以 Cr_2O_3 为基的耐火材料具有很强的抗煤灰熔渣的侵蚀和渗透性，长期以来，采用这种材料做水煤浆加压气化炉热面衬，满足了满负荷、安全运行、长寿命的要求。自水煤浆加压气化技术实现工业化以来，曾用作该气化技术的气化炉热面衬的耐火材料有 Cr_2O_3-MgO 系的 BCF812、BCF86C 和 BCF83C，以及 Cr_2O_3-Al_2O_3-ZrO_2 系的 Zirchrom60、Zirchrom80、Zirchrom90、HK86、HK90 和 HK95，其中 Zirchrom60 主要用于炉筒上部和拱顶区，86Cr_2O_3、90Cr_2O_3 和 95Cr_2O_3 产品使用最为普遍。

（1）Cr_2O_3-MgO 砖

煤气化技术开发初期，Kennedy C R 曾采用过以高铁氧化物的铬铁矿与烧结镁砂为原料制取含 Cr_2O_3 材料，试图在煤气化炉上进行使用，抗煤灰熔渣试验结果发现，该材料的抗煤灰熔渣侵蚀性较差，而且试样由于高 Fe_2O_3 的存在产生体积膨胀效应而爆裂。

与此同时，也有许多学者进行过大量的选材研究，他们选择了各种氧化物及其复合材料在煤灰熔渣中的溶解度进行了试验。结果表明，Cr_2O_3 在该熔渣中的溶解度最小，其次是含 Cr_2O_3 的复合材料（如铬镁尖晶石），Al_2O_3 和 CaO 的溶解度为最大，而且认为，在该熔渣中的溶解度随材料中 Cr_2O_3 含量的提高而降低，随温度的升高而增大。这一研究结果为水煤浆加压气化技术的发展及其热面衬的选材提供了依据。

20 世纪 80 年代，水煤浆加压气化技术实现工业化初期，奥地利公司首先开发出一种铬镁尖晶石砖 Radex-BCF812，在德士古水煤浆气化炉上试用取得了较好的效果，这种砖与常规铬镁砖不同，不是用铬矿与镁砂矿制成，而是用高纯 Cr_2O_3 和高纯镁砂生产的，后经改进逐步发展成 Radex-BCF86C 和 Radex-BCF83C。Cr_2O_3-MgO（铬镁尖晶石）产品，主要用于水煤浆气化技术的发展初期，国内基本无此产品。20 世纪 80 年代中期，我国对这种材料也进行了研发，并生产了试验产品，曾在临潼化肥研究所的中试炉上进行过试验。经改进后的铬镁尖晶石产品 Radex-BCF86C 在水煤浆气化装置上使用取得平均侵蚀速度 0.01mm/h 的较好效果，这类产品属 Cr_2O_3-MgO 系，其 Cr_2O_3 含量在 79％～80％。各产品的性能指标如表 3-2 所示。在国外，这类产品已用于美国达格特的冷水工程、日本宇部的合成氨装置、美国的道化学公司的道法煤气化以及蒙特贝洛的德士古中试试验装置等，均取得较好的使用效果。

表 3-2　国内外铬镁尖晶石砖性能

砖种		奥地利			中国
		BCF812	BCF86C	BCF83C	
化学组成 /%	SiO_2	0.2	0.2	0.1	0.75
	Fe_2O_3	0.5	0.5	0.5	0.20
	Al_2O_3	0.3	0.3	0.2	0.95
	Cr_2O_3	79.0	80.0	80.0	79.10
	MgO	19.5	18.5	18.5	16.98
	CaO	0.5	0.5	0.3	1.02
显气孔率/%		15	13	<14	17
体积密度/(g/cm³)		3.75	3.85	3.88	3.71
常温耐压强度/MPa		30	50	—	26.4
抗折强度/MPa(1480℃)		2.0	5.5	—	2.1
蠕变率(1600℃×0.2MPa×24h)/%		1.0	0.5	—	—
加热线变化率(1600℃×3h)/%		—	—	—	−0.1

砖种	奥地利			中国
	BCF812	BCF86C	BCF83C	
热导率(1000℃)/[W/(m·K)]	—	—	—	1.92
热膨胀率(1300℃)/%	—	—	—	0.92

铬镁尖晶石产品尽管具有较好的抗渣蚀行为和使用效果，但也存在着使用过程易产生爆裂现象，在水煤浆加压气化技术不断发展的今天，这类产品不能适应气化操作要求，基本已被新开发的 Cr_2O_3-Al_2O_3-ZrO_2 系产品取代。

(2) Cr_2O_3-Al_2O_3-ZrO_2 砖

为满足煤气化技术高强度操作需要，国内成功地开发一种新产品，命名为铬铝锆砖（即高铬砖），这种产品从生产工艺到理化性能以及使用特性与铬镁尖晶石产品完全不同。它具有更优良的抗渣蚀性和渗透性，以及很高的高温强度，能满足高强度操作的水煤浆加压气化炉满负荷长寿命的要求。Cr_2O_3-Al_2O_3-ZrO_2-SiO_2 新产品最先是由法国公司开发的，Cr_2O_3 含量约为 60%，高温下具有高黏度锆硅质玻璃相，能较明显地抵抗熔渣的侵蚀，商品化命名为 Zirchrom60，但因该产品中含有一定量的 SiO_2，而且 Cr_2O_3 含量较低，使用效果明显低于无 SiO_2 的高 Cr_2O_3 产品，这种产品在德士古公司设计时，筑砌在气化炉的热电偶上部筒体和拱顶的低侵损区。20 世纪 80 年代后期，将 Zirchrom60 砖改进为无 SiO_2 的 Zirchrom80 砖，Cr_2O_3 含量 78%~80%，并将两种砖进行抗煤灰熔渣侵蚀性对比试验，发现 Zirchrom80 较 Zirchrom60 砖的侵损率降低 50%，从此全面推广应用高 Cr_2O_3 含量的 Cr_2O_3-Al_2O_3-ZrO_2 产品。Cr_2O_3 含量也从原来的 78%~80% 提高到 85%~90%。

我国鲁南化肥厂、上海焦化公司和渭河化肥厂是引进德士古水煤浆加压气化技术最早的单位，在 20 世纪 80 年代末引进，90 年代中期投入生产，它们在引进气化技术的同时，也配套引进耐火材料。其中鲁南化肥厂先后引进法国莎瓦公司的 Zirchrom80 和 Zirchrom90 两种产品，Zirchrom80 砖使用过程中，产生严重的侵蚀和剥落，筒体部位平均侵损率为 0.048mm/h，寿命仅为 4141h，后改用 Zirchrom90 砖，使用过程表面剥落现象减少，裂纹、掉块现象也基本消失，热震稳定性明显优于 Zirchrom80，筒体砖使用寿命达到 8000h 左右。侵损渗透几乎是 Zirchrom80 的一半。上海焦化公司引进的 Zirchrom90 砖，筒体使用寿命 5504~7929h，平均侵损速度 0.015~0.032mm/h，渭河化肥厂使用的 Zirchrom90 砖，筒体寿命也仅 2380h。

在此期间，国内外学者深入研究了 Cr_2O_3 含量与不同煤种熔渣中的 CaO 含量相容性的关系。结果认为，Cr_2O_3 含量越高，抗高 CaO 熔渣的侵蚀性越好，尤其当 CaO 含量达到 30% 或以上时更为明显，可见，90%Cr_2O_3 砖优于 80% Cr_2O_3 砖，两者大大优于 60%Cr_2O_3 砖。

为适应煤气化和石油焦气化技术的发展，国内也开发了一种 Cr_2O_3 含量约 95% 的高铬砖，其理化性能与常用的 Cr_2O_3-Al_2O_3-ZrO_2 产品相似，但其抗 V_2O_5 的侵蚀能力却较现有的 Cr_2O_3-Al_2O_3-ZrO_2 好。国外 Zirchrom60、Zirchrom80、Zirchrom90 砖，除了 Zirchrom60 砖采用电熔工艺生产基料外，其他两种均用烧结法生产，而我国 Cr_2O_3-Al_2O_3-ZrO_2 产品全部采用电熔法生产，其主要产品种类为 86%Cr_2O_3、90%Cr_2O_3 和 95%Cr_2O_3 三种，各类产品的理化性能见表 3-3。

表 3-3　国内外热面衬砖理化性能

指标		法国砖			中国砖		
		Zirchrom60	Zirchrom80	Zirchrom90	CRB86	CRB90	CRB95
化学组成/%	Cr_2O_3	60~62	78~80	87.29	86~88	89~91	92~94
	Al_2O_3	15~16	9~9.6	3.46			
	ZrO_2	11~13	5~6	6.02			
	SiO_2	6~7	2.5	0.60	0.2~0.25	0.2~0.25	0.15~0.20
	Fe_2O_3	0.2~0.3		0.15	0.15~0.2	0.15~0.20	0.15~0.20
显气孔率/%		10~15	13	17	15~17	15~17	15~16
体积密度 /(g/cm³)		3.7~3.8	3.95	4.21	4.2~4.25	4.2~4.25	4.25~4.30
常温耐压强度 /MPa		125~215	123~140	144.8	140~175	140~170	130~165
抗折强度 (1400℃×0.5h) /MPa		3.96~7 (1500℃)	15(1500℃)		32~35	32~35	28~32
蠕变率 (0.2MPa×25h) /%		0.4~0.66 (1500℃×50h)		0.973 (1500℃×50h)	0.193 (1400℃)	0.281 (1500℃× 27h)	—
热膨胀系数 (20~1300℃) /×10⁻⁶℃⁻¹		7.2~7.5		6.645	7.656	—	7.60
热导率 /[W/(m·K)]		2.96(1000℃)		—	—	—	4.96
荷重软化温度/℃		—		—	1670~1690	1690~1700	1700
加热线变化率 (1600℃×3h)/%		—			0~±0.1	0~±0.1	0~±0.1

在我国，Cr_2O_3-Al_2O_3-ZrO_2 材料于 20 世纪 80 年代后期进行开发并取得了初步成功，随着水煤浆加压气化技术的大量引进，于 1995 年加大了开发力度，1997 年获得成功，为渭河化肥厂提供了包括热面衬、背衬砖、氧化铝空心球砖及其浇注料在内的一整套产品在引进德士古水煤浆加压气化炉上进行使用，高铬热面衬砖的理化性能和使用寿命都远优于同期使用的引进同类产品。产品随后在 40 多台水煤浆加压气化炉上进行使用，在操作正常和煤质稳定的条件下，使用过程基本没有发现热面衬掉块、凹陷现象，挂渣层较薄且较平整光滑，火泥灰缝的侵损与热面衬砖基本同步，明显优于引进 Zirchrom80 和 Zirchrom90 砖。尤其 CRB86 砖，其使用寿命，锥底 3000～5000h，筒体 8000～16000h，最高曾达到 22000h，平均侵损速率 0.004～0.033mm/h，现已全部取代进口同类产品。应当指出，热面衬使用寿命首先决定于该衬的材质和质量，同时也与气化炉操作温度、压力、煤品质、水煤浆灰渣成分及其熔点、炉衬和喷嘴结构、筑炉质量以及操作水平、开停炉次数、运行负荷密切相关。在操作正常、水煤浆配制合理、结构科学、灰缝施工质量高的条件下，现有高质量高铬砖，完全可以满足水煤浆加压气化炉安全运行 10000h 以上的要求。

（3）Cr_2O_3-Al_2O_3 砖

法国研究开发 Cr_2O_3-Al_2O_3-ZrO_2 产品的同时，美国也进行了 Cr_2O_3-Al_2O_3 系耐火材料的开发，早期将开发的 Cr_2O_3 含量为 10％ 的 Cr_2O_3-Al_2O_3 耐火材料，以水冷措施辅助，用于煤气化装置，但没有取得好的使用效果，后来经多次对不同 Cr_2O_3 含量的 Cr_2O_3-Al_2O_3 耐火材料抗煤灰熔渣侵蚀性的研究和改进，成功地推出了 Cr_2O_3 含量为 75％ 的 Aurex75 和 Cr_2O_3 含量为 90％ 的 Aurex90 产品。该产品用于水煤浆气化炉的高侵损区，效果较 BCF86C 和 Zirchrom80 产品好，使用结果相当满意。产品开发初期，Aurex75 砖曾在美国冷水工程和田纳西·伊斯曼公司的气化炉高侵损部位进行使用，冷水工程气化炉中的 Aurex75 砖使用 9370h 后，比周围 BCF86C 砖突出 12mm，侵损速率为 0.07mm/h，伊斯曼公司使用 4000h 后，Aurex75 砖也有 12～13mm 突出。侵损速率比 Zirchrom80 砖低 25％。用后的 Aurex75 砖进行了分析，结果显示，这种材料的显微结构比较完整，被熔渣溶解较少，热态强度仍保持较高。伊斯曼公司的气化炉也曾使用过 Aurex90 砖，其操作条件为：工作压力 6.5MPa，操作温度 1370℃，使用寿命高过 11184h。这两种 Cr_2O_3-Al_2O_3 系产品具有很高的使用寿命，应该是它们具有理想的显微结构，低气孔高密度，高热震稳定性以及高温强度所赋予的。

在此基础上，美国继续进行 90％ 高 Cr_2O_3 含量 Cr_2O_3-Al_2O_3 产品的研究，抗熔渣侵蚀的试验结果表明，90％Cr_2O_3 Al_2O_3 耐火材料颇具发展前景，因为它有更佳的显微结构，更低的气孔率，少的煤熔渣渗入量，较好的抗剥落性和高的常温耐压强度。美国后来研发的 MonofraxE 和改进后的抗剥落产品 MonofraxEY，在煤气化炉中进行了半工业使用试验，MonofraxEY 较 Zirchrom80 具有相同的侵损率，但比 BCF86C 低 20％。上述四种产品的理化指标见表 3-4。

表 3-4　美国 Cr_2O_3-Al_2O_3 产品的理化指标

牌号		Aurex75	Aurex90	MonofraxE	MonofraxEY
化学组成/%	Cr_2O_3	75.0	90.00	79.7	82.2
	Al_2O_3	23.4	9.00	4.7	13.7
	MgO	—	—	8.1	1.5
	SiO_2	0.44	0.35	—	—
	Fe_2O_3	0.40	0.35	6.1	—
	其他	—	—	1.4	2.6
显气孔率/%		15.9	14.3	5.4	
体积密度/(g/cm³)		4.04	4.34	4.09	
抗折强度/MPa	22℃	31.7	—	—	
	1480℃	10.0	—	—	
加热线变化率/%		+0.3			
抗热震性(1250℃水冷)/次		12			
平均热膨胀系数(100~1400℃)/℃⁻¹					$8×10^{-6}$

3.2.2　高铬耐火制品的组成、性质及显微结构

高铬砖一般以工业纯铬绿为主要原料生产的氧化铬制品。

（1）高铬耐火制品的组成及其作用

构成高铬耐火制品的主成分是 Cr_2O_3，其次为 Al_2O_3 和 ZrO_2，或者 TiO_2。主成分 Cr_2O_3 是赋予高铬耐火制品具有独特抗侵蚀和抗渗透优良性能的关键组元。

① Cr_2O_3。Cr_2O_3 俗名铬绿，为深绿色结晶粉末，属三方晶系，若取六方晶胞，则其晶胞参数为 0.4960nm × 0.4960nm × 1.3584nm，轴比为 4.473。Cr_2O_3 具有 α-Al_2O_3（刚玉）结构，是由氧离子密堆积、而 Cr^{3+} 填充这些密堆积所形成的八面体间隙构成的，其理论密度为 $5.21g/cm^3$。Cr_2O_3 化学性质稳定、耐酸碱，硬度高，熔点高达 2265~2350℃，广泛用于耐火材料和陶瓷行业。但是由于 Cr_2O_3 属于多价态的氧化物，其容易被氧化而难以烧结。

如图 3-2 所示结构细节是在 10000 倍率下拍摄到的电熔 Cr_2O_3 颗粒缝隙里的六方片状结晶形貌，为氧化铬的自形晶特征。

② Al_2O_3。高铬耐火制品中的刚玉为 α-Al_2O_3 的结晶矿物，刚玉也为三方晶系，密度为 3.95~4.1g/cm³，莫氏硬度为 9，熔点为 2050℃，线膨胀系数（20~1000℃）为 $8.6×10^{-6}$/℃。Al_2O_3 中 Al^{3+} 半径（0.057nm）与 Cr_2O_3 中

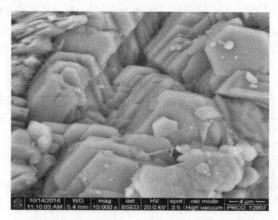

图 3-2 Cr₂O₃ 呈六方片状结晶形貌

Cr^{3+} 半径（0.069nm）接近，可通过离子置换产生缺陷，起到活化 Cr_2O_3 晶格的作用，在烧成过程中形成连续固溶体，对 Cr_2O_3 的中期和终期烧结非常有利。与此同时，它与 Cr_2O_3 形成的固溶体也能相应提高其自身的抗渣蚀性。由于 Cr_2O_3 和 Al_2O_3 同为三方晶系，因此能够形成完全置换型结构。在高铬体系中，添加氧化铝可以和氧化铬反应生成连续固溶体，促进烧结。

图 3-3 显示的是高铬耐火制品的基质结构，可以看到基质中典型的环貌状铝铬固溶体。如图 3-4 所示的区域是在 10000 倍率下显示的不均态显微结构：基质中细粉状氧化铬、氧化铝之间的反应是不均匀、不平衡的，完全受局部化学反应控制，即受颗粒间界面状态影响。中间为较纯的铝铬固溶体微粒，多在 $5\mu m$ 以下。

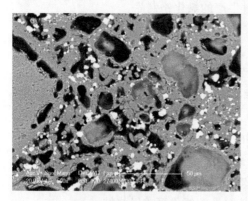
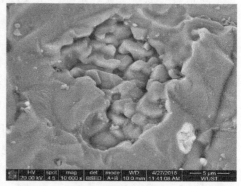

图 3-3 高铬耐火制品的基质结构（×500）　　图 3-4 铝铬固溶体微粒形貌（×10000）

③ ZrO_2。氧化锆（ZrO_2）分子量为 123.2，真密度为 5.68g/cm³，莫氏硬度为 6.5，熔点为 2670℃，有三种晶型：单斜 ZrO_2（Monoclinic zirconia，简称 $m\text{-}ZrO_2$）、四方 ZrO_2（Tetragonal zirconia，简称 $t\text{-}ZrO_2$）和立方 ZrO_2（Cubic zirconia，简称 $c\text{-}ZrO_2$）。在不同加热条件下，单斜晶相稳定在 1170℃ 以下，四

方晶相稳定在 1170～2370℃，立方晶相稳定在 2370～2680℃。单斜氧化锆在加热和冷却过程中产生相变，伴随有 7%～9% 的体积效应。

④ 结合剂。用作高铬耐火制品的结合剂有无机物和有机物两大类。有机结合剂有糊精、聚乙烯醇水溶液等，无机结合剂有磷酸盐、聚磷酸盐等。国外常用糊精，它可增加泥料的塑性，坯体烘干强度大，而且其烧后挥发，不会因结合剂的存在而影响砖的高温力学性能。国内多用磷酸盐类结合剂，其优点是烧成过程中无制品强度降低的温度区，而且随温度升高，强度也随之增大，同时坯体烘干强度也较大，因而可提高制品烧成成品率。

（2）高铬耐火制品的性质

高铬耐火制品具有优异的抗侵蚀性，常温和高温强度高、耐磨性好、耐火度高、抗热震性优、高温体积稳定性好等特点，广泛应用于水煤浆加压气化炉工作面衬里。表 3-5 是国内外高铬砖实测的性能指标。

表 3-5　国内外高铬砖实测的性能指标

技术指标	国内 A 厂	国内 B 厂	国内 C 厂	国外 A 厂	国外 B 厂	国外 C 厂
	GGZ-90	GGZ-85	GGZ-85	Zirchrome90	SERV®95	Aurex90
Cr_2O_3/%	89.06	86.39	86.7	87.29	94.5	90
Al_2O_3/%				3.46		9
ZrO_2/%	3.52	4.02		6.02		
Fe_2O_3/%	0.14	0.14	0.12	0.15	0.1	0.35
SiO_2/%	0.12	0.15	0.11	0.6	0.7	0.35
显气孔率/%	14.7	15.4	15.8	17	19	15.9
体积密度/（g/cm³）	4.32	4.31	4.27	4.21	3.99	4.34
常温耐压强度/MPa	177	126	180	144.8		
高温抗折强度（1400℃×0.5h）/MPa	38.9	30	—		10.3	
平均线膨胀系数（1500℃）/×10⁻⁶℃⁻¹	8.1	7.9		6.6		
抗热震性（1100℃，水冷）/次	6	—				
热导率（热线法）（1000℃）/[W/（m·K）]	3.68	—	4.5			
压蠕变（0.2MPa,1500℃×24h）/%	—	−0.204		−0.973		

① 抗熔渣侵蚀性。图 3-5 是各种耐火氧化物在煤熔渣中的最大溶解度，可以看出，在煤熔渣中，溶解度最小的氧化物是 Cr_2O_3，其次是镁铬尖晶石，而其

他耐火氧化物如 MgO、CaO、Al₂O₃ 等在煤熔渣中则有比较大的溶解度。

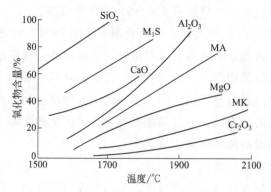

图 3-5 各种耐火氧化物在煤熔渣中的最大溶解度

实验室试验和现场使用结果已充分表明，Cr_2O_3 与煤灰熔渣具有非常良好的相容性，其侵蚀速率随 Cr_2O_3 含量的提高而降低，这也可以从 Cr_2O_3 与煤灰熔渣的各主成分间相互熔融关系得到验证。煤灰熔渣是一种黏度低、流动性好的强酸性渣，其碱度 $m(CaO)/m(SiO_2)$ 通常在 0.3 左右，主要成分为 SiO_2、CaO、Al_2O_3 和 Fe_2O_3。根据 Cr_2O_3-SiO_2 二元系相图，Cr_2O_3 质量分数在 2.2% 左右时可与 SiO_2 形成低共熔点，其低共熔点温度为 1723℃。Cr_2O_3 与 CaO 反应生成 $CaCr_2O_4$，其熔点高达 1890℃左右。Cr_2O_3 与 Al_2O_3 形成连续固溶体，出现液相温度至少在 Al_2O_3 熔点（2050±25）℃以上。Cr_2O_3 与 Fe_2O_3 反应生成铬铁尖晶石，附着于 Cr_2O_3 表面，构成一层黏度大、耐火度高的致密保护层，对砖的侵蚀起屏障作用。

图 3-6 和图 3-7 显示的是抗侵蚀实验后不同放大倍数下铬铁尖晶石层的形貌。高铬试样表面形成了一层非常明显的致密尖晶石层（箭头所示），尖晶石层的形成在一定程度上阻止了熔渣的侵入和渗透，使渗透的熔渣集中在渣蚀界面附近，提高了高铬砖的抗熔渣渗透性。

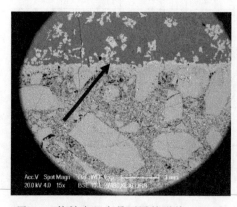 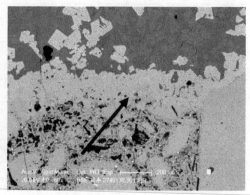

图 3-6 铬铁表面尖晶石层的形貌（×15）　　图 3-7 铬铁表面尖晶石层的形貌（×60）

② 抗热震性。ZrO_2 在高铬砖中主要起改善热震稳定性作用，其机理是利用相变增韧原理，使其制品在加热和冷却过程中产生相变引起显微裂纹，以阻止使用过程因受热应力和机械应力的作用而引起的裂纹蔓延，起缓冲应力的作用。同时，ZrO_2 在烧结过程中不与 Cr_2O_3 和 Al_2O_3 反应，位于铝铬固溶体边界，阻止晶界迁移，阻碍了铝铬固溶体的烧结。

D. P. H. Hasselman 和 G. Bandyopadhyay 研究过包括水煤浆气化炉用高铬砖在内的耐火材料使用损毁与抗热震性的关系，认为热震是耐火材料损毁的重要外部条件，为此，在材料中引入 ZrO_2 可提高材料的抗热震性，从而获得延长使用寿命的效果。

图 3-8 和图 3-9 分别显示了原砖以及抗侵蚀实验后基质中 ZrO_2 的分布情况。可以看出 ZrO_2 的分布比较均匀，其周围有微裂纹的产生有利于提高制品的抗热震性。

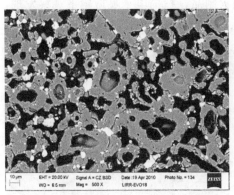 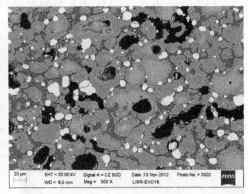

图 3-8　原砖基质中 ZrO_2 的分布 （×300）　　图 3-9　抗侵蚀实验后基质中 ZrO_2 的分布 （×300）

（3）常温及高温力学性能

在高铬体系中，添加适量的氧化铝可以和氧化铬反应生成连续固溶体，促进烧结，提高制品的常温耐压强度和常温抗折强度。

从图 3-10 中可以看出，添加适量的 Al_2O_3 粉后，铝铬固溶体晶粒发育非常好，大部分气孔为孤立的封闭气孔，贯通气孔较少，基质结构的连续性很强，形成了连续的网络结构，制品烧结情况良好。图 3-11 显示的是基质与颗粒结合处的形貌。可以看到 Al_2O_3 粉和 Cr_2O_3 颗粒反应，在颗粒周围形成固溶体，促进制品基质与颗粒之间的烧结。

耿可明等研究发现，在高铬耐火制品中添加适量的磷酸盐，在高温下会分解形成高活性的 Al_2O_3，可以有效填充一定量的气孔，促进高铬耐火制品基质网络架构的形成，显著提高制品的常温和高温抗折强度。

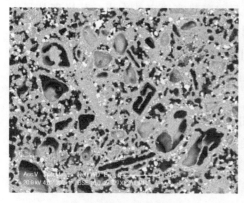
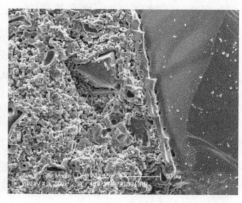

图 3-10　高铬耐火制品基质形貌（×100）　　　图 3-11　基质与颗粒结合处形貌（×200）

（4）高铬耐火制品的显微结构

以电熔法制备 Cr_2O_3 为基料的高铬耐火制品，扫描电子显微镜下观察发现，电熔大颗粒的致密度很高，杂质含量较少，如图 3-12、图 3-13 所示。

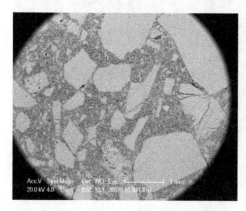
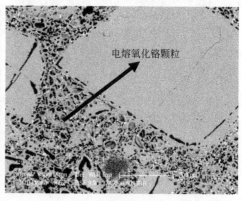

图 3-12　电熔氧化铬颗粒形貌（×15）　　　　图 3-13　电熔氧化铬颗粒形貌（×100）

在高倍显微镜下，少量大颗粒内部观察到有数量较少的非连续的微细裂纹和少量封密气孔存在，如图 3-14 所示于断裂面（自由空间）拍摄到的结构特征。这些微孔尺寸相当均匀，多在 $5\mu m$ 以下，可能与升华作用有关。这些微小裂纹是冷却过程中造成的，封密气孔是由于熔融过程中气体未能排出引起的。图 3-15 是在 10000 倍率下拍摄到的 Cr_2O_3 颗粒中包裹金属 Cr 的共生结构，图中的一些孔洞是金属 Cr 冷凝过程因体积收缩而脱落的结果。

以电熔 Cr_2O_3 为基的高铬耐火制品，基质部分由 Cr_2O_3 及其固溶体和 ZrO_2 组成，在 Cr_2O_3 颗粒与基质部分的接触界面，可看到一层固溶体的环状带，这种环状带将基质中的 Cr_2O_3 及其固溶体与 Cr_2O_3 颗粒交错连接在一起。ZrO_2 晶粒呈微粒状均匀分布，镶嵌于颗粒间的孔隙内，构成了比较典型的镶嵌型交错网络结构；Cr_2O_3 与 Cr_2O_3，Cr_2O_3 与固溶体，固溶体之间以及它们与 ZrO_2 之间的直接结合程度很高。同时也可看到，ZrO_2 晶粒周围存在有程度不同的非连续性微小裂纹，这种裂纹对热应力起一定的缓冲作用。低熔相较少，仅占矿物总量的 3% 以下，并呈孤立状分布在孔隙中，结合剂中的低熔相同时也以液相形式出现在孔隙中，但数量极少。气孔数量较低熔相要高，呈贯通和闭合形式存在，其量约 15%。

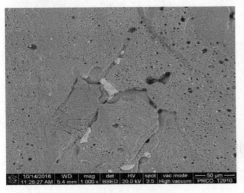

图 3-14　电熔 Cr_2O_3 的
微孔结构（×1000）

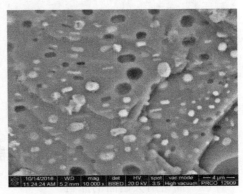

图 3-15　Cr_2O_3 颗粒中包裹
金属 Cr 的共生结构（×10000）

　　图 3-16 显示的是高铬耐火制品的断口形貌，可以看到电熔颗粒非常致密，均匀地分布在基质周围。图 3-17 是二次电子像下的基质结构，能够清晰地看到环貌状的铝铬固溶体（颜色暗）以及均匀分布其间的氧化锆晶粒（颜色亮）。

图 3-16　高铬耐火制品的断口形貌（×14）

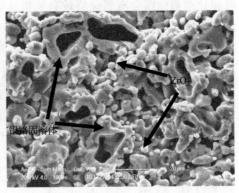

图 3-17　二次电子像下的基质结构（×1000）

　　以烧结 Cr_2O_3 料为基的高铬耐火制品中的大颗粒，如图 3-18 所示，其致密度远不及电熔料，颗粒中存在有较多的裂纹，裂纹尺寸也较电熔料大，并有贯通裂纹存在。颗粒料中有较多小气孔等缺陷，造成颗粒料结构疏松。同时也发现烧结料中尚存在有少量 TiO_2，多数与 Cr_2O_3 以固溶体形式存在。图 3-19 是在 1000 倍率下拍摄到的烧结 Cr_2O_3 颗粒中包裹金属 Cr 以及孔洞的共生结构。

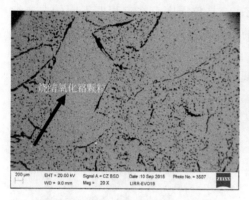
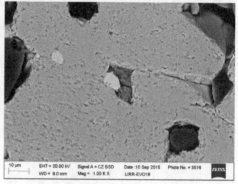

图 3-18　烧结氧化铬形貌（×20）　　图 3-19　烧结 Cr_2O_3 颗粒中包裹金属 Cr 以及孔洞的共生结构（×1000）

3.2.3　高铬耐火制品的原料及制备工艺

（1）高铬耐火制品的原料

Cr_2O_3-Al_2O_3-ZrO_2 系高铬砖是以工业 Cr_2O_3 为主要原料，添加 Al_2O_3 和 ZrO_2 生产的，也有添加 Al_2O_3、ZrO_2 和 TiO_2 的生产工艺。

① 三氧化二铬。原料 Cr_2O_3 的初始原料为铬铁矿 $[(Mg,Fe,Cr)_2O_4]$ 属于立方晶系，真密度为 $5.11g/cm^3$，熔点为 2250℃，呈黑褐色，平均线膨胀系数为 $8.5×10^{-6}/℃$。在天然矿石中还含有橄榄石、蛇纹石等矿物。我国西藏、新疆和甘肃都储藏含有氧化铬较高的铬铁矿资源。采用化学法从铬铁矿中制取铬酸酐（CrO_3）。将铬酸酐于高温炉中经 800～1000℃ 温度焙烧后即可制成粉末状的三氧化二铬。三氧化二铬粉末呈绿色，俗称铬绿，是一种化工原料和颜料。工业级三氧化二铬原料中 Cr_2O_3 的纯度一般达 99.0% 以上，表 3-6 给出了我国湖南和河北 2 省 4 种三氧化二铬原料的化学成分。

表 3-6　三氧化二铬原料的化学成分　　　　　单位：%

原料	湖南		河北	
	1#	2#	3#	4#
Cr_2O_3	99.38	>98	99.26	99.57
SiO_2	0.14	0.3	0.094	0.04
Fe_2O_3	0.032	0.2	0.29	0.042
Al_2O_3	0.13	0.3	—	<0.1
Y_2O_3	0.071	—	—	—

原料	湖南		河北	
	1#	2#	3#	4#
S	0.01	—	—	—
C	0.03	—	—	—
CrO₃	0.08	—	—	—
水分	—	0.3	0.26(灼减)	—

② 电熔氧化铬。以铬酸酐法生产的三氧化二铬（铬绿），由于细度大、容重小、体积松散，无法将其压制成制品的坯体，即使压成坯体，在烧制过程中也会产生很大的体积收缩，增加制品生产工艺的困难。为此，将三氧化二铬用烧结法或电熔法制成氧化铬熟料。

使用大型台车式三相电弧炉电熔氧化铬，电炉的输入功率为 2000kW，二次输出电压 100～140V，电极直径 φ400mm，炉底使用铬刚玉耐火材料，水冷式组装炉壳。

三相电弧炉每炉电熔周期为 30～40h，每炉次可电熔氧化铬 40～50t。电熔氧化铬融化速度快、耗电量低，料块致密无气孔，且无金属铬被还原。电熔氧化铬的技术指标及性能见表 3-7。

表 3-7　电熔氧化铬的技术指标及性能

项目	DLS-97	DLS-98	DLS-99	洛耐院产品
Cr_2O_3/%	≥97	≥98	≥99	≥99
SiO_2/%	≤0.5	≤0.2	≤0.2	—
Al_2O_3/%	≤1.2	≤0.8	≤0.6	—
Fe_2O_3/%	≤0.6	≤0.3	≤0.3	—
体积密度/(g/cm³)	≥4.9	≥5.0	≥5.0	4.77
显气孔率/%	≤7	≤6	≤5	3.36
吸水率/%	≤3	≤2	≤2	0.68

③ 烧结氧化铬。高铬砖所用颗粒原料的制备，目前采用电熔和烧结两种工艺。与烧结工艺相比，电熔工艺制得的 Cr_2O_3 料晶粒大、密度大，气孔率低，强度高，抗渣蚀能力强。但电熔原料相对损失较大，生产成本高，污染也较严重。在我国主要采用电熔工艺，国外多用烧结工艺。

以纯度不小于 98%、粒度约为 1μm 的工业氧化铬为原料，以纯度不小于98% 的化学二氧化钛（金红石型）做助烧剂来制烧结氧化铬。中国建筑材料科学研究总院李懋强等在试验配料时加入 2% 的二氧化钛做助烧剂，加入 3% 的锆英石（小于$5\mu m$）以减少烧成收缩，采用泥浆浇注成型。在二硅化钼电炉内，原料放入密闭的匣钵中，通入CO_2/CO的混合气体，控制氧分压为$10^{-12}\sim10^{-17}$ MPa，在1600℃温度下烧成。烧后样块的体积密度为$5.02g/cm^3$。表3-8给出了法国使用的烧结氧化铬熟料的物理性能。

表3-8　烧结氧化铬熟料的物理性能

物理性能	吸水率/%	显气孔率/%	体积密度/(g/cm³)	理论密度/(g/cm³)	相对密度/%
检测值	0.98	4.70	4.77	5.23	91.2

（2）高铬耐火制品的制备工艺

① 配料与混料。配料应按颗粒级配的最紧密堆积原则进行。合理的配料是获得高密度砖坯，从而获得烧成制品优良性能的重要工艺因素之一。在设计颗粒组成时最好采用多级配比，以便于对成型砖坯的外观和密度进行适当调整，获得外观和密度符合要求的制品。

混料设备有强制式混料机和湿碾混料机，两种混料机各有优缺点，强制式混料机混料均匀，颗粒破碎少，但混料密度不及湿碾机；湿碾混料机泥料密度大，但颗粒破碎严重且泥料均匀度不及强制式混料机。对于高铬料来说，由于要求泥料混炼均匀，颗粒不允许偏析；颗粒脆性大，希望破碎率低，因此，最好采用强制式混料机进行混炼。混料时，按合理的粒度级配，严格遵循加料顺序规定进行。

② 成型。高铬制品是一种具有高密度、高强度和抗酸碱渣侵蚀性能好的独特性能的高级耐火材料，而坯体的高质量是制品最终获得优异性能的关键条件。结合实践经验，影响高铬砖砖坯质量的主要因素归纳如下。

a. 用作骨料的Cr_2O_3原料应具有高致密度、高机械强度和高化学纯度。

b. 配料合理，粒度组成适当。在设计各粒度的比例时，既要考虑成型性，也应考虑易烧结性。

c. 成型设备和成型技术。成型设备应是高吨位压砖机。若压砖机吨位小，则击打压力低，要达到高密度必须多次击打，易造成颗粒破坏，会产生层裂或裂纹，同时也易黏模。成型技术主要表现在先轻后重的成型原则。先轻的目的是充分排除坯料中的气体，避免产生层裂；后重是待气体排除后再重打，以提高坯料中各颗粒的位移速度，增大物料间的接触界面，达到高致密度的目的。

d. 泥料水分或结合剂加入量。当结合剂浓度确定后，若其加入量多，泥料水分就大，反之则小。水分大，成型过程将会使泥料中水分被挤压到距成型受压面某一距离处，且集中于此，影响物料粒子间在该处的紧密接触而易在此处产生层裂。

③ 烧成。纯Cr_2O_3材料的烧成条件与其他耐火产品有所不同，需要在隔焰

还原气氛或中性气氛中烧成，这主要考虑 Cr_2O_3 在烧成过程发生的变价问题。在氧分压较高气氛中，约在 1000℃ 以下，Cr_2O_3 将会氧化成 CrO_2、Cr_2O_5，在 1400℃ 以上，将逐渐生成 CrO_3，而且生成量随温度的提高而增大；在强还原气氛下，有可能生成金属铬。由此看来，Cr_2O_3 在高氧分压或强还原气氛中烧成，对其烧结制得致密化产品都非常不利，因为在高氧分压条件下生成的各氧化物真密度都较 Cr_2O_3 小（如 CrO_3 真密度仅为 Cr_2O_3 的一半），这是造成 Cr_2O_3 难烧结的宏观原因。试验发现，空气中于 1800℃ 下烧成的 Cr_2O_3 制品的相对密度相当于埋炭气氛中于 1450℃ 烧成者，相对密度分别为 80% 和 83%。因此，为了生产烧结良好的优质高铬砖，应在中性或还原气氛下烧成，其方法有两种，一是在 N_2 或 Ar 气氛的电炉中烧成；二是在以油或燃气为燃料的窑内烧成，此时应控制油/气与风的合理比例和排烟阀门的合适开启度，使窑内处在所要求的气氛。

在还原气氛下，烧结初期由于环境的氧分压较低，不可避免地会在 Cr_2O_3 颗粒表面生成一些金属铬和低价氧化物（如 Cr_3O_4）及非化学计量化合物薄膜，这些薄膜对 Cr_2O_3 烧结起类似液相作用，可大幅度提高 Cr_2O_3 的烧结速度，使其在烧结初期的一个较短时间内产生较大的体积收缩。同时，在低氧分压下，Cr_2O_3 被还原而释放出氧，从而在 Cr_2O_3 晶体内部产生氧离子空位，使得氧离子的扩散传质更容易进行，加速 Cr_2O_3 的烧结致密化进程。烧结温度达 1400℃ 以上的烧结后期，金属 Cr 蒸气开始形成，Cr_2O_3 的烧结主要由蒸发-凝聚传质机理控制，这时，Cr_2O_3 在低氧分压情况下被还原的 Cr 蒸气从蒸气压高的小颗粒表面蒸发，而在蒸气压低的大颗粒表面被氧化而凝聚，直至烧结完成，这一阶段不再产生收缩。氧化气氛烧结的情况与还原气氛不同。在氧化气氛下，会被氧化生成高价铬的氧化物，诸如 Cr^{4+}、Cr^{5+}、Cr^{6+}，以及非化学计量化合物，从而在 Cr_2O_3 晶粒内部产生铬离子空位。铬离子空位的形成，虽也有利于扩散传质的进行，但对于以氧离子扩散传质为主的 Cr_2O_3 来说，并没有太大帮助，在此种情况下扩散传质速度很慢，当扩散传质进行一定时间后，小颗粒表面的 Cr_2O_3 被氧化成为 CrO_3 气体而蒸发，在大颗粒表面再发生还原生成 Cr_2O_3 而凝聚。蒸发-凝聚传质使得颗粒间颈部被填充，阻止了体积收缩的继续进行，气孔难以排出，阻碍了 Cr_2O_3 材料的烧结。

从较低温度的氧化气氛和还原气氛下烧结的 Cr_2O_3 试样的显微结构分析也可发现，氧化气氛下烧结的 Cr_2O_3 试样（图 3-20）内部结构疏松多孔，结构很不均匀，只在局部产生烧结，小 Cr_2O_3 颗粒相互不规则地连接在一起，结合程度较低，中间为大小不均的气孔，其原因正是蒸发-凝聚传质产生的结果。而在还原气氛下烧结的试样（图 3-21），结构相当致密，Cr_2O_3 颗粒间结合程度很高，只有少量气孔存在。

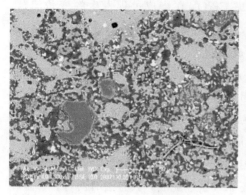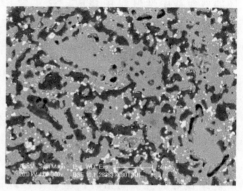

图 3-20　氧化气氛下烧结
的 Cr_2O_3 试样（×300）

图 3-21　还原气氛下烧结
的 Cr_2O_3 试样（×300）

3.2.4　高铬耐火制品的性能调控技术

随着用户对气化效率要求的日益提高，气化炉向炉型的大型化和运行的高效化趋势发展，使得炉衬材料承受的操作温度更高、炉内气氛压力更大、还原性更强，高速气体的冲刷更为严重等，造成内衬材料蚀损速率高、使用寿命降低。

伴随着优质煤炭资源的日益枯竭，低阶煤逐渐用于气化，低阶煤煤化程度较低，挥发分高、水含量高、灰分高。特别是以新疆等地为主的低阶煤煤炭资源储量占到全国的 40%，清洁化利用意义重大。但新疆煤种碱性物含量高，气化后残渣中的碱性物质对耐火砖的损毁更为严重。对于低阶煤其气化渣对耐火材料的高温侵蚀机理，以及选择和研制更适合的耐火材料是面对新煤种的一个现实问题，开展相关研究课题意义重大。

另外，近年来越来越多的企业采用多元料浆，主要是将工业废弃物作为碳源进行掺烧。一方面可以将废弃物中的有机物加以气化利用；另一方面可以起到环保减容的效果，是一种两全齐美的做法。研究发现，这些工业废弃物都含有较高的钾盐和钠盐，主要为 Na_2CO_3（熔点 858℃）、Na_2S（熔点 1172℃）、K_2CO_3（熔点 901℃）等，这些化学物质在气化炉工作温度下呈液相，使熔渣成分更加复杂化而造成的煤灰熔渣黏度更低，熔渣的侵蚀性更强，普通耐火材料无法满足使用需要。

先进的煤化工技术必须有先进的高性能炉衬材料相匹配，否则煤化工技术的进步与发展是句空话。进入 21 世纪以来，面对气化技术多样化、煤种多元化、炉型大型化和运行高效化的发展趋势，现有炉衬用材料已逐渐显现出使用性能的缺陷与不足，难以满足用户长周期、高效化运行的要求，非常有必要对不同煤气化炉内衬关键、共性技术进行研究，实现技术集成并应用于不同煤气化工艺，满足煤化工产业发展的需要，促进国民经济可持续发展，提高我国耐火材料新技术在国际市场上的竞争力。

（1）提高 Cr_2O_3 含量

Cr_2O_3 具有两个非常重要的使用特性：一是高温下对煤灰熔渣的化学稳定性好；二是与煤灰熔渣的润湿角大。Cr_2O_3 与渣中成分 SiO_2 接触，在 1710℃下，仅有约 2% 溶入 SiO_2 与 CaO 反应生成熔点高达 2100℃ 左右的 $CaO \cdot Cr_2O_3$，有 SiO_2 存在时，形成的 $3CaO \cdot Cr_2O_3 \cdot 2SiO_2$ 相处在 2000~2100℃ 双液相区内，与 Al_2O_3 反应形成 $Al_2O_3 \cdot Cr_2O_3$ 连续固溶体，出现液相温度至少高于 Al_2O_3 熔点（2050℃）。这些反应产物的熔点或出现液相温度均远高于气化炉操作温度。

王晗等采用回转渣蚀法研究了不同 Cr_2O_3 质量分数的电熔颗粒料的抗侵蚀性。结果显示：电熔颗粒料的抗侵蚀性随 Cr_2O_3 含量的增加、颗粒尺寸的增大而增强；Cr_2O_3 含量高的试样侵蚀主要在渣面层，渣面层的侵蚀主要是渣中的 FeO 和 Al_2O_3 对含铬颗粒料的侵蚀，FeO 和骨料中的 Cr_2O_3 反应，产生直接熔蚀形成 $(Fe，Cr)_3O_4$ 尖晶石，它继续与渣中的其他物相反应形成了复合尖晶石；当 FeO 耗尽后，渗入到颗粒内的 Al_2O_3 开始和 Cr_2O_3 反应，在颗粒表面形成铝铬固溶体。Cr_2O_3 含量低的试样颗粒料在渣面层已被完全侵蚀。

宋林喜对 Cr_2O_3 含量 90% 和 95% 两种砖进行抗熔渣侵蚀实验结果如下。

① 煤灰熔渣首先溶解砖中的 Al_2O_3 和 ZrO_2，在砖热面附近，几乎看不到 ZrO_2 存在，Al_2O_3 含量则逐渐减少，而 Cr_2O_3 含量仍保持在较高水平，渣层中未发现 Cr_2O_3 存在，表明 Cr_2O_3 未被溶解。

② 高温下，熔渣向 Cr_2O_3 含量 95% 的砖内部渗透深度较浅，仅 15mm，而在 Cr_2O_3 含量 90% 的砖内部的渗透深度为 30mm。结果说明，Cr_2O_3 含量 95% 砖的抗熔渣侵蚀性和渗透性远远优于 Cr_2O_3 含量 90% 砖。

由此可知：提高高铬砖中 Cr_2O_3 含量，尽可能降低易与熔渣反应而被侵蚀的组分，有利于提高其抗熔渣侵蚀性和抗渗透性，减少其结构剥落，以便提高砖的使用寿命，适应煤气化技术的进一步发展，应该是高铬砖发展的主要趋势。

（2）降低显气孔率

提高晶粒间的结合程度，减少晶界通道尺寸。熔渣渗入砖体内部是通过砖自身的显气孔通道和晶界通道来实现的，这种通道宽度越大，贯通长度越长，渣渗入数量就越多，深度也就越深。与此同时，或者与砖组分反应形成新矿物，或者在其内部停留，这既破坏砖的原始结构，弱化强度，又因新生矿物和熔渣自身矿物的热膨胀系数与砖组分的差异，在热应力作用下，距热面的不同距离将会产生程度不同的裂纹，并不断扩大，最后离开砖体，导致砖的损坏，这是砖损毁的主要原因。通过调节耐火材料的颗粒级配，添加适量的超细粉，填充耐火材料颗粒之间的空隙，使气孔变少、变小，可以降低气孔率，减少熔渣及气体的渗透，从而提高耐火材料的抗渗透和抗侵蚀能力。

耿可明等通过加添适量的磷酸盐添加剂，可以显著降低制品的显气孔率，提高其体积密度。

（3）减小气孔孔径

减小气孔孔径是降低熔渣渗透深度从而避免或进一步减轻结构剥落颇具重要意义的条件。

耐火材料在使用过程中，熔渣可沿材料中的气孔与裂隙等毛细管通道渗入砖内，并与之相互作用形成与原砖结构和性质不同的变质层。当炉内温度发生波动时，变质层就会开裂、剥落。熔渣渗入砖内越深，变质层越厚，结构剥落也越明显。熔渣渗入耐火材料内的深度 X 可由式（3-1）来评估：

$$X = \sqrt{\frac{r\sigma\cos\theta t}{2\eta}} \tag{3-1}$$

式中，σ 为熔体的表面张力；θ 为熔渣在耐火材料上的润湿性接触角，如果润湿性差，接触角 $\theta > 90°$，$\cos\theta$ 为负值，熔渣就不能渗入耐火材料；η 为熔体的黏度；r 为耐火材料孔隙的半径；t 为时间。

耐火材料气孔微细化，不仅可以抑制熔渣的渗透，提高抗侵蚀性，还可提高其抗热震性。在高铬砖使用过程中，渣对耐火材料的侵蚀和渗透是同时存在的。低黏度的熔融煤渣通过贯通气孔渗入到高铬砖的基质中，渣液在温度波动时与高铬砖的体积变化率不一致，致使高铬砖逐渐剥落，而剥落后的新砖表面更易受到侵蚀和渗透，从而加剧了高铬砖的损毁。因此，改善抗渗透性对提高高铬砖的使用寿命至关重要。

通过添加不同种类以及不同粒度的细粉，减小制品中气孔孔径，提高制品的抗熔渣渗透性。图 3-22 给出了改进前后原砖内部气孔孔径分布曲线，B 表示改进前，A 表示改进后，实线和圆点连线分别为改进前后总孔体积随孔直径的变化曲线，两条短线连线分别是 A、B 二试样一定孔径的孔体积所占总孔体积的百分数（即前一组曲线的微分）。结合 4 条曲线可看出，改进前 B 试样有占总孔体积约 20% 的孔直径仅为 1μm 左右，另有占总孔体积约 60% 的孔直径为 6～20μm；而对于改进后 A 试样，几乎所有的孔直径均大于 6μm，孔径 6～10μm 的孔占了总孔体积的 50%。这一结果与 SEM 观察结果相吻合，即改进后 A 试样内部气孔的孔径明显小于改进前 B 试样，改进后的 A 试样显微结构表现出了微气孔化的特征，如图 3-23 和图 3-24 所示。

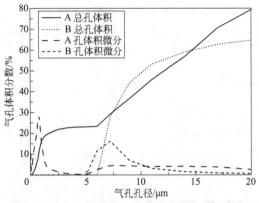

图 3-22　改进前后原砖内部气孔孔径分布曲线

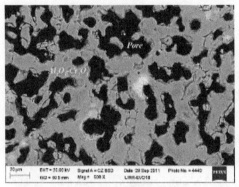

图 3-23　改进前基质中气孔形貌（×500）

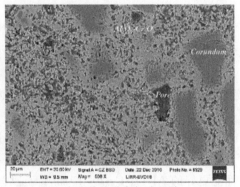

图 3-24　改进后基质中气孔形貌（×500）

（4）添加不同含量的 ZrO_2，改善制品抗热震性

ZrO_2 在单斜相-四方相相互转化时伴随有 3%～5% 的体积变化，这一过程在高铬耐火制品基质中形成一定量的微裂纹。另外，ZrO_2 与主体材料 Cr_2O_3 膨胀系数存在差别，也会在材料中形成一定量的微裂纹。这些微裂纹的形成吸收了热应变能，缓解了热应力，从而提高了制品的抗热震性。另外，高铬耐火制品中的 ZrO_2 孤立存在于基质中，在材料受力时可引起裂纹偏转或裂纹被钉扎，从而提高制品的抗热震性。高铬耐火制品的抗热震性随氧化锆含量的增加而提高，但引入较多时会造成高温抗折强度的降低，如图 3-25 所示。因此高铬耐火制品中氧化锆的加入量在 5%～6% 为宜。

Guo 等对高铬砖中的显微结构进行了研究分析，采用电熔合成的颜料级的高纯 Cr_2O_3，Al_2O_3 粉料粒度 <20μm，ZrO_2 粒度 <3μm。所有试样和坩埚均在 200MPa 压力下成型。在倒焰窑中 1730℃ 温度下烧成后保温 10h。研究表明：加入 6%（质量分数）的 ZrO_2 能大大提高材料的抗热震性，ZrO_2 晶粒均匀分布在环貌状的铝铬固溶体和 Cr_2O_3 的大颗粒间，改善了高铬砖的显微结构，使材料具有更好的力学性能和抗侵蚀性。

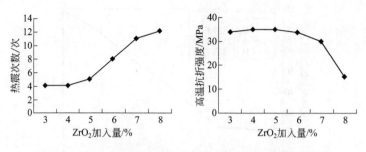

图 3-25　氧化锆加入量对抗热震性和高温抗折强度的影响

3.3　铬刚玉砖及浇注料

在高温工业领域，特别是对抗侵蚀性，耐磨性和耐高温性有着特殊要求的操作条件下，铬刚玉砖具有优异的使用效果。实践中，铬刚玉砖常被用作水煤浆加压气化炉背衬、硬质炭黑反应炉内衬、渣油气化炉工作衬、步进梁式加热炉和大型卧式硫黄回收炉工作衬、矿物棉和保温棉熔化池窑的玻璃液接触部位及上部加热空间等侵蚀较严重的区域。

20 世纪 70 年代末 80 年代初，美国诺顿公司成功开发了 Cr_2O_3 含量约 10% 的 Al_2O_3-Cr_2O_3 产品，商业牌号为 AX-581，后经改进发展为组成相似，但物理性能更好的 Al_2O_3-Cr_2O_3 产品，商业牌号为 AX-565。改进后的 AX-565 较原产品 AX-581 显气孔率降低了 17%，常温耐压强度提高 67%，1450℃高温抗折强度提高 32%。在我国，洛阳耐火材料研究院于 20 世纪 90 年代初开始对铬刚玉砖及铬刚玉浇注料进行了深入细致的研究、试制和生产工作，产品的主要理化性能已达到美国 AX-581，最初用于国内引进的美国德士古 30 万吨合成氨渣油气化炉的高侵损区，以均衡炉衬寿命。1995 年产品首次用于渭南化肥厂德士古水煤浆加压气化炉背衬。随着国内水煤浆气化技术的发展，铬刚玉砖作为背衬材料大量应用于水煤浆加压气化炉，取得了很好的效果。20 世纪 90 年代末，洛阳耐火材料研究院对该产品进行改进后，开始用于操作温度为 1927℃的超高温炭黑炉，其 Cr_2O_3 含量在 12%～14%，这种产品在国内 1.5 万吨以上的超高温炭黑反应炉上大面积推广应用，在中橡（马鞍山）化学工业公司、苏州苏宝化工公司的新工艺炭黑反应炉的高侵损区使用，取得了较好的效果。

3.3.1　铬刚玉砖的组成、性质及显微结构

（1）铬刚玉砖的组成

Cr_2O_3 含量小于 30% 的铬刚玉砖是以 Al_2O_3 为主成分，Cr_2O_3 为次成分的高级耐火材料，这种产品的主要结合相为铬铝固溶体。铬刚玉砖分为 Al_2O_3-Cr_2O_3

系和 Al_2O_3-Cr_2O_3-ZrO_2-SiO_2 两个系列，在 Al_2O_3-Cr_2O_3 系铬刚玉砖内引入一定数量的锆英砂（$ZrSiO_4$）、红柱石或莫来石等，可以形成 Al_2O_3-Cr_2O_3-ZrO_2-SiO_2，该系列产品具有良好的抗热震性能和抗渣性能，但其高温抗折强度远低于 Al_2O_3-Cr_2O_3 系列，其结合相除了铝铬固溶体外，还有一定数量的莫来石相，且其化学成分和相组成远比 Al_2O_3-Cr_2O_3 复杂。由于 SiO_2 的引入，通常 Al_2O_3-Cr_2O_3-ZrO_2-SiO_2 系砖的烧成温度低于 Al_2O_3-Cr_2O_3 系铬刚玉砖。当前，煤气化装置中使用的是 Cr_2O_3 含量在 10％左右的 Al_2O_3-Cr_2O_3 系刚玉砖，该产品具有优良的高温力学性能和一定的抗煤渣侵蚀性能，通常作为水煤浆气化炉背衬的支撑耐火材料使用，并取得了良好的效果。

（2）铬刚玉砖的性质

铬刚玉砖（$Cr_2O_3 \leqslant 30\%$，余量为 Al_2O_3 或 ZrO_2）具有抗热震性优、常温耐压强度和高温强度高、耐火度高、高温体积稳定性好、较好的抗侵蚀性和优良的耐磨性等特点。

① 耐火性能。氧化铝的熔点为 2050℃，氧化铬的熔点为（2275±25）℃，都是高熔点氧化物。由于 Cr_2O_3 和 Al_2O_3 的电解数相同，电负性相近，且均为 A_2B_3 型（又称刚玉型）结构，两者离子半径差为 12.3％，高温下两种氧化物可以形成连续 Al_2O_3-Cr_2O_3 固溶体，因此，铬刚玉砖中的相组成主要为刚玉相和 Al_2O_3-Cr_2O_3 固溶体。由 Al_2O_3-Cr_2O_3 二元相图图 3-26 可知，液相曲线和固相曲线将 Al_2O_3 和 Cr_2O_3 两组分连接起来是两条平滑曲线。在液-固相曲线中，由 Al_2O_3 开始到 Cr_2O_3 是连续升高的，液相出现的温度，随 Cr_2O_3 含量的增加而提高。因此，Cr_2O_3 的引入可以改善刚玉砖在高温下的使用性能而不会产生不良影响。铬刚玉砖具有优异的耐高温性能，耐火度大于 1790℃，荷重软化温度大于 1700℃。同时由于铬刚玉砖中的 Cr_2O_3 含量相对较低，能够完全与 Al_2O_3 形成铝铬固溶体，形成特定的晶体结构，固化了铬离子，在一定程度上抑制了

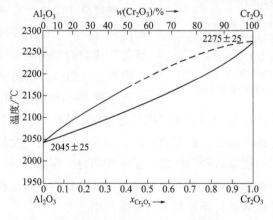

图 3-26 Al_2O_3-Cr_2O_3 二元相图

Cr^{3+} 向 Cr^{6+} 的转化，因此铬刚玉砖不易产生有害物质 Cr^{6+}，因而不会对环境造成危害。

② 力学性能。相比刚玉砖和高铬砖，铬刚玉砖具有更加优异的力学性能。这是由于铬刚玉砖在烧成过程中所形成的 Al_2O_3-Cr_2O_3 固溶体，像桥一样将颗粒和细粉连接在一起，使砖形成完整的网状结构，从而大大提高了材料的强度，常温下，铬刚玉砖的耐压强度均高于 150MPa。由于高纯 Al_2O_3-Cr_2O_3 系铬刚玉砖中没有低熔点相，使铬刚玉砖具有优异的高温力学性能。铬刚玉砖的力学性能与 Cr_2O_3 含量有一定关系，研究表明，在 Cr_2O_3 含量为 5%～30% 的 Cr_2O_3-Al_2O_3 系铬刚玉砖中，常温耐压强度和高温抗折强度随着 Cr_2O_3 加入量的增大而提高，至最高点后又开始下降，也就是说，Cr_2O_3 含量为一合适量时，常温强度和高温强度均达到最大。Cr_2O_3 加入量为 15% 时，铬刚玉砖的常温耐压强度最大，Cr_2O_3 含量为 10% 时，铬刚玉砖在 1400℃ 下的抗折强度达到最高。因此，气化炉常用铬刚玉砖中的氧化铬含量在 12%～14%，此时铬刚玉砖具有优异的常温和高温力学性能。但铬刚玉砖的抗高温蠕变性则随 Cr_2O_3 含量的增加而提高，也就是说，要获得高温蠕变率低的铬刚玉砖，必须提高材料中的 Cr_2O_3 含量。

③ 抗侵蚀性能。氧化铬是抗煤渣和玻璃液等侵蚀最好的氧化物材料，因此，含有一定量氧化铬的铬刚玉砖也具有较好的抗侵蚀性能。随着铬刚玉砖中氧化铬含量的增加，砖的抗侵蚀性能会逐渐提高，图 3-27 显示的是刚玉砖和不同氧化铬含量铬刚玉砖的抗侵蚀性能对比，当 Cr_2O_3 含量<17% 时，铬刚玉砖中 Cr_2O_3 含量越高，熔渣侵入的深度越浅。相比刚玉砖，Cr_2O_3 的引入一方面能降低铬刚玉砖自身组分在煤渣（或各种玻璃熔体）中的溶解度，减少化学侵蚀；另一方面，能够提高砖自身组分与煤渣（或玻璃溶体）反应所生成低熔点相的黏度，从而阻止熔渣沿铬刚玉砖的毛细气孔向内部渗透，避

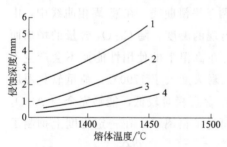

图 3-27　刚玉砖和不同 Cr_2O_3
含量铬刚玉砖的抗侵蚀性能对比
1—烧结刚玉砖；2—含 3% Cr_2O_3 的铬刚玉砖；
3—含 9.8% Cr_2O_3 的铬刚玉砖；
4—含 16.3% Cr_2O_3 的铬刚玉砖

免形成变质层使砖产生结构剥落。相比其他材料，铬刚玉材料虽然具有较好的抗煤渣侵蚀性能，但该性能远远低于高铬砖。当前，水煤浆气化炉工作面使用的高铬砖具有非常优异的抗煤渣侵蚀性能，正常使用时，作为背衬材料的铬刚玉砖一般不会接触煤渣，如果在停炉检查时发现局部区域铬刚玉砖已裸露并与煤渣直接接触，应及时对该区域进行处理后方可继续使用。

④ 抗热震性。铬刚玉砖的抗热震性优于高铬砖，在水煤浆气化炉中，由于

铬刚玉砖的使用环境温度更低，温度波动也较小，因此热应力对铬刚玉砖的损坏程度较小，一般对铬刚玉砖抗热震性能的要求较低。氧化铬、氧化锆、氧化硅等对铬刚玉砖的抗热震稳定性能影响较大。有资料报道，当砖中氧化铬含量为 $10\% \sim 66\%$ 时，随 Cr_2O_3 含量增加，抗热震性能降低。当配料中加入少量氧化锆替代氧化铬时，由于氧化锆在烧成过程中能够产生相变，从而能够通过相变增韧的方式来提高砖的抗热震稳定性能，但氧化锆的引入对砖的结构和力学性能有较大影响，洛阳耐火材料研究院的 AKZ 型铬刚玉砖通过引入一定量的氧化锆，使砖的抗热震稳定性能大大提升。目前该产品主要应用于炭黑反应炉、渣油气化炉以及垃圾焚烧炉的特殊部位。在铬刚玉砖中引入氧化硅也能在一定程度上提高砖的抗热震稳定性能，但不利于砖的高温力学性能。

目前，国内外常用 Al_2O_3-Cr_2O_3 系和 Al_2O_3-Cr_2O_3-ZrO_2-SiO_2 系铬刚玉砖的主要性能指标见表 3-9 和表 3-10。

表 3-9 国内外 Al_2O_3-Cr_2O_3 系和 Al_2O_3-Cr_2O_3-ZrO_2-SiO_2 系铬刚玉砖的主要性能指标

产地 性能	铬刚玉砖					
	国内 A 厂	国内 B 厂	国内 C 厂	国内 D 厂	美国	法国
Cr_2O_3/%	≥12	≥10	≥20	≥5	9.5	12.36
Al_2O_3/%					89.5	85.8
Cr_2O_3＋Al_2O_3/%	≥95	≥93	≥93	≥93		
Fe_2O_3/%	≤0.3	≤0.5	≤0.5	≤0.3	—	—
SiO_2/%	≤0.3	≤0.5	≤0.5	≤0.5	0.2	0.17
显气孔率/%	≤18	≤19	≤17	≤18	16～19	16
体积密度/(g/cm³)	≥3.25	≥3.20	≥3.4	≥3.15	3.15	3.40
常温耐压强度/MPa	≥120	≥100	≥120	≥100	56.3～70.4	142
高温抗折强度 (1400℃×0.5h)/MPa	≥15	≥10				
平均线膨胀系数 (1500℃)/℃$^{-1}$	9×10^{-6}	9×10^{-6}				
抗热震性能 (1100℃,水冷)/次	6		6	10		
热导率(热线法)(1000℃) /[W/(m·K)]	4.1		4.1	4.0		

表 3-10 国内外 Al_2O_3-Cr_2O_3-ZrO_2-SiO_2 系铬刚玉砖的主要性能指标

技术指标		A 厂	B 厂	C 厂	D 厂
Cr_2O_3/%	≥	5	12	12	25

技术指标		A厂	B厂	C厂	D厂
$Cr_2O_3+Al_2O_3$/%	$\geqslant$	90	93	93	93
Fe_2O_3/%	$\leqslant$	0.5	0.5	0.5	0.3
SiO_2/%	$\leqslant$	9	0.5	2.5	0.5
ZrO_2/%			3～7	4～8	3～7
显气孔率/%	$\leqslant$	15	17	17	18
体积密度/(g/cm³)	$\geqslant$	3.1	3.25	3.25	3.45
常温耐压强度/MPa	$\geqslant$	120	100	120	100
抗热震性(1100℃,水冷)/次	$\geqslant$	30	30	30	30
热导率(热线法)(1000℃)/[W/(m·K)]	$\leqslant$	3.5		3.6	4.0

⑤ 显微结构。常规铬刚玉砖（Al_2O_3-Cr_2O_3）微观结构如图 3-28 所示，氧化铝和氧化铬在高温下反应生成网络状的铝铬固溶体（图 3-28 中灰白色），铝铬固溶体将铬刚玉砖中的颗粒和细粉连接成整体结构，从而使铬刚玉砖具有高的力学性能。为了提高铬刚玉砖的热震稳定性能，会在铬刚玉砖中引入氧化锆形成

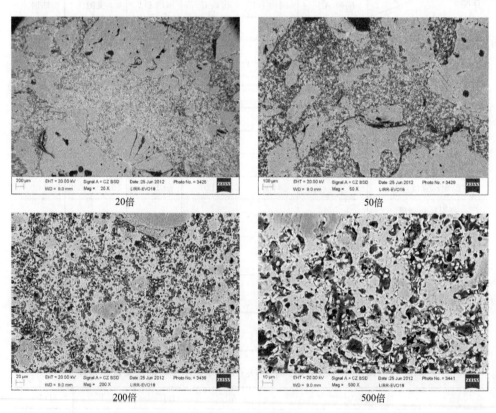

20倍 50倍

200倍 500倍

图 3-28　Al_2O_3-Cr_2O_3 系铬刚玉砖微观结构

Al_2O_3-Cr_2O_3-ZrO_2-SiO_2 系铬刚玉砖。Al_2O_3-Cr_2O_3-ZrO_2-SiO_2 系铬刚玉砖中根据氧化锆的引入形式可以分为如下三种典型的微观结构。

a. 引入单斜氧化锆，如图 3-29 所示，单斜氧化锆（图中白色亮点状）均匀地分散在铝铬固溶体的网络结构中。

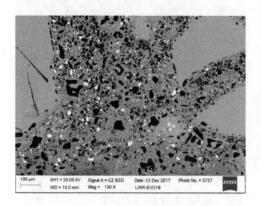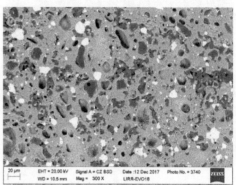

图 3-29　添加氧化锆的 Al_2O_3-Cr_2O_3-ZrO_2-SiO_2 系铬刚玉砖微观结构

b. 引入锆英石，如图 3-30（a）所示，锆英石（图中灰白色）均匀地分布在铝铬固溶体中，由于锆英石不稳定，高温下如果分解，会形成一定量的单斜氧化锆，如图 3-30（b）中所示，部分灰白色锆英石外部的点状亮白色即为分解形成的单斜锆。

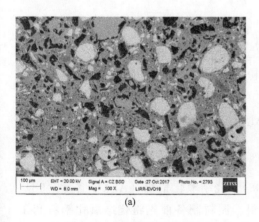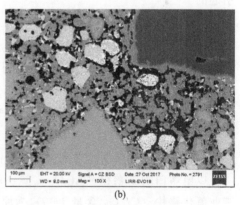

(a)　　　　　　　　　　　　　　　　(b)

图 3-30　添加锆英石的 Al_2O_3-Cr_2O_3-ZrO_2-SiO_2 系铬刚玉砖显微结构照片

c. 引入其他氧化锆源，如图 3-31 所示，引入的有锆刚玉颗粒和其他形式的氧化锆细粉，图中颗粒状中分布有白色的为锆刚玉颗粒，在基质中有少量的单斜氧化锆，这种铬刚玉砖中含有较多含量的 SiO_2，因此在显微结构中能够发现大量的玻璃相（图 3-31 的 "G" 区域）。

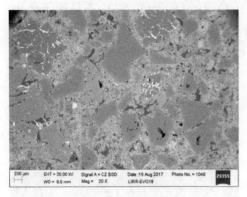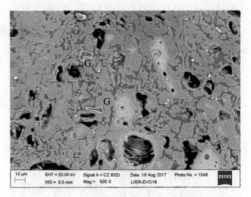

图 3-31　添加其他氧化锆源的 Al_2O_3-Cr_2O_3-ZrO_2-SiO_2 系铬刚玉砖显微结构照片

3.3.2　铬刚玉砖的原料及制备工艺

铬刚玉砖一般以铝铬料（铝铬烧结料、铝铬电熔料或金属铬生产中的副产品—优质铝铬渣）为主体，无论是 Al_2O_3-Cr_2O_3 系铬刚玉砖还是 Al_2O_3-Cr_2O_3-ZrO_2-SiO_2 系铬刚玉砖，其生产工艺与高铬砖基本相同，不同的仅是配料和烧成。高纯 Al_2O_3-Cr_2O_3 系铬刚玉砖的烧成温度与高铬砖基本相同，需在较高温度下烧成。Cr_2O_3-Al_2O_3-ZrO_2-SiO_2 系铬刚玉砖的烧成温度略低于高纯 Al_2O_3-Cr_2O_3 系砖。各系列砖烧成温度的差异，主要是因砖中的 SiO_2 含量不同引起的。

Al_2O_3-Cr_2O_3 系产品，视其 Cr_2O_3 含量，可以采用不同的配制工艺。当 $Cr_2O_3 \leqslant 15\%$ 时，可以采用两种方法生产，一是骨料用电熔刚玉，基质以 Cr_2O_3、Al_2O_3 为主；二是骨料和部分细粉采用电熔合成工艺制取的 Al_2O_3-Cr_2O_3 合成料，基质部分以 Al_2O_3、Cr_2O_3、Al_2O_3-Cr_2O_3 合成料为主；当产品中 Cr_2O_3 含量 $\geqslant 20\%$ 时，最好采用电熔 Al_2O_3-Cr_2O_3 合成料作骨料和部分细粉，基质中还有 Cr_2O_3、Al_2O_3 等。

（1）以高纯原料制备铬刚玉砖

以电熔白刚玉颗粒（Al_2O_3 含量 $\geqslant 98$）、烧结氧化铝粉（Al_2O_3 含量 $\geqslant 98$）、工业氧化铬粉（Cr_2O_3 含量 $\geqslant 99$）为原料。泥料制备前先将烧结氧化铝粉和工业氧化铬粉进行预混合，颗粒料和细粉按照一定的颗粒组成级配，混料时依次在混炼机中加入电熔白刚玉颗粒、结合剂和混合粉，混合粉在结合剂的作用下均匀包裹在颗粒表面，使泥料具有一定的成型塑形。混炼好的泥料在钢制模具中压制成型，制备出所需尺寸、形状的坯体。坯体在 150℃ 温度下进行干燥，除去坯体中的自由水，同时使坯体具备足够的运输强度，然后在高温下进行烧成。

高纯铬刚玉砖的制备工艺根据其使用要求可进行灵活的调整。AKZ 铬刚玉砖需要引入一定量的氧化锆，此时，可按照比例将氧化锆细粉与其他细粉一起进行预混合。在一些较高氧化铬含量的铬刚玉砖中，颗粒料中可引入一定比例的电熔氧化铬颗粒。另外，添加少量的硅酸锆可以改善铬刚玉材料的烧结性能，在显微结构中可以形成包裹几乎全部的氧化锆和玻璃相的铝铬固溶体和刚玉晶体，构成连续的网络结构，大大增强铬刚玉砖的力学性能。

（2）以合成铝铬料制备铬刚玉砖

用电熔法或烧结法，按要求比例配料可以合成出铬刚玉原料，其中电熔法制备的合成料致密度更高，具有更好的抗侵蚀性能。按照铬刚玉砖的组成需求，将合成料可加工成一定粒度的颗粒或细粉，然后按照细粉混合、泥料制备、成型、干燥和烧成等工艺进行制备。对于铬刚玉砖，还有一种合成料是铝铬渣。铝铬渣化学成分稳定，氧化铝和氧化铬的含量高，高温性能好，可以用来制造铬刚玉砖。

铝铬渣（合成铝铬料）是用铝热法生产金属铬的副产品。将高纯的氧化铬与高纯的氧化铝粉经过充分混合后放入反应炉内，用金属镁带点燃。由于金属铝燃烧产生大量的热量，同时金属铝夺取氧化铬中的氧原子被氧化，而氧化铬被还原为金属铬。在高温激烈的化学反应过程中，氧化铝已经变成高温熔液与部分未被还原的氧化铬形成固溶体，即铝铬料，如图3-32所示。

图3-32　铝铬渣原料照片

这种化学反应过程如下：

$$Cr_2O_3 + 2Al \Longrightarrow 2Cr + Al_2O_3 \tag{3-2}$$

$$Al_2O_3 + Cr_2O_3（未反应的）\Longrightarrow (Al, Cr)_2O_3 \tag{3-3}$$

铝铬渣的成分和品质与产地有很大影响，几种铝铬渣的化学成分见表3-11。由于铝铬渣的杂质含量相对较高，目前以铝铬渣为主要原料制备的铬刚玉砖主要是作为钢包砖、塞头砖、水口砖等应用于冶金工业中。将铝铬渣进行精选加工，以"铬刚玉"的产品出售，这对国家提倡的循环经济，充分利用再生资源具有实际意义。

表 3-11 几种铝铬渣的化学成分

产地		A厂	B厂	C厂	D厂
化学成分 /%	Al_2O_3	76.0～79.0	76.4～78.9	63.5～65.8	68.5～69.8
	Cr_2O_3	15.0～18.0	11.8～14.6	13.0～15.0	16.1～16.2
	SiO_2	0.1～0.5	3.1～4.4	1.9～2.4	7.7～9.7
	Fe_2O_3	0.1～0.3	1.1～1.4	1.0～1.2	0.5～0.6
	CaO	1.0～1.3	0.8～1.1	0.7～0.9	1.0～1.1
	MgO	1.0～1.3	1.8～6.5	4.6～7.5	0.7～2.2
	R_2O	0.5～0.7	3.5～4.4	3.8～4.1	—
耐火度/℃		>1790	>1790	>1790	>1790

3.3.3 铬刚玉砖的性能调控技术

（1）铬刚玉砖结构均匀性的调控技术

铬刚玉砖在成型时，泥料在模具内受到压力的作用产生移动、变形而逐渐密实，一般由上方单向加压的砖坯上密下疏，在同一水平方向则中密外疏。这是由于压制时泥料中颗粒与颗粒之间、泥料与模壁之间存在的摩擦而产生压力递减现象，造成砖坯沿受压方向距受压面越远，密实程度越低的不均匀性。对于厚度和高度大的制品，采用双面加压方式，缩短压力传递距离，减少压力递减程度，以保障砖坯结构均匀性。

随着成型压力增大，砖坯密度越大，等成型压力超过临界压力后，即使压力再升高，坯体几乎不再被压缩，反而导致砖的结构均匀性变差。通过在泥料中加入合适的表面活性剂，增大泥料内颗粒的活动能力和降低泥料与模壁之间的摩擦力，改善泥料的成型性能，保证成型后坯体具有均匀的结构。

（2）铬刚玉砖气孔微细化的调控技术

相同气孔率的材料，其气孔孔径越小、分布越均匀，材料的隔热效果越好，抗渣侵蚀性能也越优异。具有不同比表面积和不同粒度分布特征的细粉，对砖内空隙的填充和砖的烧结有较大的影响。选择合适的细粉，能够有效降低烧后砖的气孔孔径。

（3）铬刚玉砖抗热震稳定性的调控技术

在铬刚玉砖中引入氧化锆能够大大改善其抗热震稳定性能，图 3-33 中显示的是不同系列铬刚玉砖抗热震试验后的照片，可以看到，含氧化锆的铬刚玉砖热震试验后试样完好，而不含氧化锆的铬刚玉试样已断裂成两块。实践证明，通过调整氧化锆的引入形式、氧化锆的粒度大小以及氧化锆的引入量能够改善铬刚玉砖的热震稳定性能。

(a) 不含氧化锆的铬刚玉砖　　　　　　　　　(b) 含氧化锆的铬刚玉砖

图 3-33　不同系列铬刚玉砖抗热震试验后对比照片

3.3.4　铬刚玉耐火浇注料

铬刚玉耐火浇注料具有高温性能优、抗冲刷、耐腐蚀、荷重软化温度（1780℃）高等特点，且施工方便，砌体整体性好，成本低，可应用于冶金、石油、化工、建材、机械行业窑炉和热工设备的高温区做内衬。铬刚玉浇注料在水煤浆气化炉中一般作为非工作层，主要用于气化炉锥底、拱顶等结构复杂的部位。作为高铬砖的背衬材料，铬刚玉浇注料一般不与火焰或渣液直接接触，在使用过程中，需要具有好的高温力学性能和结构稳定性，防止使用过程中出现"串气"现象。相比铬刚玉定形制品，铬刚玉浇注料的整体性及施工性能更好，同时由于气孔率更高，隔热效果要好于铬刚玉定形制品。

（1）铬刚玉耐火浇注料的组成和性质

铬刚玉浇注料属于中性耐火浇注料，其主要成分为 Al_2O_3 和 Cr_2O_3。它是由骨料和粉料按一定比例配合，并加入定量的结合剂和外加剂共同组成的。施工时加入适量的水，经搅拌混合即可制成具有良好流动性的浇注料。根据结合体系，铬刚玉浇注料可分为水泥结合和磷酸（或磷酸二氢铝）结合两种类型。

采用水泥结合时通常以铝酸钙水泥作为结合剂，利用常温下铝酸钙水泥与水反应生成六方片状的 CAH_{10}、C_2AH_8、立方粒状 C_3AH_6 晶体和氧化铝凝胶体，形成凝聚-结晶网络而产生结合。由于水泥在常温下进行水化反应需要一定的时间，因此具有一定的凝结和硬化时间。水泥结合的铬刚玉浇注料具有较高的常温强度，110℃烘干后，常温耐压强度可达到 50MPa。在高温下，铬刚玉浇注通过原料自身反应生成铝铬固溶体来提供结合强度。由于铝酸盐水泥中含有降低材料高温性能的有害杂质（CaO、Na_2O、K_2O 等），因此，在使用时需要尽可能地减少水泥用量。

铬刚玉浇注料采用磷酸铝作为结合剂时，其110℃烘后强度略低于水泥结合的铬刚玉浇注料，但其显著特点是从烘干后到900℃左右的温度内，具有持续增长的热态强度。这与加热过程中$AlPO_4$的析出以及焦磷酸铝和偏磷酸铝的形成和聚合有关。用磷酸作为结合剂时，为加速其常温硬化，便于施工，可以采用适当的促硬剂。如含有铝酸钙的高铝水泥、电熔或烧结氧化镁等都是常用的促硬剂。

(2) 铬刚玉浇注料的制备

水煤浆气化炉压力和操作温度较高，通常使用的是高纯低水泥铬刚玉浇注料，该浇注料中的杂质含量少，具有很好的高温力学性能。高纯低水泥铬刚玉浇注料一般是以电熔刚玉为骨料，以纯铝酸钙水泥为结合剂，以电熔刚玉粉、烧结氧化铝粉以及工业氧化铬粉细粉制成。水煤浆气化炉用铬刚玉浇注料的氧化铬含量在10%左右，随着氧化铬含量的增加，铬刚玉浇注料的抗侵蚀性能会更好。其他领域使用的具有更高氧化铬含量的铬刚玉浇注料，在制备中可能会引入部分电熔氧化铬颗粒作为骨料。在铬刚玉浇注料中增添少量氧化锆细粉可以提高其烧结性能和抗热震性能。铝铬渣、铝铬再生料等也可以用来制备铬刚玉浇注料，但这些原料成分差异较大，如果有害杂质含量偏高，会降低铬刚玉浇注料的高温使用性能。表3-12和表3-13给出了两种铬刚玉浇注料的理化性能，可以看到，当氧化硅和氧化钙等杂质偏高时，铬刚玉浇注料在1000℃以上使用时的耐压强度会大幅降低。

表3-12　铬刚玉浇注料的化学组成（质量分数）　　　　单位：%

项目	A公司	B公司
Al_2O_3	84～86	79.22
Cr_2O_3	9～10	12.22
SiO_2	0.5～0.6	2.58
Fe_2O_3	0.2～0.3	0.22
TiO_2	2.4～2.6	—
CaO	1.1～1.2	2.66
MgO	0.2～0.3	—
R_2O	0.1～0.2	—

表3-13　铬刚玉浇注料的部分物理性能

项目	A公司			B公司		
温度/℃	110	1000	1600	110	1000	1600
体积密度/(g/cm³)	3.55	3.5	3.45	2.93	2.9	2.85

项目	A 公司			B 公司		
常温耐压强度/MPa	68.6	73.5	196	69.2	47.8	25.4
高温耐压强度 (1700℃)/MPa	40			—		
重烧线变化率(1650℃)/%	+0.6			±0.4(1500℃)		
高温蠕变(1550℃,24h, 0.5MPa)/%	<0.2			—		
平均线膨胀系数(1500℃) /℃$^{-1}$	$8.6×10^{-6}$			—		
热导率(1000℃)/[W/(m·K)]	2.0			—		

3.4　隔热耐火制品及浇注料

隔热耐火材料是指气孔率高，体积密度低，热导率低的耐火材料，包括耐火纤维及其制品、氧化物空心球及其制品、轻质耐火砖、绝热板、轻质浇注料等定形与不定形的轻质耐火材料。

隔热耐火材料的特点是：质轻、隔热、疏松，对热流具有显著阻抗作用。它作为工业窑炉的炉衬材料可减少热损失、加快升温速度从而降低能源消耗和成本，同时可以减轻窑炉炉体重量，降低炉衬厚度。但其机械强度、耐磨损性、抗渣侵蚀性及抗冲刷性较差，不宜用于窑炉的承重结构直接接触熔渣、炉料、熔融金属及机械碰撞、高速气流冲刷等部位。

由于隔热耐火材料所具有的优良的节能性质，已广泛用于各种工业部门。今后，隔热耐火材料将向优质、多品种、拓宽使用范围、革新生产工艺等方面发展。

（1）隔热原理

热的传递方式有热传导、热辐射、热对流 3 种，热传导是热能在固体中传递的主要方式，热对流是液体和气体中热传递的主要方式。在实际的热传递过程中，通常是以上二种或三种热传递方式的综合作用。

隔热耐火材料就是利用其自身结构及特性阻止或减弱热传递的发生。一般来说，隔热耐火材料制品内部具有大量的密闭微孔，使得固体间的接触大为减少，减少了固相热传导，同时，密闭的微孔则有效地降低了热辐射及对流造成的热传递。

（2）隔热耐火材料的分类

隔热耐火材料的分类方法很多，各国的分类标准不尽相同，国际标准是以体积密度及加热线变化来分类，也有按使用温度、制品材质、制品形状等来分类，在此介绍按材料的显微结构或结构的不同来分类的方法：空心球或多孔砖砖，纤维，轻质隔热颗粒组成的浇注料。

（3）隔热耐火材料的主要性能指标

随着隔热耐火材料的开发和扩大应用，更加需要了解其性能，进而改善其功能。

① 热导率。热导率的大小直接关系到制品的隔热节能效果，热导率与温度成直线关系，即

$$\lambda_T = \lambda_0 + \alpha T \tag{3-4}$$

式中，λ_T 为某 T 温度下的热导率；λ_0 为 0℃ 时的热导率；T 为温度；$\alpha = 0.1 \sim 0.14$（根据 F. H. Norton 的数据）。

热导率与制品的气孔率成反比，可用下式表示：

$$\lambda_V = \lambda_K (1 - P) \tag{3-5}$$

式中，λ_V 为制品的热导率，λ_K 为连续相的热导率；P 为制品的气孔率。热导率还与砖中气孔的多少、形状、大小和连通情况有关。气孔细小则热导率低，当温度升高时，粗气孔材料的热导率大于细气孔材料。连通气孔比封闭气孔的热导率大。

② 体积密度。体积密度是隔热材料的主要指标之一。它与制品热容量的大小和热导率的高低都有直接的关系，体积密度大的制品，热容量和热导率都大，反之，则小；但是体积密度过小往往会导致制品机械强度的降低，无法满足使用。因此，隔热制品的体积密度应控制在适当小的范围内。

③ 常温耐压强度。对隔热耐火材料的耐压强度要求，从实际使用情况出发，在砌筑炉墙时，制品的耐压强度要求不小于 0.07MPa，砌筑炉顶时，不小于 0.35MPa，在搬运输送过程中为保证不破裂不掉边，耐压强度应不小于 1.0~1.5MPa。当制品用于窑炉的工作层时，由于直接接触火焰和受热气流的冲刷，要求制品有较高的强度，可选用密度大、常温耐压强度高的牌号产品。

④ 加热线变化。制品在烧成（有的不经烧成）过程中物理-化学反应不可能完全，使用时在高温作用下会继续反应，使制品的体积发生不可逆的变化。这将破坏砌筑体的结构而降低窑炉的使用寿命。所以，加热线变化与最高使用温度密切关系。隔热耐火砖最高使用温度的实验室测定是加热整块砖 2h，其线变化率等于 1％ 时的温度。为了对实际使用更有意义，提出两个方法，一是延长加热时间至 24~50h；二是用嵌镶法，即将砖样一端插入炉内加热，一端暴露于空气中，观察收缩，其受热端高于安全使用温度 100℃ 进行加热实验。

3.4.1 氧化铝空心球及其制品

氧化铝空心球制品具有良好的耐火性能和较高的强度及其隔热性能，可用做

高温或超高温热工设备的工作衬，也可用做保温材料，这些空心球可以用来生产定形制品，也可做浇注料用，用于高温窑衬，可节能 30％左右。氧化铝空心球砖长期使用温度在 1650～1800℃，常用于石化工业的气化炉、造气炉、炭黑反应炉、冶金工业的加热炉、耐火材料和陶瓷工业的烧结炉以及高温硬质合金的中频感应炉、石英玻璃熔融炉等。

（1）Al_2O_3 空心球

Al_2O_3 空心球是以工业 Al_2O_3 作原料，高纯 Al_2O_3 空心球要求采用低碱工业 Al_2O_3，其 Al_2O_3 含量＞98.5％，R_2O 含量＜0.3％，入炉粒度通常≤0.5mm。

决定 Al_2O_3 空心球的理化的因素首是工业 Al_2O_3 的质量，当工业 Al_2O_3 质量确定后，操作工艺则是影响其质量的关键因素，主要是熔融温度、吹球压力和喷嘴形状。熔融温度对 Al_2O_3 空心球质量的影响主要是球壁的厚薄度，球壁厚的球自然堆积密度大，反之则小，由此而引起的 Al_2O_3 空心球制品的体积密度也有所异。吹球压力越大，小球比例越高，出球率就越高。为确保 Al_2O_3 空心球质量，吹球压力必须稳定，吹球压力一般在 6～8atm 范围内，这一压力范围可便于调节制得球径大小不同的空心球。

氧化铝空心球的理化指标见表 3-14。吹制后的 Al_2O_3 空心球，经检选和筛分得到成品，拣选一般采用螺旋式选球机，将破球、残料除去，然后筛分获得要求球径尺寸的成品球。

表 3-14　氧化铝空心球的理化指标

化学成分(质量分数)/％				自然堆积密度/(g/cm³)	
Al_2O_3	SiO_2	Fe_2O_3	R_2O	$\phi=0.2\sim5mm$	$\phi=0.2\sim3mm$
99.3	0.15	0.15	≤2.5	0.8～0.9	0.85～0.95

（2）Al_2O_3 空心球制品

Al_2O_3 空心球制品有自结合和莫来石结合两种。两种制品的生产工艺基本相似，不同点仅是基质部分的配料和烧成温度。

自结合 Al_2O_3 空心球砖是以 Al_2O_3 空心球为骨料，烧结 Al_2O_3 或烧结 Al_2O_3 与电熔 Al_2O_3 混合料为细粉生产而成的高纯产品，其结合相为 Al_2O_3 自身。根据制品的不同体积密度，可适当调整球与细粉间的比例。泥料混炼采用低转速无舵轮的泥料机，混好后的泥料不需困料即可采用木质或钢木结构模具于加压振动成型机上成型，经干燥后在隧道窑、梭式窑或倒焰窑内 1700℃ 左右温度下进行烧成。自结合 Al_2O_3 空心球砖的主要理化性能见表 3-15。

表 3-15 自结合 Al_2O_3 空心球砖的主要理化性能

Al_2O_3/%		99.2～99.5
SiO_2/%		0.10～0.20
Fe_2O_3/%		0.10～0.15
R_2O/%		0.2～0.25
体积密度/(g/cm³)		1.35～1.6
常温耐压强度/MPa		8～16
荷重软化开始温度/℃		＞1700
加热线变化(1600℃×3h)/%		0～±0.2
热膨胀系数(1300℃)/×10^{-6}℃$^{-1}$		8.5～8.7
热导率(热线法)/[W/(m·K)]	600℃	2.64
	1200℃	2.02
抗热震性(1100℃,空冷)/次		＞20

莫来石结合 Al_2O_3 空心球砖是以 Al_2O_3 空心球为骨料，以烧结 Al_2O_3 与含 SiO_2 材料混合细粉为基质，其基质部分的主要矿物为莫来石和刚玉。莫来石结合 Al_2O_3 空心球砖的特点是强度高，抗热震性好，常用于温度变化较频繁的场合，长期使用温度在 1650℃ 或以下，若 Al_2O_3 含量提高，也可在 1700℃ 下使用。

莫来石结合 Al_2O_3 空心球砖以 Al_2O_3 空心球为骨料，烧结 Al_2O_3 以及含 SiO_2 的材料（如朔州土、苏州土、高岭土等）细粉为基质，按制品的 Al_2O_3 含量的不同，准确计算细粉部分的 Al_2O_3 与含 SiO_2 料的比例，使其制品在烧成过程中 SiO_2 全部转变成莫来石相，严格控制游离 SiO_2 的存在。其混料、成型、干燥、装窑和烧成，与自结合 Al_2O_3 空心球制品相近。莫来石结合 Al_2O_3 空心球砖的理化性能见表 3-16。

表 3-16 莫来石结合 Al_2O_3 空心球砖的理化性能

Al_2O_3/%	85～95
SiO_2/%	4～13
Fe_2O_3/%	≤0.3
R_2O/%	≤0.3
体积密度/(g/cm³)	1.35～1.6
常温耐压强度/MPa	9～16
荷重软化开始温度/℃	1650～1700
加热线变化(1600℃×3h)/%	−0.2～0.2

热导率(1200℃热线法)/[W/(m·K)]		1.5~2.0
热膨胀系数/×10⁻⁶℃⁻¹	1300℃	6.0~7.8
	1550℃	4.5~7.1
抗热震性(1100℃,空冷)/次		15~40

3.4.2 轻质高铝制品

在各种轻质隔热材料中,轻质高铝砖具有耐火度高、容重小;原料丰富、价格便宜,是理想的隔热材料。轻质高铝砖是以高铝矾土熟料、Al_2O_3 粉为主要原料,以黏土作结合剂,用可燃物烧失法、泡沫法制成的 Al_2O_3 含量在 48% 以上的轻质绝热制品。

我国颁布的国家标准《高铝质隔热耐火砖》(GB/T 3995—2014)对高铝质隔热耐火砖分成了低铁高铝质隔热耐火砖和普通高铝质隔热耐火砖,见表 3-17。型号中 D、L、G 分别为低、铝、隔的汉语拼音首字母;170、160、……、125 等分别代表砖的分级温度的前三位;1.3、1.0、……、0.5 等分别代表砖的体积密度;末尾的 L 表示该牌号的体积密度低于《定形隔热耐火制品分类》(GB/T 16763)的规定值。

表 3-17 高铝质隔热耐火砖的分类及型号

分类	型号					
低铁高铝质	DLG170-1.3L	DLG160-1.0L	DLG150-0.8L	DLG140-0.7L	DLG135-0.6L	DLG125-0.5L
普通高铝质	LG 140-1.2	LG 140-1.0	LG 140-0.8L	LG 135-0.7L	LG 135-0.6L	LG 125-0.5L

轻质高铝砖使用温度比轻质黏土砖高,抗侵蚀性也比轻质黏土砖好,是在 1200~1400℃ 范围内很实用的材料,对节能和提高热工设备周转率有着良好的作用。一般来说,体积密度在 $0.8g/cm^3$ 以上的高强度制品和莫来石质制品,可直接接触火焰并可做承重部件,如用于承重内衬结构的平板砖、吊顶砖、拱脚砖、炉门砖、视孔砖等;体积密度在 $0.6g/cm^3$ 以上的高强度制品也可用于火焰空间作负荷较轻的部件,如负荷轻的顶砖、钢结构外部的内衬砖等。

轻质高铝砖的主要制造方法如下。

(1)可燃物烧失法

采用高铝矾土、高岭土、苏州土、氧化铝粉为原料,生产中采用的可燃加入物为锯木屑、稻壳、木炭、无烟煤等,对可燃加入物的要求为容易烧尽,灰分低,一般加入量为 30%~40%。用亚硫酸纸浆废液增强坯体强度。泥料与可燃加入物在湿碾机中混合 4~5min,泥料水分为 40%~50%,直接压制成型,砖体经自然干燥、强制干燥后，在1300～1400℃温度范围内烧成。

（2）泡沫法

将高铝矾土熟料（Al₂O₃含量为55％左右）、结合黏土细粉（Al₂O₃含量为31％左右）做原料。高铝矾土熟料与结合黏土细粉的配比为9∶1，加入48％～52％水，在球磨机中研磨1～2h，泥浆全部通过0.2mm筛并放入泥浆池中备用。研磨的泥浆中也可以加入固体烧失剂，以降低制品体积密度。将密度为0.03～0.05g/cm³的松香皂泡沫剂加入泥浆搅拌机中，同泥浆一起搅拌5～10min后浇注成型。通过控制泥浆密度的不同，可制得体积密度从0.4～0.8g/cm³的各种轻质高铝砖。

坯体在35～45℃下干燥24h，待砖模周边拉开3～5mm缝隙时便可脱模；升高温度继续干燥至坯体水分小于1％，坯体装窑在1300～1400℃温度范围内烧成。一般Al₂O₃含量高的制品，烧成温度也较高。

生产体积密度不同的轻质高铝砖主要取决于泥浆密度。同时，泡沫剂和烧结温度也会造成一些影响。泡沫稳定性越好，制品密度越小；烧成温度越高，制品收缩越大，体积密度也越大。因此，根据所采用原料，准确地制定烧成制度，制备稳定性良好的泥浆是生产优质轻质高铝砖的关键。

其工艺流程如图3-34所示。

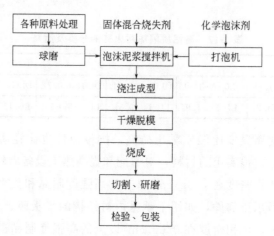

图3-34 泡沫法工艺流程

3.4.3 轻质莫来石制品

莫来石质耐火材料是以莫来石为主晶相的高铝质耐火材料。矿物组成除莫来石外，其中含Al₂O₃较低的还含有少量玻璃相和方石英；含Al₂O₃较高者还含有少量刚玉。莫来石具有一系列优良的性能，纯莫来石制品的高温性能（尤其是高温蠕变性）居于天然原料生产的高铝制品之上。

轻质莫来石砖又称莫来石质隔热砖，是国内新型的节能耐火材料，通常以合成轻质莫来石骨料、高铝矾土、工业氧化铝、高岭石质黏土为原料，采用可燃物加入法或泡沫法制造而成，具有比轻质高铝砖更优良的高温性能，可直接接触火焰，具有耐高温、强度高、热导率小、节能效果显著等特点。适用于裂解炉、热风炉、陶瓷辊道窑、电瓷抽屉窑、玻璃坩埚及各种电炉的内衬。表 3-18 为两种高温轻质莫来石隔热砖的性能指标。

表 3-18　高温轻质莫来石隔热砖的性能指标

理化性能	高温轻质莫来石隔热砖性能					
	MJ-1400 系列			MJ-1500 系列		
	0.6	0.8	1.0	0.6	0.8	1.0
Al_2O_3/%	50	50	50	68	68	68
Fe_2O_3/%	<1.0	<1.0	<1.0	<0.8	<0.8	<0.8
常温抗压强度/MPa	1.96	3.92	7.84	1.96	3.92	7.87
荷重软化开始点/℃	1300	1350	1400	1350	1400	1450
耐火度/℃	1750	1750	1750	1790	1790	1790
1400℃加热线变化/%	<1.0	<0.8	<0.8	<1.0	<1.0	<1.0
热导率(350℃)/[W/(m·K)]	0.26	—	—	0.27	—	—

3.4.4　隔热耐火浇注料

隔热耐火浇注料指真气孔率不低于 45% 的可浇注耐火材料，也称为轻质耐火浇注料。包括轻骨料耐火浇注料、泡沫耐火浇注料、加气耐火浇注料等。在实际应用中以轻骨料耐火浇注料为主。

隔热耐火浇注料可按生产方法、结合剂品种和轻骨料品种分类。按生产方法主要分为采用轻骨料配制隔热耐火浇注料和以泡沫法或加气法制成隔热耐火浇注料。按结合剂品种分类，与一般耐火浇注料相同。按轻骨料品种可分为膨胀珍珠岩、膨胀蛭石、陶粒、多孔黏土熟料、轻质砖砂、氧化铝空心球等隔热耐火浇注料。在实际应用中除以单一轻骨料配料外，经常采用几种轻骨料复合组成隔热耐火浇注料。

轻骨料隔热耐火浇注料由耐火轻骨料、粉料、结合剂和外加剂等组成。泡沫隔热耐火浇注料由耐火粉料、结合剂和外加剂等组成，其中耐火粉料由黏土熟料粉、耐火黏土砖粉、粉煤灰等组成，结合剂主要为硅酸盐水泥或铝酸盐水泥等，泡沫剂常采用松香皂泡沫剂、皂素脂泡沫剂、石油磺酸铝泡沫剂等，应用最多的是松香皂泡沫剂。加气隔热耐火浇注料由耐火粉料、结合剂和加气剂等组成，结合剂与耐火粉料与泡沫法所用材料相同。加气剂通常是某些金属粉末，它们会与酸反应生成氢气而制得多孔状浇注料，也有采用白云石或方镁石加石膏（作为稳定剂）与硫酸反应，或者利用碳化钙加水发生乙炔形成气体而起加气作用，此外，如以黏土熟料粉、矾土熟料或工业氧化铝粉作粉料时，以磷酸作结合剂的，同时因磷酸与铁反应产生氢气也起到加气作用，制成加气隔热耐火浇注料。

隔热耐火浇注料气孔率高、热导率低，具有一定的耐火性能和良好的隔热性能，在工业窑炉和热工设备上应用可以节省能源（较用一般耐火材料减少20%～80%热损失），提高窑炉作业率，还可以减轻设备承重，采用整体浇注或预制成型便于制作安装。

氧化物空心球耐火浇注料的特点是荷重软化温度高、强度大，因此使用温度一般为1400～1700℃。

合成空心球原料的品种有氧化铝、氧化锆、莫来石质等，国内已能生产前两种空心球，在耐火浇注料中应用最多的为氧化铝空心球；粉煤灰漂珠也是一种空心球，是由粉煤灰中提取的，是生产轻质砖的良好原料，也是配制耐火浇注料的良好外加物。

氧化铝空心球耐火浇注料用的结合剂，主要有铝酸钙水泥、结合黏土、磷酸铝和硫酸铝等，用工业氧化铝粉或刚玉粉等材料作耐火粉料，其细度为小于0.09mm的占90%以上；空心球最大粒径为5mm，采用自然级配或分级级配。另外，应掺入外加剂或外加物，以提高性能。表3-19为氧化铝空心球浇注料的性能。

表 3-19　氧化铝空心球浇注料的性能

浇注料品种		铝酸钙水泥结合剂				硫酸铝结合剂
耐压强度/MPa	110℃	27	19	16	10	7
	1500℃	32	22(1000℃)	13	27	21
常温抗折强度/MPa	110℃	9	5	8	5	
	1500℃	11	—	5.4	13.7	—
荷软温度/℃	0.6%	>1600	—	—	—	1650
热导率/[W/(m·K)]	1000℃	0.80	0.82	0.82	0.65	0.76
化学成分/%	Al_2O_3	94.8	80.8	93.7	95.4	
	Fe_2O_3	—	0.6	—	0.13	95.8
	CaO	3.4	3.3	3.17	2.18	
体积密度/(g/cm³)		1.60	1.46	1.64	1.58	<1.3

3.5　耐火泥浆

耐火泥浆俗称火泥，属于接缝材料，是砌筑定形耐火制品的高温黏结剂。与普通建筑施工相类似，在高温工业窑炉砌筑中将耐火泥浆调制成黏稠的糊状物质，一般用抹刀涂抹在定形制品表面进行砌筑。除常规耐火材料要求的耐高温性之外，耐火泥浆对施工性能以及常温和高温黏结性能的有着较高的要求。

耐火泥浆是由固态的粉料（如耐火粉料或细砂、固体结合剂等）和液态物质（如液态结合剂、水等）为主料，添加少量功能性外加剂（如分散剂、保水剂、增稠剂、防腐剂、塑化剂等），经搅拌均匀，调制而成的膏状浆体。耐火粉料的粒度一般小于 0.074mm，通常为单一粒度组成，也可以采用一定的颗粒级配。固体结合剂有铝酸钙水泥、固体磷酸二氢铝等。液态结合剂通常为磷酸、磷酸二氢铝、硅溶胶、铝溶胶等。

耐火泥浆的检测项目主要包括：化学成分、粒度、稠度、黏结时间、黏结强度、耐火度、线变化率以及荷重软化温度等。其中，稠度和黏结时间是考核耐火泥浆施工性能的重要指标；黏结强度分为烘干黏结强度和高温黏结强度，是判断耐火泥浆砌筑性能的关键指标之一。中国国家标准《耐火泥浆》（GB/T 22459—2008）给出了耐火泥浆的稠度、粘接时间、常温抗折粘接强度、粒度分布、含水量以及高温性能等试验方法。耐火泥浆的稠度是表征其加入液体后流动性的度量，根据 GB/T 22459.2—2008/ISO 13765-2：2004 可采用锥入度法和跳桌法两种方法进行测定。黏结时间是指在不破坏泥浆接缝的情况下，用耐火泥浆黏结耐火砖时，耐火泥浆失水干涸前可揉动的时间。黏结强度是指将耐火泥浆作为接缝剂将两块耐火制品黏结后的三点弯曲抗折强度。通常，耐火泥浆的稠度控制在 320~380（锥入度法），黏结时间 60~180s，110℃烘干黏结强度大于 1MPa，高温黏结强度大于 3MPa。

水煤浆气化炉内操作温度高达 1600℃，常温下砌筑的耐火泥浆在高温使用中可能存在泥浆熔融或泥浆烧成收缩大，影响整个炉衬的结构稳定；气化炉内有着 2~8MPa 的压强，对内衬的气密性要求高，对耐火泥浆的性能有着苛刻的考验；气化炉运行中炉内气、液、固物料与炉衬持续产生着高速的相对运动，对炉衬耐火材料磨蚀十分严重，特别是耐火泥浆由于未像耐火制品一样预先进行压制和高温烧成，其相对耐火制品强度低，抗磨损性差；另外，耐火泥浆加水量大，烘干和使用中高温处理后的耐火泥浆其气孔率一般也高于同类的耐火制品，其抗熔渣的渗透能力和侵蚀能力相对较差。总之，气化炉炉衬整体由耐火制品和耐火泥浆共同构成，耐火泥浆的工艺特点和施工性要求使得其使用性能相对低于同档次的耐火制品，气化炉运行中耐火泥浆成为整个炉衬中最薄弱的区域，成为制约气化炉炉衬整体寿命的"短板"。

耐火泥浆一般与同材质的耐火制品一同使用。根据水煤浆气化炉所用的主要耐火制品，水煤浆气化炉用的耐火泥浆主要为氧化铬耐火泥浆。

氧化铬耐火泥浆是由氧化铬绿、电熔氧化铬细粉、氧化铝粉、结合剂和外加剂等配制而成。基于耐火泥浆的化学性质与砖体性质相似的原则，水煤浆气化炉选用与高铬砖同质的氧化铬耐火泥浆作为接缝材料。表 3-20 给出了水煤浆气化炉用氧化铬耐火泥浆的部分技术指标要求。

表 3-20 氧化铬耐火泥浆的部分技术指标要求

项目	指标
Cr_2O_3/%	≥90
加水量/%	≤25
黏结时间/s	60～180
110℃冷态黏结强度/MPa	>1.0
1400℃冷态黏结强度/MPa	>3.0
荷重软化温度[0.2MPa×2.0%]/℃	≥1450

氧化铬耐火泥浆的主体成分为氧化铬，为提高其抗煤渣侵蚀性能，氧化铬成分含量一般大于 90%（烘干后物料的质量比）。氧化铬成分主要由氧化铬绿和电熔氧化铬细粉两种原料提供。氧化铬绿的 Cr_2O_3 含量≥99.5%，是化学法生产的工业氧化铬原料，其粒度为 1～10μm，质软、堆积密度小、烧结活性高，将其添加到氧化铬耐火泥浆中可提高泥浆的可塑性和黏结强度。但氧化铬绿烧成收缩大、需水量大，其过多的含量会在造成高铬质耐火泥浆高温烧成是收缩严重，泥缝表面产生龟裂。通常氧化铬绿在氧化铬耐火泥浆中的比例小于 50%。电熔氧化铬细粉是采用电熔法生产的工业氧化铬原料，Cr_2O_3 含量≥99.0%，结晶大、质地坚硬、堆积密度大等，其烧结活性差，吸水性差，电熔氧化铬细粉在氧化铬耐火泥浆中主要起到提高泥浆流动性，降低泥浆加水量，保持高温体积稳定性等作用。电熔氧化铬细粉一般采用小于 0.3mm 的具有一定粒度级配的粉料组成，通常其在氧化铬耐火泥浆中的比例为氧化铬绿的 1～3 倍。

氧化铬耐火泥浆中的另一粉料组分为氧化铝。由于纯氧化铬材料的烧结较为困难，添加少量的氧化铝使其形成铝铬固溶体能提高氧化铬耐火泥浆的高温强度。为促进铝铬均匀固溶，氧化铬耐火泥浆中一般添加 α-Al_2O_3 微粉，其纯度高（Al_2O_3 含量≥99.5），粒度细（1～5μm），烧结活性高。通常氧化铬耐火泥浆中 α-Al_2O_3 微粉的含量不高于 10%。

结合剂是耐火泥浆黏结性能的关键，特别是氧化铬耐火泥浆的固体粉料均为瘠性原料，结合剂种类和用量对其性能影响至关重要。磷酸盐具有良好的胶结性能，用其结合的耐火材料具有较好的低、中、高温机械强度、热震稳定性、耐磨性和高温韧性等，同时又不降低耐火材料的耐火度和高温使用性能，因此被广泛用作耐火材料的结合剂。为了不引入其他杂质，氧化铬耐火泥浆采用磷酸铝盐为结合剂，常用的磷酸铝盐为磷酸二氢铝，其有溶液型和固体型 2 类。溶液型为质量分数在25%～50%的磷酸二氢铝水溶液，通常将其与粉料单独包装，一起在施工现场混合调制成膏状泥浆使用。固体型则为磷酸二氢铝盐的粉末，将其与氧化铬、氧化铝粉料一起混合均匀组成氧化铬火泥干粉，在施工现场加水调制即可使用。

参 考 文 献

[1] 汪寿建. 现代煤气化技术发展趋势及应用综述[J]. 化工进展，2016，35 (3)：653-664.

[2] 唐凤金，张宗飞，章卫星，等. E-GAS 气化技术浅析[J]. 化学工业，2016，34 (2)：31-37.

[3] 张英素，WILIAMS C L，KNOX J A. E-Gas™气化技术及许可项目进展[J]. 煤炭加工与综合利用，2015(12)：32-37.

[4] 王辅臣，于广锁，龚欣，等. 大型煤气化技术的研究与发展[J]. 化工进展，2009，28(2)：173-180.

[5] 尹润生，朱德先，耿可明，等. 水煤浆气化炉内衬热面高铬材料的选择[J]. 耐火材料，2009，43(01)：73-74.

[6] SAN-MIGUE L，HIS C，SCHUMANN M. High performance refractories for gasification reactors[J]. Ref W For，2011，3(4)：95-100.

[7] 尹洪基，吴爱军，陈人品，等. Cr_2O_3-Al_2O_3-ZrO_2 高铬制品[J]. 耐火材料，2011，45(2)：126-129.

[8] 唐建平，齐晓青，王玉范. 水煤浆加压气化炉用高铬耐火材料[J]. 耐火材料，2002，36(3)：156-158.

[9] Cr_2O_3 对耐火材料性能的影响[J]. 陈肇友. 耐火材料. 1991 (06).

[10] 邵明才. 水煤浆加压气化炉耐火砖的探讨[J]. 煤矿现代化，2010(05)：109-110.

[11] Investigations and design considerations for the refractory lining of coal gasifiers. LIM K H. Interceram. 1983.

[12] Kennedey C R. Compatibility of water cooled, chromia-contasisng refractories with a high-iron-oxiele, acidic coal slag at 1570℃[J]. Material for Energy System，1981，3(3)：39-47.

[13] 宋林喜. Texaco 水煤浆气化炉耐火材料的开发和应用[J]. 煤化工，1999(02)：13-15.

[14] 柯昌明，李有奇，赵继增，等. 水煤浆气化炉用高铬耐火材料的研究进展[J]. 耐火材料，2014，48 (04)：298-301.

[15] 李有奇. 水煤浆加压气化炉用高铬砖抗渣侵蚀机理及性能研究[D]. 武汉科技大学，2014.

[16] 朱冬梅，聂成元. 国产耐火砖在德士古水煤浆气化炉的使用[J]. 大氮肥，2002(02)：88-90.

[17] 宋林喜. 水煤浆气化操作条件对高铬耐火材料的影响[J]. 耐火材料，2001，35(3)：155-157.

[18] 宋林喜. 水煤浆加压气化炉耐火材料的研制[J]. 中氮肥，1995(06)：36-38.

[19] 德士古煤气化炉耐火砖问题探讨[J]. 王旭宾. 煤气与热力. 1998(06).

[20] R. E. Dial. Refraetories for coal gasification and liquefaction processes[J]. Am. Ceram. Soc. Bull.，1975，vol. 54 (7)，pp. 640-643.(M. S. Crowley. Refractory Problems in Coal Gasification Reactors [J]. Am. Ceram. Soc. Bull. ，1975，vol. 54 (12)，pp. 1072-1074.)

[21] 仝尚好. 细粉组成及 Al_2O_3 的引入对高铬砖结构和性能的影响[D]. 内蒙古科技大学，2014.

[22] 梁永和，孙承绪，李楠，等. Cr_2O_3-ZrO_2 材料的烧结及抗热震性研究[J]. 耐火材料，2001(05)：258-260.

[23] 陈晓霞，梁永和. 高铬砖显微结构分析[J]. 武钢技术，2005(04)：3-6.

[24] 耿可明，王文西，徐延庆，等. 磷酸盐添加剂对氧化铬材料性能的影响[J]. 耐火材料，2008，42(06)：413-415.

[25] 高振昕，王战民，范沐旭，等. 水煤浆气化炉用氧化铬砖的显微结构研究[J]. 耐火材料，2017，51(06)：401-407.

[26] 齐晓青，李宏，王玉范. 水煤浆加压气化炉用高铬耐火材料的显微结构及损毁机理[J]. 耐火材料，2002(05)：255-258.

[27] 梁永和，李楠，钱新伟，等. 低温合成高铬烧结料[J]. 耐火材料，2001(04)：199-201+204.

[28] 杨经绥，巴登珠，徐向珍，等. 中国铬铁矿床的再研究及找矿前景[J]. 中国地质，2010，37(04)：1141-1150.

[29] 胡宝玉，徐延庆，张宏达. 特种耐火材料实用技术手册. 北京：冶金工业出版社，2004.

[30] 李懋强，张淑颖. 致密氧化铬耐火材料的制造工艺关键[C]. 全国耐火材料综合学术年会. 1997.

[31] 尹洪基，徐延庆，吕世坪，王金相. 气氛对氧化铬材料烧结的影响[J]. 耐火材料，2010，44(04)：251-255.

[32] 钱跃进，蒋明学，李柳生. 从热力学计算分析气氛对高铬耐火材料烧结的影响[J]. 硅酸盐学报，2009，37(09)：1526-1530.

[33] Densification of Cr_2O_3-ZrO_2 ceramics by sintering. Yamakuychi Akira. Journal of the American Ceramic Society. 1981.

[34] T. Li, R. J. Brook, and B. Derby. Sintering of Cr_2O_3 in H_2/H_2O Gas Mixtures. Journal of European the Ceramic Society. 1999.

[35] Peter Biedenkopf, Thomas Karwath. Vaporization and Corrosion of Refractories in the Presence of Pressurized Pulverized Coal Combustion Slag[J]. DietmarKobertz, ManishaRane, EgbertWessel, KlausHilpert, LorenzSingheiser. Journal of the American Ceramic Society. 2004 (7).

[36] 潘玉峰，孙向峰，李妨. 浅谈煤气化技术的现状及发展趋势[J]. 云南化工，2017，44(07)：10-12.

[37] 亢万忠. 当前煤气化技术现状及发展趋势[J]. 大氮肥，2012，35(01)：1-6.

[38] 王晗，兰河清，耿可明，等. Cr_2O_3-Al_2O_3砖中不同组成Cr_2O_3-Al_2O_3电熔颗粒的抗侵蚀研究[J]. 耐火材料，2010，44(06)：442-446.

[39] 陈肇友. 化学热力学与耐火材料. 北京：冶金工业出版社，2005，486.

[40] 孙红刚，李鹏涛，付建莹，等. Al_2O_3-Cr_2O_3砖显微结构对抗渣性能的影响[J]. 耐火材料，2014，48(03)：188-193.

[41] 范志辉. 添加ZrO_2对高铬砖性能的影响[C]. 北京金属学会、河北金属学会、山东金属学会、河南金属学会、山西金属学会. 2008年耐火材料学术交流会论文集：2008：3.

[42] Guo Zongqj, Zhang Hui. The Optimization of the microstructure and phase assemblage of high Chromic refractories. Journal of the Europe Ceramic Society, 1999, 19(1)：113-117.

[43] 刘铁，张莫逸. 铬刚玉物相的研究[J]. 理化检验(物理分册)，1998(11)：7-8+11.

[44] Takehiko Hirata, Katsunori Akiyama, Hirokazu Yamamoto. Sintering behavior of Cr_2O_3-Al_2O_3 ceramics[J]. Journal ofthe European Ceramic Society, 2000, 20(2)：195-199.

[45] 李丹，陈锐. 刚玉砖和铬刚玉砖的应用[J]. 耐火材料，2001，35(1)：31-33.

[46] 吴爱军，王红霞，李焕妞，等. 铬刚玉砖的性能与应用[J]. 耐火材料，2001(03)：165-166.

[47] Greskovich C. Deviation from stoichiometry in Cr_2O_3 at high oxygen partial pressure. Journal of the American Ceramic Society. 1984.

第4章 粉煤气化装置用耐火材料

4.1 概述

基于我国富煤贫油少气的资源特点，在大规模推广煤气化清洁利用的背景下，我国多措并举，通过引进国外粉煤气化技术（如 Shell、GSP、科林炉等）和自主研发粉煤气化技术（如航天炉、东方炉、神宁炉等），大力推动了粉煤气化技术的产业发展，解决了应用中的多项工艺问题。

粉煤加压气化技术是当今国际上最先进的煤气化技术之一，我国自 2006 年首套壳牌气化炉在湖北双环化工集团有限公司成功运行以来，粉煤气化技术在中国的工业化应用正式起步，目前我国该类型的气化炉已有近 200 台套，占全球气化炉总数量的近 30%。粉煤气化技术充分发挥了其煤种适应性广、原料消耗低、碳转化率高、冷煤气效率高等技术优势，而耐火材料作为该技术核心部件的关键材料，起到了举足轻重的作用。

粉煤气化技术的气化室炉体均为水冷壁/耐火材料复合结构，根据不同的炉型分为了垂直管结构和盘管结构（图 4-1），利用管内的水或蒸汽强制冷却作用带走熔融炉渣的热量，使其附着在气化室内壁，在耐火材料表面形成稳定的固渣层—熔融层—流动层的热阻结构，使得在气化炉运行期间耐火材料不与高温熔渣

(a) 垂直管结构

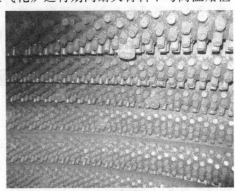

(b) 盘管结构

图 4-1 粉煤气化炉内水冷结构

直接接触，实现"以渣抗渣"的工艺，从而达到气化炉长寿命运行的目标。与水煤浆气化技术相比，粉煤气化炉的气化室的耐火材料特征鲜明，其用量少、工作层薄、稳定性好、使用寿命长。例如日处理量1500t的航天炉的气化室耐火材料用量仅为5t左右、耐火材料的工作厚度仅为20~40mm、主体设计寿命可达10年以上。

粉煤气化炉的水冷壁用耐火材料的设计寿命为10~25年，但由于国内粉煤技术发展时间不长、操作经验和工艺稳定性仍显不足等原因，经常出现局部工况失控，造成炉衬耐火材料和锚固钉异常损毁的情况（图4-2）。根据不同厂家的运行情况，粉煤气化炉的烧嘴和渣口部位的检修周期为0.5~1年，炉衬整体检修周期为1~2年。随着操作水平的不断提高和耐火材料技术的改进，粉煤气化炉炉衬的整体使用寿命持续提高，将不再成为气化炉高效运行的瓶颈。

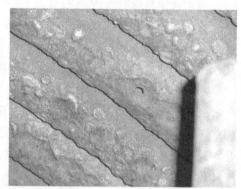

图4-2 粉煤气化炉内耐火材料损毁照片

经过持续多年的探索和创新，中国现已成为拥有粉煤气化技术和装置最多的国家，涵盖了Shell、GSP、科林炉、航天炉、东方炉、五环炉、神宁炉等成熟工业化技术装置。这些技术虽然均以水冷壁式气化室为主要装置，但是在烧嘴形式、粉煤输送系统、合成气降温方式、副产蒸汽方式等技术方面有着不同的设计理念，因此也带来了相关配套耐火材料的选型差异。

4.2 碳化硅-刚玉复合耐火捣打料

碳化硅-刚玉复合耐火捣打料主要用于水冷壁区域。利用碳化硅-刚玉复合耐火捣打料的高导热性迅速地将其表面渣的热量带走，从而降低渣的温度并使其固化，逐渐形成稳定的固态渣层，实现"以渣抗渣"，有效地保护了耐火材料免受高温液态渣的侵蚀。

4.2.1 碳化硅-刚玉复合耐火捣打料的组成、性质及显微结构

（1）碳化硅-刚玉复合耐火捣打料的组成

碳化硅-刚玉复合耐火捣打料是由耐火粉料和液体磷酸盐结合剂组成，体系为 $SiC-Al_2O_3$。原料为碳化硅、刚玉、氧化铝微粉、添加剂和液体磷酸二氢铝结合剂等。所用原料的化学组成见表 4-1。

表 4-1 主要原料的化学组成　　　　单位:%（质量分数）

原料	碳化硅	刚玉	氧化铝微粉	磷酸二氢铝
SiC	≥97.5			
Al_2O_3		≥99	≥99	≥31
Fe_2O_3	≤0.2	≤0.5	≤0.5	
SiO_2		≤0.8	≤0.5	
CaO				
R_2O		≤0.5	≤0.5	
P_2O_5				≥7.5

碳化硅具有强度高、热导率大、线膨胀系数小、化学稳定性高、耐磨性好、抗热震性优异等一系列优良性能；刚玉材料具有强度大、化学性质稳定、耐磨性好等一系列优良性能。常规的碳化硅-刚玉复合耐火捣打料的组成比例为：碳化硅 $65\%\sim75\%$，氧化铝 $20\%\sim30\%$，磷酸二氢铝以液体的形式外加，采用捣打的方式施工到水冷盘管表面。液体磷酸二氢铝的密度可根据结合强度要求不同而异，一般为 $1.25\sim1.58g/cm^3$，由于液体磷酸二氢铝的溶液黏度随着密度的增加成倍增加，因此加入量随密度和现场施工环境来调整，一般为 $9\%\sim15\%$。

（2）碳化硅-刚玉复合耐火捣打料的性质

碳化硅-刚玉复合耐火捣打料采用捣打的方法施工到粉煤冷壁式气化炉水冷盘管表面，常温施工时，促凝剂使得磷酸二氢铝反应生成胶结物相，获得较好的常温结合强度。碳化硅刚玉复合材料中的氧化铝以微粉和细粉的形式加入基质中，氧化铝微粉活性较高，可在常温下与磷酸二氢铝反应生成，提高材料常温强度。随着温度的升高，微粉和细粉中的氧化铝可与磷酸二氢铝发生化学反应，生成磷酸铝提高材料的中温强度，如式（4-1）、式（4-2）所示。

$$2Al(H_2PO_4)_2 + Al_2O_3 \xrightarrow{600℃} Al(PO_3)_3 + 3AlPO_4 + 6H_2O \quad (4-1)$$

$$2Al(PO_3)_3 + Al_2O_3 \xrightarrow{900\sim1000℃} 4AlPO_4 + P_2O_5 \uparrow \quad (4-2)$$

随着温度的升高，磷酸二氢铝会发生缩聚反应，发生如式（4-3）～式（4-5）所示的化学反应。由式（4-3）～式（4-5）可以看出，磷酸二氢铝逐步分解并最

终生成磷酸铝（$AlPO_4$），大幅提高材料的中温强度。

$$Al_2O_3 \cdot 3P_2O_5 \cdot 6H_2O \xrightarrow{\text{约}250℃} Al_2O_3 \cdot 3P_2O_5 \cdot 3H_2O + 3H_2O \quad (4\text{-}3)$$

$$Al_2O_3 \cdot 3P_2O_5 \cdot 3H_2O \xrightarrow{\text{约}500℃} Al_2O_3 \cdot 3P_2O_5 + 3H_2 \quad (4\text{-}4)$$

$$2Al(PO_3)_3 \xrightarrow{>1000℃} Al_2O_3 \cdot P_2O_5 + 2P_2O_5 \uparrow \quad (4\text{-}5)$$

粉煤冷壁式气化炉用碳化硅-刚玉复合耐火捣打料主要有中钢集团洛阳耐火材料研究院有限公司和凯得利耐火材料（中国）有限公司供应。典型碳化硅-刚玉复合耐火捣打料的理化性能指标见表 4-2。

表 4-2　典型碳化硅-刚玉复合耐火捣打料的理化性能指标

项目		指标
化学成分/%	SiC	70
	Al_2O_3	26
	Fe_2O_3	0.2
体积密度/(g/cm³)	110℃,24h	2.6
	1000℃,5h	2.55
耐压强度/MPa	110℃,24h	60
	1000℃,5h	70
线变化率/%	110℃,24h	−0.5
	1000℃,5h	−0.7
热导率/[W/(m·K)]	110℃	3.85

碳化硅-刚玉复合耐火捣打料使用过程中，在材料表面形成稳定渣层前及渣层受到破坏时，材料需承受高温熔融煤渣的侵蚀。其抗侵蚀能力是衡量材料性能的主要指标。

采用静态坩埚的试验方法。坩埚外形尺寸为 $\phi100/90mm \times 100mm$，内孔 $\phi50/44mm \times 60mm$。加入 120g 高碱炉渣，置于还原气氛电炉中，1200℃保温 5h。炉渣的主要成分如表 4-3 所示。

表 4-3　炉渣主要成分

成分	Al_2O_3	MgO	SiO_2	CaO	Fe_2O_3	K_2O	Na_2O
含量(质量分数)/%	13.5	5.9	49.8	7.2	1.4	19.3	2.9

对侵蚀后试样进行电镜及能谱分析，碳化硅-刚玉复合耐火捣打料的煤灰熔渣侵蚀试样的微观结构照片见图 4-3。由图 4-3 可以看出，侵蚀试样表层黏附极薄的渣层，且工作面仍为碳化硅和刚玉相，并未发生侵蚀反应生成低熔物。

表 4-4 示出了材料抗渣试样距离工作面不同深度组成变化的能谱分析结果。由表 4-4 可以看出，由渣向材料中渗透的主要为 K_2O 蒸气，渗透深度为 5mm。

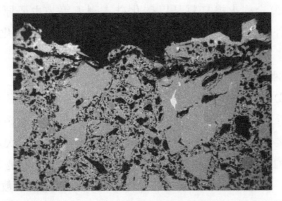

图 4-3　碳化硅-刚玉复合耐火捣打料的煤灰熔渣侵蚀试样的微观结构（20 倍）

表 4-4　抗渣侵蚀试样组成变化

深度	组成								
	Na_2O	MgO	Al_2O_3	SiO_2	P_2O_5	K_2O	CaO	TiO_2	Fe_2O_3
渣	3.34	2.28	14.36	53.24	5.49	8.83	9.36	0.96	2.16
0mm	0.87	—	23.35	71.31	—	0.50	2.86	—	1.12
2mm	0.47	—	24.65	70.98	—	0.30	2.63	—	0.97
5mm	0.52	—	18.68	77.50	—	0.11	2.41	—	0.78
10mm	0.67	—	24.77	70.93	—	—	3.03	—	0.6
15mm	0.50	—	20.73	74.90	—	—	2.98	—	0.89

（3）碳化硅-刚玉复合耐火捣打料的显微结构

碳化硅-刚玉复合耐火捣打料经 1000℃ 高温热处理后，表面有一层氧化层，切开后可见到内部结构致密，其微观结构如图 4-4 所示。从图 4-4 可以看出，材料内部颗粒和细粉分布均匀，基质部分烧结，气孔少，结构致密。

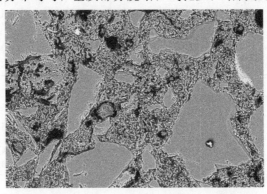

图 4-4　碳化硅-刚玉复合耐火捣打料的微观结构

4.2.2 碳化硅-刚玉复合耐火捣打料的原料及添加剂

碳化硅-刚玉复合耐火捣打料是以碳化硅、刚玉等为主要原料，液体磷酸二氢铝为结合剂，外加促凝剂、减水剂、增塑剂、缓蚀剂、抗氧化剂等添加剂的复合耐火材料。

（1）碳化硅-刚玉复合耐火捣打料的原料

碳化硅（SiC）俗称金刚砂，分子量 40.07。碳化硅是 Si-C 系唯一的二元化合物，如图 4-5 所示。由 Si 和 C 以共价键为主（共价键占 88%）结合而成的化合物。碳化硅主要有 α、β 两种晶型，α-SiC 中四面体的堆积次序是 ABAB…形成六方纤锌矿结构，为六方晶系；β-SiC 中四面体的堆积次序是 ABCABC…形成立方闪锌矿结构，为立方晶系。碳化硅晶体常见类型及晶格常数见表 4-5。α-SiC 是高温稳定相，其合成温度一般在 1800～2600℃，不同类型的 α-SiC 的体积密度均为 $3.217g/cm^3$，而 β-SiC 则是低温稳定相，合成温度一般为 1600～1800℃，通常为灰黑色或黄绿色的粉末状物质，体积密度为 $3.215g/cm^3$。β-SiC 在 2100℃时转化为 α-SiC。

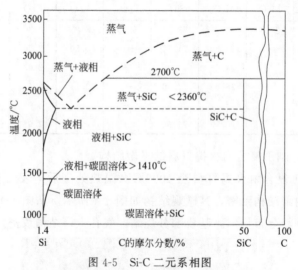

图 4-5 Si-C 二元系相图

表 4-5 碳化硅晶体常见类型及晶格常数

材料		α-SiC				β-SiC
晶体类型		2H	4H	6H	15R	3C
晶体结构		六方	六方	六方	菱方	立方
原子排列次序		ABABAB	ABACA-BAC	ABCACB-ABCACB	ABCACBC-ABACBCBA	ABCAB-CABC
晶格常数 /nm	a	0.308	0.307	0.307	0.439	0.439
	c	0.504	1.005	1.512	3.77	

碳化硅具有耐高温、热膨胀系数小、强度大、导热性能良好、抗热震性能好、高温耐磨性优良、抗化学侵蚀性强等一系列优异性能，作为重要的耐火原料广泛应用在钢铁冶炼、有色金属（Zn，Cu，Al 等）冶炼、石油化工以及陶瓷工业中。

刚玉，名称源于印度，系矿物学名称，其主要成分是三氧化二铝，是一种非常重要的金属氧化物，通常称为"铝氧"。其分子量为 101.96，分子式通常表示为 Al_2O_3。刚玉主晶相为 α-Al_2O_3，属于三方晶系 R3，刚玉型结构。空间群，R-3c(167)，晶胞参数：$a_0=0.475nm$，$b_0=0.475nm$，$c_0=1.299nm$，$\alpha=90°$，$\beta=90°$，$\gamma=120°$。α-Al_2O_3 晶体结构可以看成氧离子按六方紧密排列，而铝离子有序的填充于 2/3 的八面体空隙中，如图 4-6 所示，Al 原子与 O 原子之间的距离有长短之分：0.189nm 以及 0.193nm。菱形的晶体晶胞结构中，八个顶角和中心离子均为氧化铝分子，所以一个晶胞包含 2 个 Al_2O_3 分子。氧原子和铝原子按即 ABAB…二层重复型。

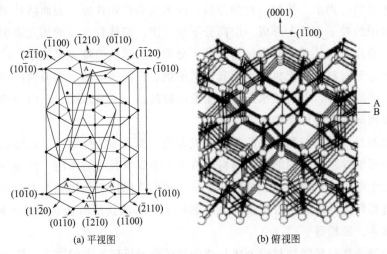

(a) 平视图　　　　　　　　(b) 俯视图

图 4-6　α-Al_2O_3 晶体结构示意图（白球为 O 原子，黑球为 Al 原子）

刚玉的晶格能很大，故熔点、沸点很高，它熔点可达 2050℃，沸点 2980℃，密度为 3.90~4.01g/cm³，莫氏硬度为 9，化学性质稳定，不溶于水，耐热性强、耐腐蚀性和耐磨性均很优良，电绝缘性好且在高温下仍具有很高的机械强度。

刚玉是一种重要的耐火原料，主要有棕刚玉、亚白刚玉、白刚玉、致密刚玉、板状刚玉。另外，还有复合刚玉制品：铬刚玉、锆刚玉、钒刚玉等。刚玉质耐火材料在高温使用过程中可与碱金属蒸气（R_2O）反应生成 β-Al_2O_3，其化学组成可以近似的用 $R_2O \cdot 11Al_2O_3$ 表示，是一种多铝酸盐矿物。这种氧化铝结构中存在一个 Na-O 层。层间铝与氧呈接近尖晶石结构的排列。β-Al_2O_3 为六方晶系，空间点群位 P63/mmc。六方晶格 $a_0 = 0.560nm$，$c_0 = 2.25nm$，体积密度为 $3.30 \sim 3.63g/cm^3$，比 α-Al_2O_3 小，硬度 5.5~6。β-Al_2O_3 在高温下可转变为 α-Al_2O_3，其反应如式（4-6）所示：

$$\beta\text{-}Al_2O_3 \xrightarrow{1473K} \alpha\text{-}Al_2O_3 \tag{4-6}$$

（2）碳化硅-刚玉复合耐火捣打料的添加剂

促凝剂可以缩短捣打料施工后的凝结时间和硬化时间。促凝剂的作用机理复杂，随所用结合剂不同而不同。磷酸盐类结合剂的促凝剂一般选取能促进酸-碱反应的活性物质，通过加速化学反应生成新的结合相，常用的促凝剂有氧化镁、铝酸钙水泥、活性氢氧化铝、滑石等。

减水剂的作用是降低耐火物料拌和用水量。减水剂分为电解质类或表面活性剂类物质，电解质类通过溶于水后解离出带电离子，吸附在物料组成物固体粒子表面，提高粒子 Zeta 电位，增大粒子间的排斥力，释放出由微粒子组成的凝聚结构中包裹的游离水，使粒子均匀分散，改善物料作业性能。表面活性剂类通过在悬浮液中的粒子表面上形成一层高分子吸附膜，降低粒子间的相互吸引力，且增大相互排斥力，从而使凝集结构中粒子分散开、释放出被包裹的水、改善作业性能。不定形材料常用无机减水剂有焦磷酸钠、三聚磷酸钠、六偏磷酸钠、超聚磷酸钠、硅酸钠等，有机减水剂有木质素磺酸盐、萘系减水剂、水溶性树脂系减水剂、聚丙烯酸钠和柠檬酸钠等。

增塑剂是一种具有黏滞性的物质，或者是一类表面活性物质。该物质能提高捣打料的可塑性。增塑剂能增大物料中粒子之间润滑和黏结作用，使物料在外力作用下发生塑性变形时，粒子之间产生位移时仍能保持连续接触而不断裂。不定形耐火材料常用的增塑剂有塑性黏土、膨润土、木质素磺酸盐、烷基苯磺化物、甲基纤维素、糊精等。

缓蚀剂是能够延缓物料中金属与磷酸盐结合剂反应速率的物质。缓蚀剂的作用机理是缓蚀剂与物料中的金属元素形成配合物，抑制其与磷酸盐结合剂解离出的 H^+ 粒子的反应，从而降低了气体产量，抑制材料硬化过程中的鼓胀。磷酸盐结合剂常用的缓蚀剂有 NH-66 等。

抗氧化剂可以阻止材料使用过程中的氧化。其作用机理是抗氧化剂或其与物料中组分反应的生成物与氧气的亲和力大于碳化硅与氧气的亲和力，优先氧化从而保护碳化硅；或者添加物与氧气或物料中组分反应生成物增加了材料的致密度、堵塞气孔，阻止氧的扩散进而保护材料不被氧化。常用的抗氧化剂有金属（Al、Si）、合金（Al-Si、Al-Ca）、碳化物（B_4C）、硼化物（ZrB、Mg-B）等非氧化物。

4.2.3 碳化硅-刚玉复合耐火捣打料的施工性能

冷壁式气化炉反应室采用水冷盘管焊接成为可承受压力的圆形容器,反应室内衬均采用碳化硅-刚玉复合耐火捣打料制作而成。捣打方向与重力垂直或相反,施工难度大,因此耐火材料的施工性能尤为重要。施工性能包括材料的黏塑性和硬化时间。

(1) 碳化硅-刚玉复合耐火捣打料的黏塑性

耐火捣打料和可塑料常用的增塑剂主要有无机类(如球黏土、白泥、生黏土、膨润土等)和有机类(如糊精、CMC、淀粉、有机纤维等)。无机类增塑剂为铝硅系天然矿物,该天然矿物含有较多的杂质,会大幅降低材料的高温性能,故引入相应酌量。有机类增塑剂为高分子有机物,其在体系中吸水膨胀,形成网络结构,使材料的黏塑性增强,但其吸水膨胀及干燥收缩的特性势必会降低材料的致密度。表 4-6 示出了增塑剂对材料黏塑性的影响。由表 4-6 可以看出,复合使用时材料的黏塑性可使材料较好地黏附在锚固件表面,且屈服应力大于重力克服了重力引起的形变。

表 4-6 增塑剂对材料黏塑性的影响

种类	加入量/%	是否流淌	备注
黏土	1	是	物料不能黏附
	2	轻微	物料可黏附,但捣打易下坠
	4	否	物料黏附性好
膨润土	0.5	轻微	材料可黏附,但捣打易坠落
	1	否	物料黏附性好
	2	否	混合后很硬,不宜施工
淀粉	0.1	是	物料不能黏附
	0.2	轻微	物料不能黏附
	0.4	轻微	物料黏性极大,但不易黏附
复合	黏土+膨润土+淀粉	否	物料黏性较大且塑性极好,易施工

(2) 碳化硅-刚玉复合耐火捣打料的可施工时间

酸性磷酸铝结合不定形耐火捣打料常温下的硬化主要靠磷酸根与物料中的活性氧化铝反应生成不溶性的正磷酸铝,材料硬化时间较长。为提高施工效率,需添加促凝剂缩短硬化时间,常用促凝剂有氧化镁、铝酸钙水泥、活性氢氧化铝、滑石等。

在室温条件下进行促凝效果实验,实验现象及实验结果的描述见表 4-7。由表 4-7 可以看出轻烧氧化镁的促凝效果最显著,而铝酸钙水泥除可促进凝固外,还可以提高材料的强度。

表 4-7　促凝剂对材料硬化时间的影响

种类	加入量/%	硬化时间/h	备注
铝酸钙水泥	2	3	有一定的发热现象
	3	2	有一定的发热现象
	5	—	发热量大,物料成型时间短
镁砂	0.5	4	有一定的发热现象
	1	1.5	有一定的发热现象
	1.5	—	混合后开始硬化,物料不能成型
轻烧氧化镁	0.1	5	有一定的发热现象
	0.6	2	有一定的发热现象
	1	—	发热量大,物料成型时间短

注:实验温度为 25～30℃。

4.2.4　碳化硅-刚玉复合耐火捣打料导热性能调控技术

粉煤冷壁式气化炉正常生产过程中,碳化硅-刚玉复合耐火捣打料表面黏附一层牢固的渣层,采用"以渣抗渣"的工作原理使水冷盘管免受损毁,实现气化炉的安全稳定运行。粉煤加压气化技术最初由 Shell 公司开发,随着气化工艺核心技术的突破,新型技术发展迅速。随着技术的进步,粉煤加压气化炉向炉型的大型化、运行的高效化、原料的多元化趋势发展,使得炉衬材料承受的操作温度更高、炉内气氛压力更大、熔渣成分更加复杂化而造成的煤灰熔渣黏度差异大、熔渣的侵蚀性更强、高速气体的冲刷更为严重等,造成炉衬材料蚀损速率升高、使用寿命降低。

碳化硅-刚玉复合耐火捣打料难以满足各炉型、多煤种对气化炉长周期、高效率运行的要求,需要针对性地进行耐火材料性能设计和调控,改善材料的服役性能。延长炉衬材料的使用寿命。

材料的热导率除与原料材质相关外,其体积密度和气孔率的影响较大,该体系的主原料已经确定为碳化硅和刚玉。通过调整材料组成、临界粒度和颗粒级配来调整材料的微观结构,研究碳化硅-刚玉复合材料热导率控制技术。热导率参照《闪光法测量导热系数实验方法》(GB/T 22588)测定材料在 1000℃的热导率。

(1) 材料组成的影响

固定碳化硅-刚玉复合材料颗粒级配不变,采用 SiC 细粉取代材料中的刚玉细粉,取碳化硅含量为 50%、60%、70%、80%、90%,研究材料组成与碳化硅-刚玉复合材料的热导率的关系,其结果见图 4-7。

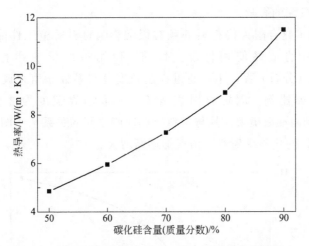

图 4-7　材料组成对碳化硅-刚玉复合材料热导率的影响

由图 4-7 可以看出，随着碳化硅含量的增加材料的热导率增加，可通过调节材料中碳化硅含量，改善碳化硅-刚玉复合耐火捣打料的性能。由于碳化硅与磷酸二氢铝不发生化学反应，且高温烧结性能较差，含量过高会降低材料的强度性能，故选取碳化硅含量 65%～75%。

（2）临界粒度的影响

固定碳化硅含量为 70%，固定材料的颗粒组成不变，调节临界粒度。由于碳化硅-刚玉复合耐火捣打料需要在气化炉水冷壁垂直面和顶部捣打施工，颗粒过大将增加施工难度，恶化使用性能，取临界粒度最大为 2.5mm。进行临界粒度对碳化硅-刚玉复合材料的热导率的影响研究，其结果见图 4-8。由图 4-8 可以看出，临界粒度的增大可提高材料的导热性能。

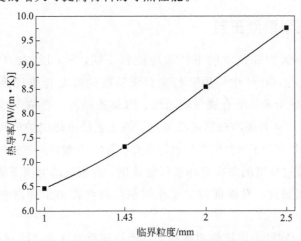

图 4-8　临界粒度对碳化硅-刚玉复合材料热导率的影响

（3）颗粒级配的影响

碳化硅-刚玉复合耐火捣打料的颗粒级配影响材料的施工性能和物理性能，进而影响材料的最终使用性能。目前，使用最广泛的颗粒堆积理论是 Andreassen 粒度分布方程，主要通过控制粒度分布系数 q 值来调整不同粒度范围的颗粒度组成比例。固定材料组成不变，取临界粒度为 2.5mm，q 值在 0.2～0.4 的范围内逐渐增大，其与材料导热性能之间的关系示于图 4-9。由图 4-9 可以看出，材料的热导率随着 q 值增加逐渐增大。

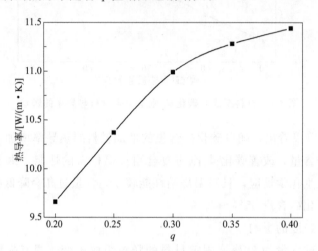

图 4-9　粒度组成对碳化硅-刚玉复合材料热导率的影响

4.3　配套耐火材料

4.3.1　高强耐磨刚玉料

与 GSP、航天炉等技术的下行激冷流程不同，Shell 燃烧产生的高温煤气（约 1500℃）上行，在气化炉顶部与来自湿洗段的低温合成气接触并激冷至约 900℃，随后在数十米长的合成气输送段、气体返回段、合成气冷却段中进一步降温至约 350℃，从合成冷却器底部流出。该工艺的废热锅炉流程能耗接近发改委"十二五"煤炭深加工项目的指标的先进值，是 Shell 粉煤工艺的核心特点之一。

在合成气输送段里的急冷管和输气管部位，合成气的温度下降幅度大，飞灰凝结成核形成细颗粒，对该部位的工作衬耐火材料提出了很高的要求，有如下几点：

① 优异的耐磨性，以抵抗固体粉尘的磨损和高温气流的冲刷；

② 优异的抗 CO 侵蚀能力，避免出现因 CO 侵蚀而引起的材料结构破坏；

③ 良好的耐酸性和体积稳定性，以抵抗粗合成气中酸性气体的侵蚀；

④ 良好的抗热震性，以适应气流的大幅温度变化；

⑤ 优异的施工性能，以保证材料施工后能够达到预期的性能指标。

由于该部位的苛刻工况，一般推荐采用国内的高强高耐磨刚玉料（参考 GB 50474—2008）或者进口的材料 Resco AA-22S（美国）、Actchem85（英国）等。该产品通常为双组分——选用液体磷酸盐作为结合剂，以电熔刚玉等氧化铝基的耐火原料等为主要原料。产品具有耐磨损、强度高、抗热震性能好、易施工、耐侵蚀等优点。各公司高强耐磨刚玉料的性能指标如表 4-8 所示。

表 4-8　高强耐磨刚玉料的性能指标

项目	温度/℃	中钢洛阳耐火材料研究院 PA85	北京建材院 JA-95	美国 Resco AA-22S	英国 Actchem85
体积密度/(kg/m³)	110	2950～3050	2940～3050	2528～2720	2900～3000
	540	2900～3000	2870～3000		2900～3000
	815	2900～3000	2870～3000	2464～2672	2900～3000
耐压强度/MPa	110	75～120	70～100		96～124
	540	80～150	90～130	84～140	110～124
	815	80～150	90～130	84～140	110～193
抗折强度/MPa	110	8～14	11～15		22～28
	540	12～16	15～20	12.6～16.8	28～40
	815	12～16	15～20	12.6～16.8	30～40
线变化率/%	815	0.0～−0.3	0.0～−0.3	0.0～−0.3	−0.2～−0.4
常温耐磨性/cm³		≤4		≤4	≤3
Al_2O_3/%		≥85		≥80	≥83.4
Fe_2O_3/%		≤0.5		≤1.0	≤1.0

从表 4-8 可以看出，除了 Resco AA-22S 产品的体积密度明显低于同类产品，各产品性能指标差异较小，表明国内外材料的指标性能基本相当。在应用该产品时应特别关注其施工性能和施工过程控制，既需要耐火材料在和易性、可施工时间、加液量等施工性能方面表现出良好的稳定性，也需要严格执行施工操作规范，在施工过程中对施工质量进行标准化控制。

值得指出的是，该部位的耐火材料和锚固钉通常在 3～12 个月就会出现大面积磨损乃至水冷管泄漏的情况（图 4-10），成为影响 Shell 气化炉长周期运行的重要因素之一。壳牌公司现开发出下行水激冷流程的工艺并已工业化，新的工艺取消了长距离输送合成气的管道，也就相应解决了该部位耐火材料寿命较低的问题。

图 4-10　耐火材料和锚固钉损坏后的状态

4.3.2　碳化硅浇注料

　　碳化硅浇注料具有生产工艺简单、使用灵活方便的特点，在粉煤加压气化装置里，特别是在结构复杂的烧嘴和下渣口内的应用（图 4-11）非常普遍。相比于气化室盘管用碳化硅-刚玉复合耐火捣打料，碳化硅浇注料更有利于构筑规定尺寸的形状，可以通过振动或者自流的方式填充隐蔽空间，弥补了捣打料施工方式的不足。

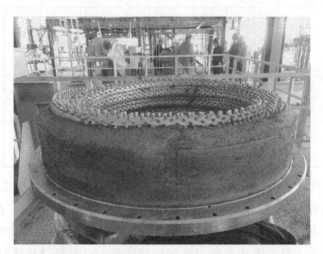

图 4-11　某气化炉下渣口用碳化硅浇注料

　　碳化硅浇注料通常是以 80%～90% 的碳化硅为主要原料，以纯铝酸钙耐火水泥为结合剂，加上多种耐火添加剂搅拌而成，以干粉料形式供货。该产品经加水拌合、在规定的模具中振动浇注成型、养护、脱模和烘烤后即可投入使用，制成的浇注体具有热导率高、耐侵蚀性能优异、抗热震性能好、整体性好、强度高的优点，国内外典型产品的主要性能指标如表 4-9 所示。

表 4-9　碳化硅浇注料的性能指标

项目		中钢洛耐院 SICACAST	KaraplanSiC- F-85-LC
化学组成/%	SiC	86	85
	Al_2O_3	8.5	8.8
	SiO_2	3.4	4.0
	Fe_2O_3	0.25	0.1
	CaO	1.55	1.85
热导率/[W/(m·K)]	800℃	8.5	7.5
	1000℃	8.8	7.8
永久线膨胀(800℃)/%		−0.2	−0.73
体积密度(110℃)/(g/cm³)		2.65	2.42
耐压强度/MPa	800℃	120	85
	1000℃	160	85
最高使用温度/℃		1500	1350

由于碳化硅浇注料的使用方式为一次振动成型，而应用的部位又多为不规则结构或隐蔽结构。为避免浇注料施工过程中出现问题无法拆除造成的设备/工装损坏，通常在正式施工前先进行现场环境的浇注料搅拌测试。主要观察其在现场环境中的施工性能（如材料的流动性、铺展性和常温固化性能等）是否满足要求，经测试合格后方可投入使用。

4.3.3　轻质高强刚玉浇注料

在顶喷式粉煤气化炉中，烧嘴一般通过支撑结构架设在气化炉的顶部，反应介质通过烧嘴进入气化炉反应室后发生反应产生瞬时高温，支撑结构的受热面温度为 1400～1600℃。为了保护烧嘴支撑结构的法兰金属表面，结构内部需要敷设一层耐火材料。当烧嘴支撑结构盘管发生合成气内泄时，该耐火材料可起到保护金属壁的作用。基于该部位的工作环境，对耐火材料提出了如下要求：

① 较高的阻热能力，即较低的热导率；

② 充足的机械强度，保持结构的长期稳定；

③ 可施工性尤其是自流性（通过烧嘴支撑结构处预留孔施工）；

④ 抗爆性好，烘烤或高温使用时无蒸汽析出或仅少量蒸汽析出；

⑤ 具备抗还原性混合气侵蚀的性能。

烧嘴支撑部位应选用轻质高强刚玉浇注料，该浇注料以氧化铝空心球为主原料，配有结合剂（铝酸钙水泥）、造孔剂、稳泡剂、减水剂等添加剂，将所有原料按配比混合均匀，加水搅拌后经浇注成型，密度为 1.20～1.60g/cm³，其详细性能指标如表 4-10 所示，现场施工照片如图 4-12 所示。

表 4-10　轻质高强刚玉浇注料性能指标

项目		中钢洛耐院 ALCAST	国外某公司
$Al_2O_3/\%$		89.5	88
$SiO_2/\%$		0.2	0.7
$CaO/\%$		10	9.5
热导率/[W/(m·K)]	500℃	0.59	0.95
	1000℃	0.68	0.9
体积密度(110℃×24h)/(g/cm³)		1.35	1.4
耐压强度(110℃×24h)/MPa		23	15

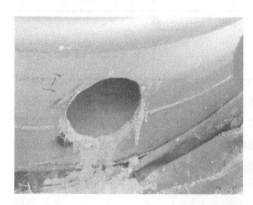

图 4-12　烧嘴支撑施工照片

4.3.4　炉壳耐火材料

　　粉煤加压气化装置一般都是有水冷盘管反应室和炉壳两层结构。水冷盘管在将炉内热量带走的同时，也会将部分热量辐射到炉壳上，因此炉壳需要敷设耐火材料来保温隔热。当反应室盘管发生合成气内泄时，该耐火材料可起到保护炉壳金属壁的作用。表 4-11 为炉壳耐火材料的理化性能。

表 4-11　炉壳耐火材料的理化性能

项目	CN130
$Al_2O_3/\%$	≥42
$SiO_2/\%$	≤49
$Fe_2O_3/\%$	≤2
体积密度(110℃×24h)/(g/cm³)	≥2
热导率(1000℃)/[W/(m·K)]	≤2

项目	CN130
永久线变化(1000℃×3h)/%	≥-0.4
耐压强度(110℃×24h)/MPa	≥20

炉壳内表面通常铺设龟甲网（图 4-13），然后将耐火材料通过涂抹、浇注或者喷涂的方式施工在炉壳内表面。炉壳的直径大、施工厚度薄，因此耐火材料的施工性能和结构强度尤其受到重视。

图 4-13　炉壳龟甲网结构

国外通常采用喷涂施工方式，即利用气动工具以机械喷射方法将耐火材料与水混合喷出，该方法具有材料致密度高、省工省力、施工速度快、质量一致性强的优点，但同时也存在对设备性能、操作人员技能的依赖性高、对材料施工性能要求高的不足。国内一般采用浇注结合涂抹的方式，对于一个炉体筒体，一般需要分多次施工（分块分部位施工），效率相对低下，然而施工操作方式较为简单，对操作人员的专业技能要求不高，施工质量也容易得到保障。

4.4　发展趋势

国家能源战略要求大力推进煤炭清洁高效利用技术。粉煤气化装置尤其水冷壁式气化炉所用耐火材料主要为碳化硅-刚玉复合耐火捣打料。目前，该领域用碳化硅-刚玉复合耐火捣打料全部由中钢集团洛阳耐火材料研究院有限公司和凯得利耐火材料（中国）有限公司供应，其中凯得利公司的碳化硅-刚玉复合耐火材料中含有部分 Cr_2O_3。中钢集团洛阳耐火材料研究院有限公司已成功研制出无铬的碳化硅-刚玉复合耐火捣打料产品，产品技术指标与含铬产品相当。因此，今后粉煤冷壁式气化炉用碳化硅-刚玉复合耐火捣打料将向环保产品方向发展。

随着煤气化技术的持续进步，冷壁式粉煤气化技术在煤种适应性、煤气化效率、IGCC节能、炉子运行寿命等方面显现出较大的优势，发展迅速。截至目前，已发展出 Shell 炉、GSP 炉、HT-L 炉、SE-东方炉、神宁炉、科腾气化炉等多种技术。虽然都采用"以渣抗渣"的工艺原理，但每种技术的炉况特点和处理煤种的不同导致对耐火材料的性能要求也不尽相同，因此针对炉形和用户的个性化定制，尤其是针对性的导热性能的调控将会成为今后碳化硅-刚玉复合耐火捣打料发展的方向。

另外，不同的冷壁式粉煤气化工艺采用不同的配套耐火材料，耐磨刚玉材料主要起到保护设备免受高温高压气体冲刷，炉内高温还原性气体会将材料中 Fe_2O_3 和 SiO_2 还原成为 Fe 和气态 SiO，破坏材料结构强度；碳化硅浇注料在 GSP 气化炉渣口部位和航天炉烧嘴支撑部位使用，主要起到支撑设备的作用，这两种材料将向高纯、高强的方向发展。壳体用 CN130 和烧嘴支撑用刚玉空心球浇注料作为节能材料，保护外部壳体和烧嘴法兰，未来向轻量化、高强度、低导热的方向发展。

参 考 文 献

[1] 臧平伟, 陈阳. 水冷壁气化炉反应室耐火材料选择及应用[J]. 东方电气评论, 2015, 29(03): 34-37.

[2] 闫波, 陈鹏程, 石连伟, 等. GSP 气化炉水冷壁挂渣影响因素探究[J]. 化肥工业, 2014, 41(05): 69-71+80.

[3] 姜赛红, 杨珂, 唐凤金, 等. 典型的激冷流程干粉气流床煤气化技术比较[J]. 化肥设计, 2014, 52(04): 8-12.

[4] 葛昊成. 水冷壁气化炉技术综述[J]. 四川化工, 2016, 19(03): 21-25.

[5] 魏明坤, 张丽鹏, 张广军. 碳化硅耐火材料的发展与性能[J]. 硅酸盐通报, 2001, 20(3): 36-40, 54.

[6] 张宁, 茹红强, 才庆魁. SiC 粉体制备及陶瓷材料液相烧结[M]. 北京: 化学工业出版社, 2008.

[7] 杜丕一, 潘颐. 材料科学基础[M]. 北京: 中国建材工业出版社, 2002.

[8] 张念东. 碳化硅磨料工艺学[M]. 北京: 机械工业出版社, 1978.

[9] 尹衍升, 张景德. 氧化铝陶瓷及其复合材料[M]. 北京: 化学工业出版社, 2001.

[10] Aldebert P. Traverse J P. Neutron diffraction study of structural characteristics and ionic mobiliy of alpha-Al$_2$O$_3$ at high temperatures [J]. Journal of the American Ceramic Society, 1982, 65: 460-464.

[11] 谭训彦, 王昕, 尹衍升, 等. α-Al$_2$O$_3$ 的晶体结构与价电子结构[J]. 中国有色金属学报, 2002, 12: 18-23.

[12] V. Jayaraman, G. Periaswami, T. R. N. Kutty. Gel-to-crystallite conversion technique for the syntheses of M-β/β″-alumina (M=Li, Na, K, Rb, Ca or Eu) [J]. Materials Research Bulletin, 2008, 43(10): 2527-2537.

[13] 李红霞, 耐火材料手册[M]. 北京, 冶金工业出版社, 2007.

[14] 刘根荣. JA-95 型高强耐磨耐火浇注料及其在炼油装置上的应用[A]. 中国硅酸盐学会科普工作委员会. 全国耐火材料高级技术人员研修培训资料[C]. 中国硅酸盐学会科普工作委员会: 2007: 5.

[15] 冯清晓, 闫涛. 我国炼油化工装置设备隔热耐磨衬里技术与国外的差异[J]. 石油化工设备技术, 2012, 33(03): 13-17+20+3.

第5章 碎煤加压气化装置用耐火材料

5.1 概述

碎煤加压气化装置主要包括鲁奇炉和 BGL 气化炉，所采用的技术是碎煤加压固定床气化技术，该技术最早由德国鲁奇（Lurgi）公司开发，所采用的气化炉为鲁奇气化炉。

5.1.1 鲁奇炉的发展阶段

鲁奇炉的改进是鲁奇气化技术发展的核心，主要经历了以下三个阶段。

第一阶段（1930～1954 年），第一代气化炉直径为 2.6m，主要用于生产城市煤气，气化炉的结构特点是有内衬和边置灰斗，不设膨胀冷凝器，气化剂通过炉箅的主动轴送入，该炉型只能气化非黏结性煤，且气化强度较低，产气量为 $(5\sim8)\times10^4 m^3/(h\cdot 台)$，我国云南解放军化肥厂引进了第一代鲁奇炉。

第二阶段（1954～1969 年），第二代鲁奇炉扩大了用煤范围，可气化弱黏结性烟煤，取消了内衬，改进了布气方式，增加了破黏装置，边置灰斗调为中置灰斗，气化炉直径扩大到 2.8m、3.7m 两种，单炉生产能力得到提高，产气量分别达 $(1.4\sim1.7)\times10^4 m^3/(h\cdot 台)$、$(3.2\sim4.5)\times10^4 m^3/(h\cdot 台)$。

第三阶段（1969 年至今），为了进一步扩大用煤范围，使之达到气化一般黏结性煤的目的，推出了 Mark-Ⅳ 型气化炉，改进了布煤器和破黏装置，可气化除焦煤外的所有煤种，气化强度进一步得到提高，气化炉直径为 3.8m，产气量为 $(3.5\sim6.5)\times10^4 m^3/(h\cdot 台)$，我国原山西某化肥厂和河南某煤气厂引进的均为第三代 Mark-Ⅳ 型鲁奇炉。南非萨索尔（Sasol）在 1980 年开发了 Mark-Ⅴ 型气化炉，气化炉内径 4.7m，产气量达 $10\times10^4 m^3/(h\cdot 台)$。此外，云南某煤化工厂在 BGL 气化炉基础上将气化炉用所有设备进行国产化，名为 YM 炉。

5.1.2 BGL 熔渣气化炉的技术优势

BGL 熔渣气化炉是在鲁奇炉内壁设计基础上加入耐火砖衬，形成简单的水夹套保护层,在炉体下部沿周向装置了一组喷嘴,在气化强度、煤气组成、煤气水产率方面均有显著的提高。与鲁奇炉相比,BGL熔渣气化炉具有以下显著的优势。

① BGL熔渣气化炉是将混合氧气/水蒸气高压喷入炉内,形成炉内局部高温(约2000℃)气化区,大幅度提高了冷煤气化效率(＞89%)、碳转化率(＞99.5%),成倍提高了气化强度,降低了氧耗,同时将蒸汽使用量减少到鲁奇炉消耗量的10%～15%,废水处理量少。

② BGL熔渣气化炉内壁及粗气出口处温度较低,炉体及附属设备均可采用常规压力容器钢材,无须国外进口,大幅度降低了制造、运输和安装成本。因此,BGL熔渣气化炉的生产成本和技术使用费均明显低于国外气化技术。

③ BGL熔渣气化炉适用于高灰熔点煤种,可通过添加助溶剂使高熔点渣转化为低熔点渣,扩大了气化煤种范围。

④ BGL熔渣气化炉因汽/氧比低于鲁奇炉,整体气化温度比较高,粗煤气成分中CO_2含量偏低,CH_4含量远远低于鲁奇炉,BGL适合做城市煤气和联产甲醇项目,而鲁奇炉产出CH_4含量比较高,一般选择做天然气还是不错的。

5.1.3 BGL气化炉的应用现状

德国黑水泵(Schwarze Pumpe)煤气化厂是世界上第一台BGL气化炉,炉体直径为3.6m,操作压力为2.4MPa,以蒸汽/氧气为气化剂。采用当地劣质褐煤制成的型煤作为投料物,投料量达27～33t/h。该气化炉于2001年投产后运转良好。

目前,在我国投入营运的气化炉共有10台,内蒙古呼伦贝尔某煤化工企业有3台,内蒙古鄂尔多斯某煤化工企业有7台。内蒙古呼伦贝尔某煤化工企业煤化工项目设计规模为合成氨为$50×10^4$t/a,合成尿素为$80×10^4$t/a,气化炉内径为3.6m,压力为4MPa,投煤量约为120t/d,采用褐煤型煤为气化原料,运行情况未见报道。鄂尔多斯某煤化工企业项目设计规模为$200×10^4$t/a,尿素为$350×10^4$t/a,气化炉内径为3.6m,压力为4MPa,投煤量约为120t/d,采用当地褐煤制备的型煤。

YM炉是云南省某企业煤化工项目最先使用的气化炉炉型,该项目设计了5台YM炉,设计规模为年产$20×10^4$t甲醇/$15×10^4$t二甲醚,单炉投煤量900t/d。云南省另一企业煤化工项目设计YM气化炉8台,设计规模为甲醇为$50×10^4$t/a、煤制油为$20×10^4$t/a,单炉投煤量1200t/d,采用当地优质褐煤为气化原料。

5.1.4 碎煤加压气化炉用耐火材料

目前,碎煤加压气化炉内衬材料包括碳化硅基耐火材料和高纯刚玉耐火材料。其中碳化硅基耐火材料包含氮化硅结合 SiC、莫来石结合 SiC、重结晶 SiC 和双连续相结合 SiC。其他种类的耐火制品未见有在气化炉上使用的报道。氮化硅结合 SiC 耐火制品及莫来石结合碳化硅制品已成功应用于碎煤气化装置中，使用寿命长达 3 个月。重结晶 SiC 与双连续相结合 SiC 复合耐火制品是在深入分析碎煤熔渣气化炉工况条件的基础上研究开发出的新材料，在气化炉上进行试用，使用寿命可长达 6 个月。氧化物类的高纯刚玉耐火制品，具有高耐磨性，成功应用于气化装置中，使用寿命长达 6 个月。

5.2　碳化硅基复合耐火制品

SiC 具有金刚石结构，拥有 75 种异构体，主要的异构体有 α-SiC，β-SiC，4H-SiC，6H-SiC 和 15R-SiC。其中 H 和 R 分别表示六方和斜方六面结构，数字表示沿 c 轴重复的层数。β-SiC 是低温稳定型结构，α-SiC 是高温稳定型结构，β-SiC 从 2100℃ 开始向 α-SiC 转变，在 2400℃ 时转变迅速发生。

碳化硅的基本结构单元是 Si-C 以共价键结合而成的正四面体，即由 3 个 C 原子和位于 C 原子所围成的三角形的中心上方的 1 个 Si 原子共同构成，Si 原子处于正四面体的中心，每个 Si 原子周围有 4 个 C 原子。反之亦然，并且相邻的两个正四面体共用顶端上的一个原子。SiC 是以共价键为主的化合物。SiC 的晶格缺陷少，是共价性极强的共价键化合物。由于 SiC 密排面间的滑移势垒只有 $2.5\mathrm{mJ/m^2}$，易堆垛成层错，因此碳化硅的同质异构体较多。

碳化硅具有众多优异性能，如：化学及热力学稳定性、耐腐蚀性、优良的热传导性，高硬度，高强度等，在冶金、石化、机械等领域有广泛的用途。

5.2.1　碳化硅基复合耐火制品的种类、组成、性质及用途

5.2.1.1　碳化硅基复合耐火制品的种类

碳化硅（SiC）基复合耐火制品是指以工业 SiC 为主要原料经烧制而成的一种以 SiC 为主要成分的高级耐火材料，其 SiC 的含量在 50% 以上。它具有常温和高温强度高、热导率大、线膨胀系数小、抗热震性好、高温耐磨性优良、抗化学侵蚀性强等一系列优异性能，已广泛用于钢铁、有色冶金、化学、电力、陶瓷及航空航天等工业领域。随着 SiC 基复合耐火制品技术水平的提高，应用领域不断扩大，需求量逐年增加。

SiC 基复合耐火制品的种类繁多，其性能取决于材料中 SiC 颗粒间的结合相种类及其性能，故通常按结合相种类进行分类。根据结合相的种类不同，可将 SiC 基耐火制品分为以下几种。

① 氧化物结合 SiC：结合相为 Al_2O_3-SiO_2 系硅酸盐，包括黏土结合、莫来石结合和 SiO_2 结合 SiC。

② 氮化物结合 SiC：结合相为 Si_3N_4、Si_2N_2O、Sialon 等共价键化合物。

③ 自结合 SiC：包括 β-SiC 结合 SiC 和重结晶 SiC。

④ 渗硅反应烧结 SiC：由 SiC 和游离 Si 组成的一种 SiC 质工程陶瓷材料。

⑤ SiC-$MoSi_2$ 复合耐火制品：$MoSi_2$ 填充 SiC 空隙处而形成的一种双连续的高致密特种耐火材料。

5.2.1.2 氧化物结合 SiC 制品组成、性质

根据结合相物相组成的不同，氧化物结合 SiC 制品可分为黏土结合、莫来石结合和 SiO_2 结合三种。

黏土结合 SiC 耐火制品的结合相由石英、莫来石和硅铝酸盐玻璃相组成。黏土和硅酸铝质矿物原料中，不同程度地存在着 R_2O、RO、Fe_2O_3 等杂质，它们在高温烧结过程中将进入玻璃相中，严重影响材料的高温性能。由于玻璃相含量较多，制品高温性能较差。随着黏土含量的增加，材料的抗氧化性提高，但导热性、荷重变形温度、抗热震性和高温强度等均会下降。

莫来石结合 SiC 制品是在黏土结合 SiC 基础上发展起来的一类更高级的 SiC 制品。与黏土结合 SiC 制品相比，采用莫来石作为结合相显著降低了组成中的硅酸盐玻璃相，莫来石结合 SiC 制品的导热性、荷重变形温度、抗热震性及高温强度等性能明显优于黏土结合 SiC 制品。

SiO_2 结合 SiC 制品的结合相由 α-磷石英、α-方石英和少量富硅玻璃相组成。SiO_2 结合 SiC 制品高温性能明显优于黏土结合 SiC 制品，其高温抗折强度比莫来石结合 SiC 高。表 5-1 是各种氧化物结合 SiC 制品性能。

表 5-1 各种氧化物结合 SiC 制品性能

项目		黏土结合 SiC	黏土结合 SiC	莫来石结合 SiC（德国）	SiO_2 结合 SiC	SiO_2 结合 SiC	SiO_2 结合 SiC	SiO_2 结合 SiC
体积密度/(g/cm³)		2.4~2.6	约 2.5		2.70~2.75	2.66	2.78	2.82
显气孔率/%		15~25	14~18	14~16	7~8	13.3	5.8	6
常温耐压强度/MPa			约 100		>130	120	150	>130
抗折强度 /MPa	20℃	10~30	20~25	34~38	50	38	48	>42
	1200℃				55	30	55	>50 （1350℃）
	1400℃	5~20	约 13	24~26			30~50	30~50
线膨胀系数 (20~1000℃) /℃⁻¹			4.6×10^{-6}		$<4.9\times10^{-6}$	4.8×10^{-6}	4.8×10^{-6}	$(4.5$~$4.9)$ $\times10^{-6}$

项目	黏土结合 SiC	黏土结合 SiC	莫来石结合 SiC（德国）	SiO$_2$ 结合 SiC	SiO$_2$ 结合 SiC	SiO$_2$ 结合 SiC	SiO$_2$ 结合 SiC
热导率(1000℃)/[W/(m·K)]$^{-1}$		11		15.7～16.9	15.7 (1200℃)	16.2 (1200℃)	16.8～17.4
w(SiC)/%	50～90	＞85	＞70	≥90	88.0	89.8	≥90
w(SiO$_2$)/%					9.5	8.9	
w(Al$_2$O$_3$)/%					1.5	0.5	
w(Fe$_2$O$_3$)/%					0.7	0.3	

5.2.1.3　氮化物结合 SiC 制品组成、性质及用途

氮化物结合 SiC 制品是指以 Si$_3$N$_4$、Sialon、Si$_2$N$_2$O 和 AlN 等单相或复相氮化物为结合相的 SiC 基复合耐火制品。目前，Si$_3$N$_4$ 结合、Sialon 结合、Si$_2$N$_2$O 结合以及 Si$_3$N$_4$/Sialon、Si$_3$N$_4$/Si$_2$N$_2$O 等复相结合 SiC 制品均已获得工业应用。

氮化物结合 SiC 制品兼具氮化物和 SiC 材料的许多优异性能，具有高温强度高、热导率大、线膨胀系数小、抗热震性好、抗碱侵蚀性好、抗氧化性好、抗锌铝铜铅等熔融液侵蚀能力强和高温耐磨性好等优良性能，在钢铁、有色冶金、陶瓷等行业获得了广泛应用。

Si$_3$N$_4$ 结合 SiC 制品是以 Si$_3$N$_4$ 为结合相的 Si$_3$N$_4$/SiC 复相耐火材料，制品的主晶相为 SiC，次晶相为 α-Si$_3$N$_4$ 和 β-Si$_3$N$_4$，通常含有少量或微量的 Si$_2$N$_2$O 和游离 Si。制品的物相组成因生产厂家不同而略有差异，见表 5-2。Si$_3$N$_4$ 晶体结构属六方晶系，一般分为两种晶相：α 相和 β 相，均由 [SiN$_4$] 四面体构成。Si$_3$N$_4$ 结合 SiC 制品中，α-Si$_3$N$_4$ 含量一般多于 β-Si$_3$N$_4$。在结构上，α-Si$_3$N$_4$ 对称性较低，摩尔体积较大，在 1400～1800℃温度下发生重构型相变，不可逆地转变为 β 相。α-Si$_3$N$_4$ 呈白色或灰白色疏松羊毛状或针状体，β-Si$_3$N$_4$ 呈致密的颗粒状多面体或柱状。国内外 Si$_3$N$_4$ 结合 SiC 制品的结合相由纤维状或针状 α-Si$_3$N$_4$、少量粒状或柱状 β-Si$_3$N$_4$ 组成，Si$_3$N$_4$ 交织成三维空间网络，将 SiC 颗粒紧密包裹起来。图 5-1 为 Si$_3$N$_4$ 结合 SiC 试样的材料断口显微结构，可见最具特征的纤维状 α-Si$_3$N$_4$ 及粒状 β-Si$_3$N$_4$。

表 5-2　国内外 Si$_3$N$_4$ 结合 SiC 制品物相组成比较

产品	SiC	α-Si$_3$N$_4$	β-Si$_3$N$_4$	Si$_2$N$_2$O	Si
1	＋＋＋＋＋	＋	＋＋	＋	微量
2	＋＋＋＋＋	＋＋	＋	－	微量

产品	SiC	α-Si_3N_4	β-Si_3N_4	Si_2N_2O	Si
3	＋＋＋＋	＋＋	＋	微量	＋
4	＋＋＋＋	＋＋＋	－	微量	－
5	＋＋＋＋	＋＋	＋	微量	微量
6	＋＋＋＋	＋	＋	－	微量

注："＋"代表"少量"，是一种定性的表述方法，"＋＋""＋＋＋""＋＋＋＋"依次代表组成含量逐渐增多。

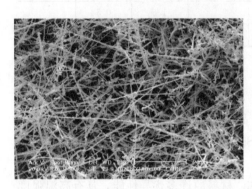

图 5-1　Si_3N_4 结合 SiC 试样的材料断口显微结构

当前氮化物结合 SiC 制品中，Si_3N_4 结合 SiC 制品是用量最多的产品，主要用作高炉中部（炉身下部、炉腰和炉腹）内衬、铝电解槽内衬和各种工业窑炉的窑具等。

赛隆（Sialon）是由 Si、Al、O、N 等元素组成的化合物总称，包括 β-Sialon、α-Sialon、o-Sialon、含有 Si、O 元素的 AlN 多型体等。Sialon 结合 SiC 制品通常指 β-Sialon 结合 SiC 材料，作为结合相的 β-Sialon 是 β-Si_3N_4 中 Si—N 键被 Al—O 键部分取代而成的固溶体。在 Si-Al-O-N 四元特征相图中，β-Sialon 组成由 Si_3N_4 为起点向 $4/3AlN \cdot Al_2O_3$ 方向延伸，组成在相当大的范围内变化，其化学式为 $Si_{6-z}Al_zO_zN_{8-z}$，$Z=0 \sim 4.2$。o-Sialon 是 Si_2N_2O 的固溶体，其形成机理与 β-Sialon 相同，其化学式为 $Si_{2-x}Al_xO_{1+x}N_{2-x}$，$X=0 \sim 0.2$。$\beta$-Sialon 晶体晶格常数比 β-Si_3N_4 大，晶体呈柱状，一般比 β-Si_3N_4 粗大。β-Sialon 具有 Si_3N_4 基陶瓷材料的优异性能，如硬度大、力学性能优异、耐腐蚀、抗热震等。β-Sialon 的力学强度、抗热震性一般随 Z 值的增大而降低，其热导率比 β-Si_3N_4 低 $[2 \times 10^{-6} \sim 3 \times 10^{-6} ℃^{-1}W/(m \cdot ℃)]$，抗氧性及在 Al、Fe、Zn 等熔融液和碱方面的抗侵蚀能力更优。

Sialon 结合 SiC 制品的主晶相为 SiC，SiC 含量为 70％～80％，次晶相为 β-Sialon，还有残余 Al_2O_3 和 15R 相。图 5-2 为中钢集团洛阳耐火材料研究院生产的 Sialon 结合 SiC 制品的材料断口显微结构，可见条柱状或短柱状 β-Sialon 形成网络，并与 SiC 颗粒紧密结合。Si_3N_4 主要为纤维状晶体，比表面积大，表面活性高，其抗氧化性不如柱状 β-Sialon 稳定。因此，Sialon 结合 SiC 制品抗氧化性优于 Si_3N_4 结合 SiC 制品。

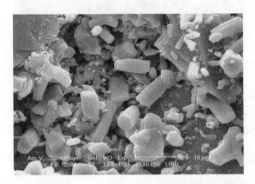

图 5-2　Sialon 结合 SiC 制品的材料断口显微结构

Sialon 结合 SiC 制品的理化性能见表 5-3。Sialon 结合 SiC 制品的各项物理指标与 Si_3N_4 结合 SiC 制品高度相似，难以区分。区别在于 Sialon 结合 SiC 中含有较多的 Al_2O_3，而 Si_3N_4 结合 SiC 制品中不含有 Al_2O_3。Sialon 结合 SiC 制品的 1400℃ 抗折强度高于常温抗折强度，这种现象与 Si_3N_4 结合 SiC 制品相同。Sialon 结合 SiC 制品比 Si_3N_4 结合 SiC 制品应用范围小，主要用作高炉炉腰或炉腹内衬。

表 5-3　Sialon 结合 SiC 制品的理化性能

试样	质量变化率/%	线变化率/%	碱蚀后耐压强度/MPa	耐压强度变化率/%	外观
Sialon 结合 SiC	+2.7	+0.8	227	+6.0%	表面无缺损，断口侵蚀深度平均约4mm
Si_3N_4 结合 SiC	+3.2	+1.6	172	−26.8%	表面无缺损，断口侵蚀深度平均约2mm

氧氮化硅（Si_2N_2O）结合 SiC 制品的主晶相是 SiC，含量为 $70\%\sim80\%$，其次为 Si_2N_2O，同时还含有部分 Si_3N_4，是一种由 Si_2N_2O/Si_3N_4 组成的复相氮化物结合 SiC 制品，其显气孔率较低于 Si_3N_4 结合 SiC 制品，抗氧化性能、抗热震性能优于 Si_3N_4 结合 SiC 制品。Si_2N_2O 结构主要为粒状晶体，少量为板片状或条状晶体，Si_3N_4 以粒状和柱状晶体为主，针状或纤维状晶体较少，如图 5-3 所示。形成的 Si_2N_2O、Si_3N_4 连成网状紧密包裹 SiC 颗粒，其中 Si_2N_2O 能够黏附于 SiC 表面的 SiO_2 薄膜，形成连续的保护膜结构有利提高材料的抗氧化性能。

图 5-3　Si$_2$N$_2$O 结合 SiC 试样断口显微结构

复相氮化物结合 SiC 制品包括以 Si$_3$N$_4$ 为主要结合相的 Si$_3$N$_4$/Si$_2$N$_2$O、Si$_3$N$_4$/Sialon、Si$_3$N$_4$/Si$_2$N$_2$O/Sialon 复相氮化物结合 SiC 制品，也包括以 β-Sialon 为主要结合相的 Sialon/Si$_3$N$_4$ 结合 SiC 制品，技术性能指标见表 5-4。Sialon/Si$_3$N$_4$ 复相结合 SiC 制品在 20 世纪 80 年代已在高炉上获得应用，其用量越来越少，逐步被 β-Sialon 替代。

表 5-4　复相氮化物结合 SiC 制品技术性能指标

性能		1(中国)	2(中国)	3(中国)	4(日本)	5	6
结合相		α-Si$_3$N$_4$、β-Sialon	α-Si$_3$N$_4$、o-Sialon、β-Sialon	Si$_2$N$_2$O、Si$_3$N$_4$、β-Sialon	Si$_2$N$_2$O、Si$_3$N$_4$	Si$_2$N$_2$O、Si$_3$N$_4$	β-Sialon、Si$_3$N$_4$
体积密度/(g/cm^3)		2.71	2.72	2.74	2.72	2.60～2.70	2.70
显气孔率/%		15	12.1	10.0	10.2	10～15	14
常温耐压强度/MPa		208	219				213
抗折强度/MPa	常温	52	57.7	62.7	52.3	55	47
	1400℃	50	51.5	54	50.6	55	48(1350℃)
线膨胀系数(20～1000℃)/℃$^{-1}$		4.7×10^{-6}	5.0×10^{-6}			4.7×10^{-6}	5.1×10^{-6}
热导率/[W/(m·K)]	800℃	18.4					20
	1000℃	14.6(1200℃)				16.2	17
化学成分 w/%	SiC	＞70	＞70	75.24	74.82	70～80	
	N			6.44	7.03		
	Fe$_2$O$_3$			0.22	0.18		

Si$_2$N$_2$O 结合 SiC 及 Si$_3$N$_4$/Si$_2$N$_2$O、Si$_3$N$_4$/Sialon、Si$_3$N$_4$/Si$_2$N$_2$O/Sialon 复相氮化物结合 SiC 窑具产品均已广泛应用于陶瓷、电瓷、砂轮等行业，

Si_2N_2O 结合及复相氮化物结合 SiC 窑具的稳定性及寿命明显优于 Si_3N_4 结合 SiC 材料，可能成为氮化物结合 SiC 窑具的主要产品。

5.2.1.4 自结合 SiC 制品组成、性能及用途

β-SiC 结合 SiC 制品的主晶相为 SiC，含量可达到 92% 以上，结合相以 β-SiC 相为主，通常含有少量 Si_2N_2O、Si_3N_4 及游离 Si、C，制品中 SiC 颗粒被微晶 β-SiC 所包裹。由于 β-SiC 结合 SiC 制品中的 β-SiC 晶粒细小，活性较大，其抗空气、水蒸气氧化及常温强度不如 Si_3N_4 结合 SiC 制品，但其高温强度，抗蠕变性、抗碱性等方面都接近于 Si_3N_4 结合 SiC 制品。β-SiC 结合 SiC 砖可用作高炉衬砖、风口组合砖等。国内外 β-SiC 结合 SiC 产品的理化指标见表 5-5。

表 5-5 β-SiC 结合 SiC 产品的理化指标

性能		1(中国)	2(日本)	3(日本)	4(日本)	5(韩国)	6
体积密度/(g/cm^3)		2.70	2.67	2.68	2.67	2.68	2.63
显气孔率/%		15	16	15.7	15.8	14	16
常温耐压强度/MPa		162	166.1	143	185	200	140
抗折强度 /MPa	20℃	48.3	37.1	34.3	46	51	30～50
	1400℃	39.0	42	29.4 (1450℃)	39.2	51	约30
线膨胀系数(20～ 1000℃)/$℃^{-1}$		$4.3×10^{-6}$	$4.5×10^{-6}$	$4.9×10^{-6}$	$4.7×10^{-6}$	$4.5×10^{-6}$	$5.5×10^{-6}$
热导率(800℃) /[W/(m·K)]					29.5		
$w(SiC)$/%		87.76	85.38	92.6	92.3	95	94
$w(SiO_2)$/%				2.5	7.1		3.0
$w(Fe_2O_3)$/%		0.42	1.19			0.3	
$w(C)$/%		0.45	0.36	1.0	1.2		1.0(Si)

重结晶 SiC 制品 （R-SiC) 是一种靠 SiC 晶粒的再结晶作用而使晶粒与晶粒直接结合的 α-SiC 单相陶瓷材料，SiC 含量 98% 以上，摩尔容积小，晶格能大，无熔点，在 2273℃ 时具有较大的蒸气压力，通过蒸发—凝聚传质来完成 SiC 的烧结，制品体积不收缩，但质量会减小，显气孔率增大。国内外 R-SiC 制品的理化性能指标见表 5-6。

表 5-6 R-SiC 制品理化性能指标

性能	R-SiC(中国)	R-SiC(中国)	R-SiC(美国)	R-SiC(进口)	R-SiC(德国)	R-SiC(德国)
体积密度/(g/cm^3)	≥2.65	2.62～2.72	2.70	2.70	2.65	2.60
显气孔率/%	15～16	≤15	15	15		15

性能		R-SiC(中国)	R-SiC(中国)	R-SiC(美国)	R-SiC(进口)	R-SiC(德国)	R-SiC(德国)
常温耐压强度/MPa			300				700
抗折强度/MPa	20℃		90~100	100	80	120	100
	1200℃		100~110		90		
	1400℃	≥100	110~120 (1350℃)			140 (1370℃)	130
线膨胀系数(20~1000℃)/℃$^{-1}$		4.8×10^{-6}	4.7×10^{-6}		4.8×10^{-6}	4.9×10^{-6}	4.8×10^{-6}
热导率/[W/(m·K)] (1000℃)		24		21 (1200℃)	25	23	20 (1400℃)
弹性模量(20℃)/GPa					240	230	210
w(SiC)/%		>99	>99	99	99	>99	>99
最高工作温度/℃		1650 (氧化气氛)	1700 (还原气氛)				1650

R-SiC 制品具有高温强度高、不落渣、导热好、蓄热小、寿命长等优异性能，包括陶瓷辊棒、横梁、棚板、高温烧嘴、热电偶保护管等种类，已广泛应用于陶瓷、石油化工、航空航天等领域。采用 R-SiC 窑具在提高装填效率，节约能耗方面具有显著优势。由于 R-SiC 制品的原料成本高、生产装备要求高、生产技术难度大，产品价格一般较高，为 Si_3N_4 结合 SiC 产品的 $10\sim20$ 倍，其用量要显著少于氧化物及氮化物结合 SiC 制品。

中钢集团洛阳耐火材料研究院自主研发的高性能、大尺寸 R-SiC 制品，其 SiC 含量 98% 以上。由于采用大粒度的生产工艺，结构上与小粒度原料较为相似，如图 5-4 所示。而新产品的抗热震性，抗侵蚀性明显优于传统的重结晶碳化硅制品，有利于拓宽重结晶碳化硅的应用领域。

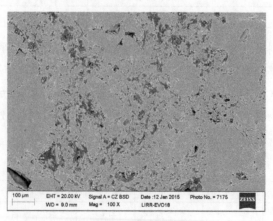

图 5-4　R-SiC 试样的显微结构

5.2.1.5 渗硅碳化硅制品（SiSiC）

渗硅碳化硅制品（SiSiC）是一种性能优良的 SiC/Si 复相陶瓷材料，材料中 Si 形成连续相或者 Si 和 SiC 互为连续相，组成中 SiC 的含量达 90％以上，还含有少量的 Si 和 C。SiSiC 具有显气孔率低（0.5％左右）、强度高、硬度大、热导率高、膨胀系数低及耐磨性、耐腐蚀性、抗热震性、抗氧性能均优异等，是一种性能优良的高技术陶瓷材料。由于 SiSiC 制品中含有少量的 Si 而使高温使用温度低于 1350℃，可用于陶瓷辊棒、烧嘴、热电偶保护管、喷沙嘴、大型锅炉脱硫喷嘴、密封件及窑具（横梁、棚板、匣钵等）等，其中陶瓷辊棒、横梁和烧嘴的用量较多。表 5-7 列出了国内外 R-SiC、SiSiC 制品的理化性能指标。

表 5-7　SiSiC、R-SiC 制品理化性能指标

性能		SiSiC(中国)	SiSiC	SiSiC(德国)	SiSiC	R-SiC(德国)
体积密度/(g/cm³)		>3.02	3.0	3.05	3.10	>2.6
显气孔率/%		<0.1	0	0	<1	15
常温耐压强度/MPa			850	1250		700
抗折强度/MPa	20℃	250	260	300	215	100
	1200℃	280	260	350		130 (1400℃)
线膨胀系数(20~1000℃)/℃⁻¹		4.5×10^{-6}	4.5 (20~1200℃)	4.5×10^{-6}	4.5×10^{-6}	4.8×10^{-6}
热导率/[W/(m·K)]	20℃		160	150		
	1200℃	45	40 (1000℃)	40		20 (1400℃)
弹性模量/GPa	20℃	330	330	350		210
	1200℃	330	300			
w(SiC)/%				>80		>99
w(Si)/%			约19		约12	
最高工作温度/℃		1380		1350		1600

5.2.1.6 双连续相 SiC 复合耐火制品组成、性能及用途

双连续相 SiC 复合耐火制品的相关内容将在 5.2.4 章节中详细叙述，这里不再赘述。

5.2.2 碳化硅基复合耐火制品的原料及制备工艺

5.2.2.1 氧化物结合 SiC 制品

氧化物结合 SiC 制品的结合相组成主要为石英、莫来石及硅酸盐玻璃相，按照结合相组成分类将氧化物结合 SiC 制品分为 SiO₂ 结合、莫来石结合及黏土结

合 SiC 制品，生产工艺流程如图 5-5 所示。

黏土结合 SiC 制品中，主要原料为 SiC、黏土，还加入硅线石、红柱石，蓝晶石等矿物细粉，烧成温度为 1350～1450℃，可与以黏土为主要组成的耐火制品一起烧成。黏土等硅酸铝质矿物原料中，不同程度地存在着 R_2O、RO、Fe_2O_3 等杂质，它们在高温烧结过程中将形成玻璃相，实现烧结致密化。

莫来石结合 SiC 制品是在黏土结合 SiC 制品基础上研究开发出的更高级的 SiC 制品。结合相原料选用 Al_2O_3 和 SiO_2 微粉或细粉，有时添加少量的硅线石、红柱石和蓝晶石细粉。结合相组成以莫来石为主，还含有少量玻璃相。莫来石结合 SiC 制品中，SiC 含量一般为 75%～90%，烧成温度通常为 1350～1500℃。莫来石结合 SiC 制品使用性能明显优于黏土结合 SiC 制品，主要用于陶瓷、有色冶金、机械等行业。

SiO_2 结合 SiC 制品的结合相原料选用纯度较高的 SiO_2 微粉或细粉，还加入少量 MnO_2、V_2O_5 等矿化剂，烧成温度为 1350～1500℃。SiO_2 结合 SiC 制品高温性能明显优于黏土结合 SiC，高温抗折强度高于莫来石结合 SiC，主要用作窑具产品。

5.2.2.2 氮化物结合 SiC 制品

氮化物结合 SiC 制品主要采用反应烧结方法，其工艺原理是：在一定粒度组成的工业 SiC 物料中，分别加入一定量的 Si 粉、SiO_2 细粉、Al_2O_3 细粉及添加剂，经混练、成型后，在高纯 N_2 气氛中于 1400～1600℃进行反应烧结。在烧结过程中，将发生如下化学反应：

$$3Si + 2N_2 \longrightarrow Si_3N_4$$

$$3Si + SiO_2 + 2N_2 \longrightarrow 2Si_2N_2O$$

$$Si_3N_4 + SiO_2 \longrightarrow 2Si_2N_2O$$

$$(6-z)Si_3N_4 + z(Al_2O_3 + AlN) \longrightarrow 3Si_{6-z}Al_zO_zN_{8-z}$$

反应生成的 Si_3N_4、Si_2N_2O 或 Sialon 与 SiC 颗粒牢固结合，其生产工艺流程如图 5-6 所示。

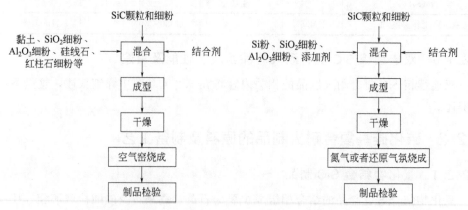

图 5-5　氧化物结合 SiC 生产工艺流程　　图 5-6　氮化物结合 SiC 制品反应烧结制备工艺流程

除氮气气氛烧结外，Si_2N_2O 结合 SiC 制品也可在埋碳、空气气氛下烧成，还可发生 $3Si+2N_2 \longrightarrow Si_3N_4$、$6Si+2CO+2N_2 \rightarrow 2Si_2N_2O+2\beta\text{-}SiC$ 反应，烧成工艺的选择更灵活，且生产成本差异不大。

5.2.2.3　自结合 SiC 制品

自结合 SiC 制品生产工艺为：在工业 $\alpha\text{-}SiC$ 物料、Si 粉和 C 粉中，加入结合剂及添加剂，经混炼、成型及干燥后，在保护气氛下 1400～1600℃烧成，可发生 $Si+C \longrightarrow \beta\text{-}SiC$，生成的 $\beta\text{-}SiC$ 与 $\alpha\text{-}SiC$ 颗粒形成紧密结合。

重结晶（R-SiC）制品可采用机压、捣打、挤压、静压及浇注成型（又称注浆成型）等方法成型。目前，R-SiC 制品主要采用注浆成型，其工艺流程如图 5-7 所示。R-SiC 制品所用的 SiC 原料纯度、粒度及外观整形情况要求较高，SiC 颗粒一般只有 0.1～0.3mm，微粉粒度 2～3μm，w（SiC）＞99%，颗粒近似球形，目前我国 R-SiC 生产原料主要使用进口原料，原料成本较高。

中钢集团洛阳耐火材料研究院采用机压成型方法自主研发出高性能、大尺寸 R-SiC 制品，采用的工艺流程如图 5-8 所示。除了产品的力学强度低于注浆成型法生产的 R-SiC，其致密度、导热性、抗热震性、抗氧化性能均优于注浆成型法生产的 R-SiC，拓宽了 R-SiC 的应用领域。

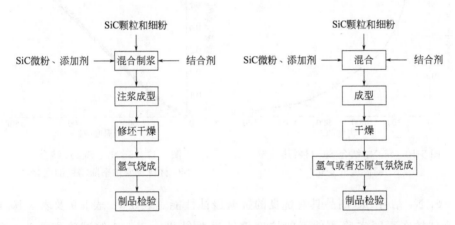

图 5-7　注浆成型法生产 R-SiC 工艺流程　　图 5-8　中钢集团洛阳耐火材料研究院
生产 R-SiC 工艺流程

5.2.2.4　渗硅碳化硅制品（SiSiC）

渗硅碳化硅制品（SiSiC）的基本原理是：具有反应活性的液 Si 或 Si 合金，在毛细管力的作用下渗入含 C 的多孔陶瓷素坯，并与 C 反应生成 SiC，新生成的 SiC 原位结合素坯中原有的 SiC 颗粒，部分 Si 填充素坯中的剩余气孔，完成烧结致密化过程。其生产工艺流程如图 5-9 所示。

反应烧结 SiC 工艺具有以下优点：工艺简单、烧结温度低、时间短、净尺寸烧结、易制备大型薄壁复杂形状制品。

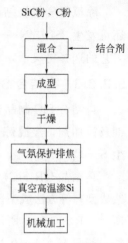

图 5-9　渗硅碳化硅生产工艺流程

5.2.3　碳化硅基复合耐火制品的使用性能

由于目前碳化硅基复合材料中只有 Si_3N_4 结合 SiC 耐火制品与双连续相 SiC 复合耐火制品用于碎煤气化装置，因此这里只论述这两种耐火制品的使用性能。

5.2.3.1　Si_3N_4 结合 SiC 抗碱侵蚀性能

Si_3N_4 结合 SiC 材料的热导率较高，如图 5-10 所示。随着温度的升高，热导率逐渐降低，高温时仍有较高的热导率。Si_3N_4 结合 SiC 材料的线膨胀系数较小，如图 5-11 所示。

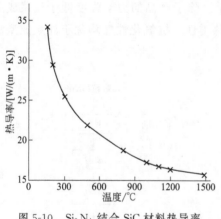

图 5-10　Si_3N_4 结合 SiC 材料热导率随温度的变化

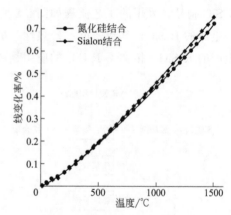

图 5-11　Si_3N_4、Sialon 结合 SiC 材料线变化率随温度的变化

Si_3N_4 结合 SiC 制品具有优良的抗碱侵蚀性能。表 5-8、表 5-9 及表 5-10 分别为试样在不同实验条件下的抗碱侵蚀试验结果。表 5-8 的试验方法为：将 125mm×25mm×25mm 条形试样置入坩埚中，用无水 K_2CO_3 和焦炭粉（质量比 1：1）掩埋，在 1300℃煅烧 10h。表 5-9 的试验方法为：在坩埚中将 125mm×25mm×25mm 试样用无水 K_2CO_3 和焦炭粉（质量比 1：4）掩埋，于 1300℃煅烧 5h，反复进行 5 次。表 5-10 为依据 GB/T 14983—1994 方法对 Si_3N_4 结合 SiC 产品抗碱侵蚀的检验结果，试验的侵蚀时间为 3h。结果表明，Si_3N_4 结合 SiC 材料在不同的碱熔体和蒸气侵蚀条件下，均表现出优良的抗侵蚀能力。

表 5-8 试样抗碱侵蚀试验结果（一）

试样	常温抗折强度/MPa		碱蚀后试样外观
	试验前	试验后	
Si_3N_4 结合 SiC 砖	55.1	43.1	外形完好,无膨胀,无裂纹
高炉高铝砖	6.86	0	严重膨胀,局部崩散碎裂

表 5-9 试样抗碱侵蚀试验结果（二）

试样	质量变化率/%	线变化率/%	常温抗折强度/MPa		抗折强度变化率/%	碱蚀后试样外观
			碱蚀前	碱蚀后		
Si_3N_4 结合 SiC	+2.43	+0.11	49.4	53.3	+8.2	外形完好,无裂纹,无剥落,断口变质层深 1~2mm
Sialon 结合 SiC	+1.44	−0.22	52.7	56.7	+7.6	外形完好,无裂纹,无剥落,断口变质层深 1~2mm

表 5-10 Si_3N_4 结合 SiC 材料抗碱侵蚀试验结果

试样	质量变化率/%	线变化率/%	碱蚀前耐压强度/MPa	耐压强度变化率/%	碱蚀后试样外观
Si_3N_4 结合 SiC	+3.2	+1.6	235	−26.8	试样表面无缺损,表面侵蚀深度约2mm

5.2.3.2 Si_3N_4 结合 SiC 抗氧化性

Si_3N_4 结合 SiC 制品具有较好的抗氧化性能。研究表明,Si_3N_4 结合 SiC 制品在空气、水蒸气以及不同 CO/CO_2 比值的混合气相中,其高温氧化过程基本上遵循抛物线型氧化规律,前期为化学反应控速阶段,后期为扩散控速阶段。在高温氧化性气氛中使用时,制品将形成致密的 SiO_2 保护层,有利于防止进一步氧化。

表 5-11 为试样在空气中 1100℃、100h 抗氧化试验结果。试样氧化后,质量变化小,强度变化不大,表现出优良的抗氧化性。图 5-12 为 50mm×25mm×25mm 试样在空气中 1350℃分别保温 20h、40h 和 60h 氧化试验结果,随着氧化时间的增加,氧化增重趋于缓慢,呈现出保护性氧化特征。图 5-13 为 33mm×30mm×30mm 试样在空气中 950℃保温 0~100h 的氧化试验结果,氧化增重与时间呈近似抛物线型变化关系,氧化增重较小。

表 5-11 Si_3N_4 结合 SiC 材料在空气中 1100℃、100h 抗氧化试验结果

试样/mm×mm×mm	质量变化/(mg/cm²)	常温抗折强度/MPa		抗折强度变化率/%
		氧化前	氧化后	
125×25×25	7.8	49.4	47.0	−4.9

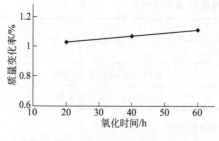
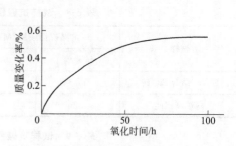

图 5-12　Si$_3$N$_4$ 结合 SiC 试样　　　　　图 5-13　试样 950℃空气中氧化
　　　　氧化增重随时间的变化　　　　　　　　　增重随时间的变化

研究表明，Si$_3$N$_4$ 结合 SiC 制品抗 CO 侵蚀能力优异。表 5-12 为不同厂家产品抗 CO 侵蚀的对比试验结果，试验条件为：500℃，200h，通入 CO（纯度大于95%）气体，流量为 0.5L/min。

表 5-12　Si$_3$N$_4$ 结合 SiC 制品抗 CO 侵蚀试验结果

试样	质量变化率 /%	线变化率 /%	常温抗折强度/MPa		抗折强度变化率 /%
			侵蚀前	侵蚀后	
A 厂	+0.08	+0.08	41.4	44.7	+7.9
B 厂	+0.07	+0.30	49.1	40.9	−16.7
C 厂	+0.05	+0.03	63.0	42.7	−32.2
D 厂	0.0	+0.05	53.2	56.1	+5.5

5.2.3.3　Si$_3$N$_4$ 结合 SiC 抗热震性

Si$_3$N$_4$ 结合 SiC 制品抗热震性能优良。采用 YB/T 376.1—1995 标准检验 Si$_3$N$_4$ 结合 SiC 砖的抗热震性能，合格的制品抗热震能力一般大于 25 次，实验结束后，一般仅在试样（标型砖）水冷端面出现网络状裂纹，而高炉铝砖仅 3～5 次即崩裂。因实际产品的规格多种多样，抗热震性检验通常采用如下的水冷热震方法：将 30mm×30mm×30mm 试样迅速置入 1200℃的电炉中，保温 30min 后立即投入水槽中冷却 5min，取出后再空冷 15min，反复进行，观察试样裂纹出现和剥落情况。对于质量合格的 Si$_3$N$_4$ 结合 SiC 制品，经 25 次热震循环后，试样出现裂纹，但一般不会出现剥落。表 5-13 为不同产地的 Si$_3$N$_4$ 结合 SiC 产品强制风冷热震试验结果，试验方法为：将 125mm×25mm×25mm 试样（从砖上切取）迅速置入 1350℃电炉中，保温 15min，迅速取出强制风冷至室温，反复 5次。试样经较为苛刻的热震后，抗折强度保持率均在 70% 以上，表现出其他常规耐火材料无法比拟的抗热震性能。

表 5-13 Si_3N_4 结合 SiC 产品强制风冷热震试验结果比较

试样	常温抗折强度/MPa		抗折强度变化率/%
	试验前	试验后	
1(中国)	39.7	32.3	81.3
2(中国)	61.3	43.8	71.5
3(日本)	50.0	35.7	71.4
4(德国)			72.0

5.2.3.4 Si_3N_4 结合 SiC 抗渣侵蚀性

Si_3N_4 结合 SiC 材料具有优良的抗渣侵蚀性能。主要研究了材料抗高炉渣侵蚀性能。表 5-14 为试样抗高钛高炉渣的侵蚀试验结果。试验方法为：将 125mm×25mm×25mm 试样置入坩埚中，用高钛高炉渣粉掩埋，在电炉中于 1450℃保温5h。试验结束后，高炉高铝砖已完全融入渣液中，而 Si_3N_4 结合 SiC 砖外形完好，侵蚀不明显，抗渣侵蚀能力明显优于前者。

表 5-14 Si_3N_4 结合 SiC 材料抗渣侵蚀试验结果

试样	质量变化率/%	常温抗折强度/MPa		抗折强度变化率/%
		试验前	试验后	
Si_3N_4 结合 SiC	-3.7	44.3	34	-23.2

表 5-15 为 Si_3N_4 结合 SiC 砖采用 GB/T 8931—1988 标准方法的回转抗渣侵蚀试验结果，Si_3N_4 结合 SiC 砖（Sicatec75 标型砖）表现出优良的抗高炉渣侵蚀性能。

表 5-15 Si_3N_4 结合 SiC 砖回转抗渣侵蚀试验结果

试样	试验条件	试验结果
Si_3N_4 结合 SiC 砖	1500℃×10h	平均侵蚀深度：4.0mm。检验后，沿砖长度方向垂直于渣蚀面切开,渣附着层厚约 1mm,无明显反应层

Si_3N_4、Si_2N_2O 和 Sialon 结合 SiC 材料均具有优良的抗冰晶石侵蚀性能，其中 Si_3N_4 结合 SiC 抗侵蚀能力最好，Si_3N_4 结合 SiC 抗电解质渗透性也明显优于 Si_2N_2O 和 Sialon 结合 SiC 材料。对于 Si_3N_4 结合 SiC 材料，通常材料的显气孔率越低，抗冰晶石侵蚀性能越好。

Si_3N_4 结合 SiC 材料抗 ZnO 侵蚀能力优良。表 5-16 为试样抗 ZnO 侵蚀的试验结果。试验方法为：将 125mm×25mm×25mm 试样在水蒸气气氛中 1200℃、100h 预先氧化处理。将高炉灰（Fe_2O_3 85.36%，SiO_2 6.59%，Al_2O_3 3.70%，CaO 2.02%，MgO 0.71%，ZnO 0.65%，MnO 0.33%，SO_3 0.46%，P_2O_5 0.18%）

（均为质量分数）与工业 ZnO 细粉调配成 ZnO 浓度分别为 10％、15％和 20％的炉灰。将氧化处理后的试样置于匣钵中，分别用不同 ZnO 浓度的高炉灰掩埋，再用同样 ZnO 浓度的石墨粉覆盖，匣钵用盖板和火泥密封，在电炉中 1500℃煅烧 20h，试样经水洗、干燥后，测试其质量和强度。试样侵蚀后，外形尺寸几乎没有变化，质量变化很小，强度有少量增加，表现出优良的抗 ZnO 侵蚀性能。

表 5-16　Si₃N₄ 结合 SiC 砖抗 ZnO 侵蚀试验结果

ZnO 浓度/％	质量变化率/％	常温耐压强度变化率/％	常温抗折强度变化率/％
10	＋0.12	＋7.38	＋8.65
15	－0.14	＋6.54	＋7.46
20	＋0.02	＋5.59	＋6.97

目前，我国 Si₃N₄ 结合 SiC 制品生产技术已很成熟，国内 Si₃N₄ 结合 SiC 产品技术理化性能指标已属国际先进水平，见表 5-17。表中的精细 Si₃N₄ 结合 SiC 产品可认为是一种结构陶瓷材料，通常采用高纯度的 SiC 和 Si 粉为原料，真空或压力注浆成型坯体，氮化反应烧结而成，主要用于制作中空横梁等产品，特别适合 1450℃以下、高载荷条件下使用，其性价比优于重结晶 SiC 产品，但目前用量不大。

表 5-17　国内外 Si₃N₄、Sialon 结合 SiC 制品理化性能比较

性能		制品								
		Si₃N₄结合SiC（中国）	Si₃N₄结合SiC（日本）	Si₃N₄结合SiC（日本）	Si₃N₄结合SiC（美国）	Sialon结合SiC（中国）	Sialon结合SiC（中国）	Sialon结合SiC（法国）	Sialon结合SiC（美国）	精细Si₃N₄结合SiC
体积密度/(g/cm³)		2.73	2.66	2.78	2.65	2.72	2.80	2.70	2.70	2.80
显气孔率/%		13.3	14.8	12.5	14.3	14	12	14.5	14	≤11
常温耐压强度/MPa		229	193	210	161	220	260	203	213	580
抗折强度 /MPa	常温	57.2	50	53.9	43	52.7	60	45	47	160
	1400℃	65.2	48.5	55.9	54（1350℃）	56.7	72	53	48（1350℃）	180（1200℃）
线膨胀系数（20~1000℃）/℃⁻¹		4.5×10⁻⁶	4.6×10⁻⁶	4.1×10⁻⁶	4.7×10⁻⁶	4.7×10⁻⁶	4.8×10⁻⁶	4.6×10⁻⁶	5.1×10⁻⁶	4.4×10⁻⁶（20~1400℃）
热导率/[W/(m·K)]	800℃	19.9	19.7			19.5		16.4	20	
	1000℃	18.4		16.7	16.3	18.2	18	15.2	17（1200℃）	

性能		制品									精细Si₃N₄结合SiC
		Si₃N₄结合SiC（中国）	Si₃N₄结合SiC（日本）	Si₃N₄结合SiC（日本）	Si₃N₄结合SiC（美国）	Sialon结合SiC（中国）	Sialon结合SiC（中国）	Sialon结合SiC（法国）	Sialon结合SiC（美国）		精细Si₃N₄结合SiC
化学成分 $w/\%$	SiC	75.04	75.5	74.9	75.6	73.54	74	73.34			66~80
	Si₃N₄	22.18	19.8	22.5	20.6						20~30
	N					6.52	6.5	5.72			
	Al₂O₃	0.37						13.31			
	SiO₂		2.9								
	Fe₂O₃	0.27			0.50	0.32	0.31	0.28			

5.2.3.5 双连续相SiC复合耐火制品的抗热震性

为了解最新开发的双连续相SiC复合耐火制品（以下简称为特种碳化硅）制品与市场上广为知晓的氮化硅结合碳化硅的区别，采用以下两组试验进行比较。

[**试验1**] 选取氮化硅结合碳化硅材料、特种碳化硅材料，制成25mm×25mm×125mm的试样，将其放入实验炉中，在空气气氛下以5℃/min速率升温，分别在1200℃、1350℃温度下保温30min，保温结束后迅速进行风冷至室温。每种温度下循环操作5次。试验完成后，考察材料热震后的抗折强度保持率。图5-14是根据试验1的结果绘制的图形。由图5-14可以看出，试样热震试验后材料的抗折强度保持率均较高，除了氮化硅合碳化硅在1200℃下出现降低外，特种碳化硅材料的抗折强度保持率均大于100%，说明采用风冷法显示出两种材料抗热震性能均优异。

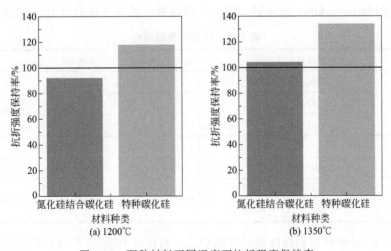

图5-14 两种材料不同温度下抗折强度保持率

[试验 2] 选取氮化硅结合碳化硅材料、特种碳化硅材料，制成 100mm×100mm×30mm 的试样。按照 400~500℃/min 的速率升温，在 1200℃ 温度下停止加热，立即水冷至室温。试验完成后观察试样裂纹情况。图 5-15 是根据试验 2 的结果的照片。由图 5-15 可以看出，氮化硅结合碳化硅材料会出现断裂、特种碳化硅材料表面保持完好。由此可见，特种碳化硅材料的抗热震性明显优于氮化硅结合碳化硅材料。

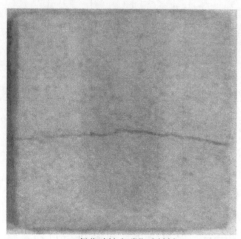 

(a) 氮化硅结合碳化硅材料　　　　　　　　　　(b) 特种碳化硅材料

图 5-15　热震后材料的外观照片

5.2.3.6　特种碳化硅制品抗侵蚀性能研究

为了更好模拟出现场工况条件，试验中选用渣为云南某气化炉渣，其组成如表 5-18 所示。选用氮化硅结合碳化硅材料和特种碳化硅材料，分别制备成孔径尺寸为 ϕ36mm×36mm 的坩埚。将渣填满坩埚，在氮气氛炉中 1500℃ 保温 20h。

表 5-18　试验中渣的组成

检测项目	含量/%
SiO_2	38.52
Al_2O_3	8.02
Fe_2O_3	5.41
CaO	37.19
MgO	3.31
K_2O	0.36
Na_2O	0.16

图 5-16 是两种材料侵蚀后的切面照片。由图 5-16 可以看出，氮化硅结合碳化硅材料渗透层厚度较厚（左图），抗渗透性较差，特种碳化硅侵蚀厚度薄（右

图），抗渗透性较好；两个坩埚的外观实验前后不变，两种材料在抗侵蚀性方面均较强。

图 5-16　两种材料侵蚀后的切面照片

由表 5-19 可以看出，CaO 在氮化硅结合碳化硅材料中的渗透深度达 6mm以上，在特种碳化硅材料中未检测出有渣的成分存在，如图 5-17 所示。说明特种碳化硅材料的抗渗透性显著优于氮化硅结合碳化硅材料。

表 5-19　CaO 在材料中不同渗透深度的含量

CaO 渗透深度/mm	w_{CaO}（氮化硅结合碳化硅）/%	w_{CaO}（特种碳化硅）/%
0	6.77	
3	6.39	未检测出
6	7.08	
9	未检测出	
12		

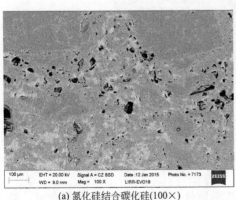

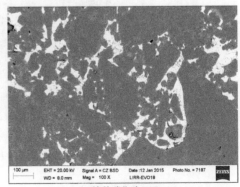

(a) 氮化硅结合碳化硅(100×)　　　　　(b) 特种碳化硅(100×)

图 5-17　渣在材料内部渗透情况

由图 5-18 可以看出，氮化硅结合碳化硅材料工作面附近厚度在 0.2～0.3mm 范围内出现氧化，而特种碳化硅材料工作面附近未发现有氧化情况。说明特种碳化硅材料的抗侵蚀性显著优于氮化硅结合碳化硅材料。

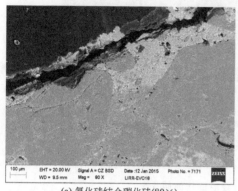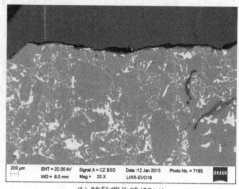

(a) 氮化硅结合碳化硅(80×)   (b) 特种碳化硅(20×)

图 5-18　材料工作面附近的氧化侵蚀情况

5.2.3.7　特种碳化硅的抗氧化性

将特种碳化硅、重结晶碳化硅两种材料做成 25mm×25mm×55mm 试样，在水蒸气气氛下（滴水速度为 60 滴/min），900℃ 保温 60h。氧化后的试样如图 5-19 所示。

(a) 特种碳化硅   (b) 重结晶碳化硅

图 5-19　两种材料氧化后外观

分别检测了试样氧化前后增重、显气孔率增量、体积密度增量及氧含量，结果如表 5-20 所示。由于氧化前试样烧结气氛是强还原气氛高温（2000℃ 以上），均不含有氧，因此通过检测氧化后试样中的氧含量来反映出试样的氧化情况。由表可以看出，特种碳化硅的氧含量是重结晶碳化硅1/4，因此，特种碳化硅的抗氧化性显著优于重结晶碳化硅的抗氧化性。

图5-20是两种试样的电镜照片。由图5-20可以看出，特种碳化硅边缘和颗粒内部形貌保持一致，材料的低气孔率有效阻止了气体的扩散，减缓了碳化硅材料进一步氧化；由图5-20可以看出，碳化硅边缘有少量白色物质生成，是碳化硅材料发生氧化后生成了二氧化硅所致。这就从微观角度解释了特种碳化硅材料显著优于氮化硅结合碳化硅的原因。

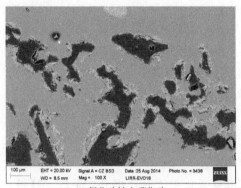
(a) 氮化硅结合碳化硅

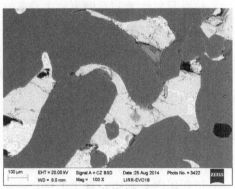
(b) 特种碳化硅

图5-20　两种试样氧化后的电镜照片（100×）

试样抗氧化性检测结果见表5-20。

表5-20　试样抗氧化性检测结果

名称	氧化增重/%	AP增量/%	BD增量/%	氧含量/%
氮化硅结合碳化硅	0.37	−1.0	0.46	0.59
特种碳化硅	−0.04	0.25	−0.01	0.15

5.2.4　碳化硅基复合耐火制品的性能调控技术

碳化硅基复合耐火制品的性能调控技术是系统的复杂的研发过程，不同种类的碳化硅基复合耐火制品性能调控过程具有相似性，又具有自己的特点。以下通过具有代表性的特种碳化硅制品的性能调控技术过程，说明碳化硅基复合耐火制品的性能调控技术过程。

5.2.4.1　研究内容

项目研究内容包括以下六个方面。

（1）配方组成技术研究

研究配方组成中 SiC 原料种类、纯度控制，以及不同粒度原料的级配，添加剂种类、原料混合技术。研究上述因素对材料结构和性能的影响。

（2）材料成型技术研究

选择合适的成型技术方式，形成全套成型技术。成型技术体系包括：模具技术、机压成型技术参数控制、坯体脱模和干燥处理技术等。

（3）超高温烧结技术研究

研究烧成温度、烧成时间、烧成气氛对材料结构和性能的影响。

（4）材料性能和高温模拟实验研究

对所开发材料进行物理化学性能综合检测，进行化学稳定性、耐磨性、抗热震性等使用性能研究；在特制的可控气氛高温装备中的测试材料在 CO 和 H_2 混合气体的还原性气氛下材料性能的变异性能；测试材料在还原性气氛下的抗渣蚀、耐磨蚀性能等。

（5）材料中试技术研究

解决小批量化生产技术难题，为项目成果完全转化并形成产业化奠定基础。

（6）产品试用和寿命预测研究

依托国内有影响的煤化工企业，在先进煤气化炉上替代部分含铬耐火材料，进行现场试用，对用后材料进行侵蚀行为、失效机理研究。在此基础上对材料应用寿命评估研究，初步建立寿命预测模型。

5.2.4.2 材料配方技术研究

在材料配方研究中，引入微米级 SiC 原料的主要目的是增加材料烧结成分，提高材料使用性能。引入的微粉过多会提高成本，成型、烧结过程中易产生裂纹，引入的微粉过少会对材料烧结性能等方面的影响不明显。因此，有必要研究微粉的加入量对材料烧结性能的影响。

实验原料为粒度 3～1mm 的 SiC 颗粒，$D_{50}=5\sim1\mu m$ SiC 微粉。SiC 微粉加入量分别为 30%、40%、50%、60%、100%，对应的 SiC 颗粒的加入量为 70%、60%、50%、40%、0。以上所有试样均制备出 $\phi 50mm\times 50mm$ 圆柱，并在 120℃保温 10h 烘干。在高温真空炉中 2200℃保温 3h 烧成。

图 5-21 是微粉加入量与坯体烧结前、烧结后体积密度关系图。由图 5-21 看出，随着微粉加入量的增加，坯体的烧前密度逐渐减少，烧后密度逐渐增加。由此可以得出，微粉加入量的增加不利于提高坯体的成型密度，而有利于提高坯体的烧结密度。

图 5-22 是微粉加入量与坯体烧结后显气孔率、体积密度关系图。由图 5-22 可以看出，微粉加入量从 30%～40%变化时，显气孔率、体积密度变化不大；

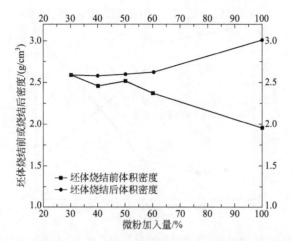

图 5-21　微粉加入量与坯体烧结前、烧结后体积密度关系图

微粉加入量超过 50％时，显气孔率明显减小，体积密度有所增加。由此可以看出，微粉加入量超过 50％烧结收缩明显，反之，烧结收缩不明显。

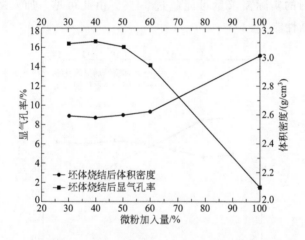

图 5-22　微粉加入量与坯体烧结后显气孔率、体积密度的关系图

图 5-23 是微粉加入量与坯体烧结后体积密度、线变化率的关系图。由图 5-23 可以看出，微粉加入量小于 50％时，线变化率、体积密度增加缓慢；微粉加入量大于 50％时，线变化率显著增加，体积密度先缓慢增加，后显著增加。由此可以看出，微粉加入量大于 50％时，材料的烧结收缩明显，小于 50％时，材料的收缩不明显。

微米碳化硅原料数量的增加，增加了原料表面积总量，从而可能增加材料的比表面积，需要讨论结合剂的种类及加入量。此外，SiC 颗粒的引入，改变了研究体系，需讨论添加剂的加入量对烧结性能的影响。

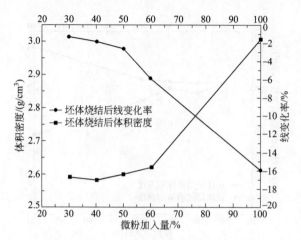

图 5-23　微粉加入量与坯体烧结后体积密度、线变化率的关系图

图 5-24 是结合剂加入量与显气孔率、体积密度的关系图。由图 5-24 可以看出，随着结合剂的增加，显气孔率降低、体积密度先增加后不变。实验过程没发现拐点，结合剂的实际需求量可能超过 14％。由此可见，加入适量的结合剂，有利于提高烧结性能。

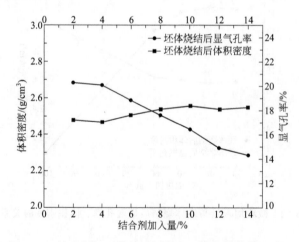

图 5-24　结合剂加入量与显气孔率、体积密度的关系图

图 5-25 是结合剂加入量与体积密度、线变化率关系图。由图 5-25 可以看出，随着结合剂加入量的增加，线变化率的变化规律为先在一定范围内保持不变，然后变成先减小后增加的变化趋势；体积密度的变化是先增加后保持不变。由此可见，当结合剂的加入量超过 10％时，体积密度没有明显增加，而线变化率增加较明显，对产品的烧结不利。

图 5-26 是结合剂种类与坯体烧结后体积密度关系图。由图 5-26 可以看出，随着微粉加入量的增加，采用水溶性树脂作为结合剂时，坯体的烧结性优于采用

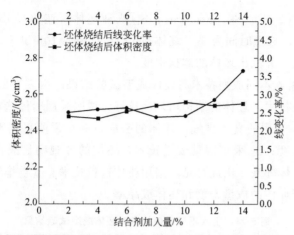

图 5-25　结合剂加入量与体积密度、线变化率的关系图

酚醛树脂作为结合剂。由此可见，采用水溶性树脂比酚醛树脂更能提高材料的烧结性能。

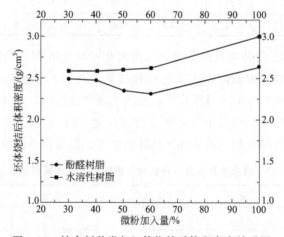

图 5-26　结合剂种类与坯体烧结后体积密度关系图

5.2.4.3　材料成型技术研究

[**试验 3**] 精确称量粒度 3～1mm 的 SiC 颗粒 3kg，微米 SiC 粉 2kg，结合剂 0.4kg，在强制混炼机中混料 20min。将混合泥料在四种实验条件下在振动成型机上制备出 S_1、S_2、S_3、S_4 四种坯体，坯体尺寸为 230mm×114mm×65mm，成型时间为 6s。坯体在 120℃保温 10h 烘干。观察烘后坯体外观及切面状况，并测出坯体的体积密度。

[**试验 4**] 精确称量粒度 3～1mm 的 SiC 颗粒 3kg，微米 SiC 粉 2kg，分别采用酚醛树脂和水溶性树脂两种结合剂，结合剂加入量分别为原料总量的 6%、8%、10%、12%，在强制混炼机中混料 20min。将混合泥料在振动成型机上制

备出 S_5、S_6、S_7、S_8、S_9、S_{10}、S_{11}、S_{12} 八种坯体，坯体尺寸均为 230mm×114mm×65mm，成型时间为 6s。坯体在 120℃时保温 10h 烘干。观察烘后试样外观及切面状况，并测出坯体的体积密度。

表 5-21 是引入不同成型技术时坯体成型试验结果。由表 5-21 可以看出，S_1 采用了粉体造粒技术，坯体的结构均匀性较好，说明采用粉体造粒技术有利于改善坯体结构；S_2 采用的真空排气，坯体的密度较高，说明采用真空排气技术有利于提高坯体密度；S_3 采用磨具改进技术，坯体的外观明显改善，说明磨具改进有利于改善坯体外观。由此可见，采用粉体造粒技术、真空排气技术、磨具改进技术均有利于坯体的成型密度和坯体成品率。

表 5-21　引入不同成型技术时坯体成型试验结果

编号	粉体造粒	真空排气	模具改进	外观	结构均匀性	体积密度/(g/cm³)
S_1	采用	未采用	未采用	较差	较好	2.50
S_2	未采用	采用	未采用	较差	较差	2.55
S_3	未采用	未采用	采用	较好	较差	2.47
S_4	未采用	未采用	未采用	较差	较差	2.48

表 5-22 为结合剂种类及结合剂加入量变化时坯体成型试验结果。由表 5-22 可以看出，采用酚醛树脂时，坯体的外观较差，在加入量较高时结构均匀性较好，结合剂加入量的可调节范围较窄；采用水溶性树脂时，坯体的外观较好，结构均匀性较好，结合剂加入量的可调节范围较宽。由表 5-22 还可以看出，结合剂加入量的适量增加有利于提高坯体的体积密度，提高材料的致密性。

表 5-22　结合剂种类及结合剂加入量变化时坯体成型试验结果

结合剂	编号	体积密度/(g/cm³)	外观	结构均匀性
酚醛树脂	S_5	2.51	较差	裂纹
	S_6	2.55	较差	较差
	S_7	2.57	较好	较好
	S_8	2.58	较差	较好
水溶性树脂	S_9	2.53	较好	裂纹
	S_{10}	2.56	较好	较好
	S_{11}	2.58	较好	较好
	S_{12}	2.59	较好	较好

粉体造粒技术、真空排气技术、磨具设计技术的引入改善了坯体的成型状况，能够制备出完好的坯体。在微米级成分较高的配料组成中，采用水溶性树脂比酚醛树脂更有利于坯体成型，有利于改善坯体外观及结构均匀性。

5.2.4.4　材料高温烧结技术研究

按照表 5-23 精确称量各组成，配料 5kg，在高速混炼机种混合 20min，在 100MPa 的压强下，压制成 $\phi50mm\times20mm$ 的圆片试样，在 120℃保温 10h 烘干。

表 5-23　试验配方表

原料及试剂	组成/%	作用
碳化硅	100	粉体
水溶性酚醛树脂	5	结合剂及碳源
碳化硼	2	烧结助剂
水	10	溶剂

在研究保温时间对材料烧结性能的影响时，选取保温时间分别为 2h、4h、6h、8h 四个保温时间段，选取 2150℃为参考温度。分别从显气孔率、体积密度、线收缩率三个方面考察材料的烧结性能。由图 5-27 可以看出，从材料的显气孔率、体积密度、线收缩率三个方面变化不大，说明保温时间对试样的烧结性能影响不大，实际需要的保温时间可能小于 3h。

在保温时间确定的基础上，在考察烧结温度时选取了保温时间为 2h，烧结温度分别选定为 2000℃、2050℃、2100℃、2150℃、2200℃五个温度点。由图 5-28 可以看出，显气孔率在 2100℃时降低到最低，在 2200℃时有所上升；体积密度在 2100℃时最大，在 2200℃时有所减小；线收缩率在 2100℃时最大，2150℃时开始减小，从材料的显气孔率、体积密度、线收缩率三个方面的数据显示，均有一定的变化规律。说明在 2100℃保温 2h，材料的各项性能较好。

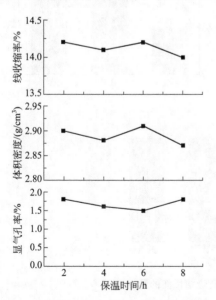

图 5-27　保温时间对材料烧结性能的影响

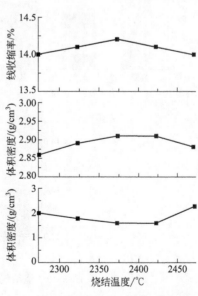

图 5-28　烧结温度对材料烧结性能的影响

图 5-29 是试样 2100℃保温 2h 烧后的电镜照片。由图 5-29 可以看出，区域完全致密化；除了少量气孔孔径 6～8μm 外，大量孔径均在 2μm 以下。试样烧结良好。

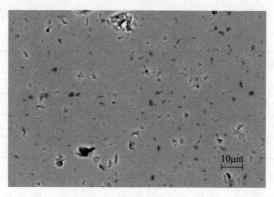

图 5-29　试样电镜照片（1000×）

在保温时间、烧结温度确定的基础上，选取保温时间为 2h，烧结温度为 2100℃，分别考察了真空、氩气、氮气三种气氛下对材料烧结的影响。由图 5-30 可以看出，真空气氛下烧结效果较差，其原因可能是真空气氛下，炉内的温度均匀性较差，不利于材料的烧结。氩气保护气氛和氮气保护气氛下烧结效果接近。

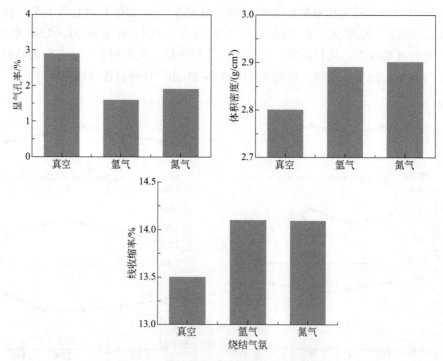

图 5-30　烧结气氛对材料烧结性能的影响

图 5-31 是氮化硅和碳化硅之间的稳定关系图。由图 5-31 可以看出，当温度高于 1700K 时，氮化硅和碳化硅之间平衡 N_2 分压高于 1atm，碳化硅处于稳定状态。因此，在高于 1500℃ 时，N_2 可以作为烧结碳化硅的保护气体。

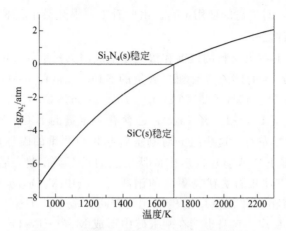

图 5-31　氮化硅和碳化硅之间的稳定关系图

5.3　高纯刚玉耐火制品

Al_2O_3 含量在 95％ 以上的制品称为刚玉质耐火材料。

刚玉质制品分高纯和普通两类，高纯刚玉制品 Al_2O_3 含量在 98％ 以上，以＞99％者为普遍，属自结合固相烧结产品；普通刚玉制品 Al_2O_3 含量为 95％～98％，其结合相主要为刚玉，尚有少量的高温结合相，如莫来石等。从生产工艺分，可分为烧结再结合刚玉质制品和电熔再结合制品，以电熔再结合制品为最多。

目前，国内外生产数量最大、应用范围最广的属高纯制品以及以高纯原料制造的电熔再结合制品，主要用于石化工业的气化炉、炭黑反应炉、造气炉、氨分解炉、二段转化炉和耐火陶瓷工业的高温超高温窑炉以及冶金工业的高炉等。

5.3.1　高纯刚玉耐火制品组成、性质及显微结构

5.3.1.1　高纯刚玉耐火制品的使用条件

刚玉制品在石油化工行业的使用条件如下。

① 渣油气化炉操作温度通常在 1250～1350℃，传统渣油气化炉为 1250～1300℃。随着气化技术的发展，操作温度也在逐渐提高，温度提高，单炉产量也随之提高，碳转化率也高，但对炉衬的损坏更加严重。目前德士古渣油气化炉操作温度一般在 1350℃ 左右，较传统技术要求高 50～100℃，因此，熔渣的黏度要

比传统气化低，流动性也更好，对砖的侵蚀和渗透较之更严重。操作压力在 $1.5\sim8.53MPa$ 范围，$1.5\sim2.0MPa$ 为低压，$2.5\sim3.0MPa$ 为中压，$8.53MPa$ 为高压。操作压力低对炉衬冲刷程度小，高压力冲刷严重，而且还促进熔渣及其工艺气体的渗透，对炉衬的使用不利。由此看来，提高操作温度和压力是加速砖衬损坏的重要条件之一。

② 渣油熔渣对耐火材料的侵蚀和渗透是造成耐火衬里损毁的重要内部因素。渣油经裂解后所产生的熔渣含有相当数量的 SiO_2、CaO、Fe_2O_3 和重金属氧化物，其典型成分是：$15\%\sim30\%\ SiO_2$、$46\%\sim56\%\ CaO$、$2\%\sim6\%\ Fe_2O_3$，$10\%\sim15\%\ V_2O_5$，$1\%\sim1.5\%\ Na_2O$，还含有一定量的 NiO、MgO、P_2O_5 等，耐火度仅为 1320℃ 左右。这些组分对刚玉砖起相当严重的破坏作用，熔渣中的 SiO_2 和 CaO 高温下与 Al_2O_3 反应生成低熔点的长石类矿物，若与 Na_2O 共存，可进一步生成熔点比长石类矿物更低的钠霞石，渣中 V_2O_5 与 Al_2O_3 共存，于 650℃ 即可产生液相，对 Al_2O_3 的侵蚀尤为严重。渣中的 Fe_2O_3、CaO 和 MgO 即使不与 Al_2O_3 反应，自身也能在刚玉砖中形成 $MgO\cdot Fe_2O_3\cdot CaO$ 互溶的低熔点固溶体。当刚玉砖中存在较高的 SiO_2 含量时，进一步加速这些熔渣组分与 Al_2O_3 的反应速率。在熔渣与 Al_2O_3 反应形成低熔新矿相的同时，也必然或者因这些新矿相的热膨胀系数或者因其真密度与 Al_2O_3 的差异，导致刚玉砖沿距热面不同距离产生裂纹，裂纹的不断扩大使砖损毁。

③ H_2 可还原刚玉砖中的某些组分，CO 可在砖内部沉积成 C 使砖胀裂。当 H_2 在不含水蒸气条件下，约 1200℃ 它与砖中 SiO_2 反应生成 SiO 气体，这既破坏了砖的原始显微结构，降低强度，也将会因 SiO 在输送降温过程形成的 SiO_2 沉积在废热锅炉的换热管壁上，造成换热管的堵塞，引起停炉事故的发生。

CO 分解反应所形成的炭沉积在耐火材料微结构中，造成体积膨胀，导致炉衬剥落损毁。刚玉砖的结构疏化，如图 5-32 所示。对损毁试样进行剖析发现材料的晶间和气孔中沉积着大量的炭，如图 5-33 所示。气化炉内气化生成大量的

图 5-32　刚玉砖结构疏化　　　　　　图 5-33　沉积炭（8000×）

CO。CO 在刚玉材料的晶间、气孔中发生分解反应形成炭沉积，导致其损毁。CO 在 1000℃以上的高温条件下是相当稳定的，在 1000℃以下是不稳定的，会分解为 C+CO_2，尤其有铁存在的情况下。

④ 刚玉砖在使用过程中，除了承受温度、压力、熔渣的侵蚀渗透和工艺气体的还原沉积作用外，还承受来自流速达 7～9m/s 的高速火焰、工艺气体和熔渣的机械冲刷以及来自操作过程的停、开炉或者不稳定操作引起的热震作用。这些都是造成刚玉砖损坏的重要外部条件。

5.3.1.2 使用条件对高纯刚玉耐火制品的性能要求

刚玉砖在石油化工中日趋苛刻的使用条件，务必研究开发一种能适应这些苛刻条件使用的高纯刚玉产品，研究和使用结果认为，这种产品应具有如下特性。

① Al_2O_3 含量≥99%，SiO_2 和 Fe_2O_3 含量分别≤0.15% 和≤0.20%，以抵抗熔渣侵蚀和避免或减轻还原介质 H_2 的还原，保持砖结构的完整性和高的热态强度。

② 低的显气孔率，一般≤18%，以降低熔渣和工艺气体 CO 的渗透深度，减轻砖的结构剥落。

③ 高的强度，常温抗折强度＞20MPa，以抵抗高速流体的冲刷。

④ 较好的热震稳定性。1100℃水冷条件下，热循环次数＞6 次，1100℃空冷条件下，应＞30 次，以便在开停炉或操作不稳定时，能抵抗温度波动引起的热剥落。

目前，国内外的刚玉砖生产厂家的性能指标对比如表 5-24 所示。

表 5-24　刚玉砖生产厂家的性能指标对比

指标				中国			日本	美国	
				刚玉砖			刚玉砖	刚玉砖	
			传统	常规	新型	CX-AWP	AH199B	AH199H
Al_2O_3/%			95～97	99.3	99.52	98.82	99.60	99.50
Cr_2O_3/%								
SiO_2/%			2～3	0.14	0.13	0.28	0.11	0.06
Fe_2O_3/%			≤0.5	0.12	0.12	0.01	0.041	0.07
显气孔率/%			20～24	18	18	17～18	18	12
体积密度/(g/cm³)			3～31	32.3	32.2	3.25～3.26	3.23	3.47
耐压强度/MPa			50～60	103	12.2	85～90	107	296
抗折强度/MPa	1250℃		—	11.1	11.1	—	—	—
	1450℃		—	6.4	6.4	—	6.0	30.0

指标	中国			日本	美国	
	刚玉砖			刚玉砖	刚玉砖	
	传统	常规	新型	CX-AWP	AH199B	AH199H
荷重软化点/℃	≥1700	>1700	>1700	>1750	>1700	>1700
加热线变化率 (1600℃×3h)/%	-0.2~0.3	±0.1	±0.1	—	±0.1	0
抗热震性 (1100℃,水冷)/次	~6	≥6	>14	>20 (1000℃空冷)	13	1~2
热膨胀率 (20~1300℃)/%	1.06	1.1~ 1.14	1.06	—	1.14	1.08

5.3.2 高纯刚玉耐火制品的原料及制备工艺

5.3.2.1 氧化铝细粉

经过人工提纯 Al_2O_3 含量98%以上的耐火原料，呈白色粉体。氧化铝的矿物结构为 γ-Al_2O_3 占40%~76%，α-Al_2O_3 占60%~42%。α-Al_2O_3 为最终稳定晶态，γ-Al_2O_3 转化为 α-Al_2O_3 时体积缩小13%。

碱法生产氧化铝又有拜尔法、碱石灰烧结法和拜耳-烧结联合法等多种流程，用于适应不同种类的铝矾土矿石类型。

当前世界上95%的氧化铝由拜尔法生产，它是直接利用含有大量游离苛性碱的循环母液处理铝矾土，溶出其中氧化铝得到铝酸钠溶液，在铝酸钠溶液中添加氢氧化铝（晶种）经长时间搅拌便可分解析出氢氧化铝结晶。拜尔法生产 Al_2O_3。这是一个天然铝矾土的提纯过程，其主要步骤如下。

① 铝矾土的破碎与研磨加工。

② 在热苛性钠溶液中加热溶解铝矾土。

③ 澄清或过滤，用以将未溶解的硅和铁氧化物残渣（赤泥）从铝酸钠溶液中分离出去。

④ 从铝酸盐溶液中沉淀出纯氢氧化铝，再通过过滤和洗涤除去氢氧化钠。此处须精心控制包括纯度和颗粒结构在内的氢氧化铝的特性。

⑤ 在回转窑中加热到1100℃以上将氢氧化铝煅烧制成煅烧氧化铝。煅烧 Al_2O_3 的粒度大小在氢氧化铝沉淀阶段就已确定，而 α-Al_2O_3 晶体大小则在煅烧过程中发育长大。Al_2O_3 聚集体内的晶体大小和形状可以在今后有矿化添加剂的工艺过程中进一步得到控制。

拜尔法流程比较简单、能耗低、成本低、产品质量好，但是只限于处理低硅铝矾土（Al_2O_3/SiO_2 比值应大于7），世界各国广泛采用拜尔法从一水硬铝石为主要矿物组成的铝矾土中提取氧化铝。

碱石灰烧结法是目前得到实际应用的用于处理 Al_2O_3/SiO_2 比值较低的铝矾土原料的方法。由于我国多为 D-K 型铝矾土（由一水硬铝石与高岭石组成），SiO_2 含量较高，因此碱石灰烧结法对我国氧化铝工业的发展具有特别重要的意义。

碱石灰烧结法是将铝矾土与一定数量的石灰石（或苏打石灰）配成炉料在回转窑中进行 1250℃ 以上的高温烧结，炉料中 Al_2O_3 与 Na_2CO_3 反应生成可溶性的固体铝酸钠。矿石中的氧化铁、氧化硅和二氧化钛分别生成铁酸钠（$Na_2O \cdot Fe_2O_3$），原硅酸钙（$2CaO \cdot SiO_2$）和钛酸钙（$CaO \cdot TiO_2$）。铝酸钙极易溶于水或稀碱溶液，铁酸钠则易水解；而原硅酸钙和钛酸钙不溶于水，与碱溶液的反应也较微弱。因此，用稀碱溶液可以将烧结体中的 Al_2O_3 和 Na_2O 溶出，得到铝酸钠溶液，与进入赤泥中的原硅酸钙、钛酸钙和 $Fe_2O_3 \cdot H_2O$ 等不溶性残渣分离。铝酸钠溶液经过净化，通入 CO_2 气体后，苛性比值和稳定性下降，于是沉淀出氢氧化铝。氢氧化铝经煅烧而成为氧化铝。

碱石灰烧结法比较复杂，能耗高、产品质量和成本都不及拜尔法。

5.3.2.2 板状刚玉

氧化铝是重要的陶瓷和耐火原料，其摩尔分子量为 101.94g/mol，密度为 $3.4 \sim 4.0$g/cm^3。Al_2O_3 有多种晶体结构，最常见的有 α、β 和 γ 三种晶型，耐火材料行业主要使用 $\alpha\text{-}Al_2O_3$，板状刚玉和电熔刚玉中主要成分为 $\alpha\text{-}Al_2O_3$，$\alpha\text{-}Al_2O_3$ 的物理性质如表 5-25 所示。

表 5-25 $\alpha\text{-}Al_2O_3$ 的物理性质

晶系	三方晶系 $a=0.4578$nm $c=1.2991$nm	介质常数	$c//11.5(25℃,10^3 \sim 10^{10}$ Hz) $c\perp 9.3(25℃,10^3 \sim 10^{10}$ Hz)
		耐电压	4.8×10^7 V/m
真密度	3.99(g/cm^3)	体积固有电阻	10^{17} Ω/m
熔点	2053℃	折射率	$c//1.768$ $c\perp 1.760$
热导率	35W/(m·K)		
比热容	750J/(kg·K)	硬度	12(新莫氏) 2300(微维氏硬度)
热膨胀系数	$c//6.6 \times 10^{-6}℃^{-1}$ $c\perp 5.366 \times 10^{-6}℃^{-1}$	杨氏模量	4.8×10^2GPa
介质衰耗因数	$1 \times 10^{-5}(10^3$ Hz)	耐压强度	3GPa

注：$c//$ 为平行于 c 轴；$c\perp$ 为垂直于 c 轴。

板状刚玉又称板状氧化铝，是一种纯净的、不添加如 MgO、B_2O_3 等任何添加剂，在 1900℃ 以上的高温下快速烧成且烧结彻底的再结晶 $\alpha\text{-}Al_2O_3$，其典型性能如表 5-26 所示。

表 5-26　板状刚玉的典型性能

化学成分/%						α-Al_2O_3 相含量/%	体积密度 /(g/cm³)	显气孔 率/%	吸水 率/%
Al_2O_3	SiO_2	Na_2O	Fe_2O_3	CaO	LOI				
99.8	0.03~0.06	0.05~0.20	0.03~0.06	—	0.0	100	3.50~3.60	3~10	1~4

板状刚玉具有以下特点：

① 熔点高，约 2040℃；

② 晶粒硬度大，莫氏硬度为 9；

③ 强度高，受热冲击时强度衰减少，具有较好的热震稳定性；

④ 高导热率和高电阻率，在高频与高温下具有良好的电性能。

安迈铝业（青岛）有限公司生产的板状刚玉原料，外观呈白色，显微结构观察其由粒径为 40~120μm 的 α-Al_2O_3 晶体所组成，存在一定量的闭口球状气孔，板状刚玉的外观照片和 SEM 照片如图 5-34 所示。试验所用板状刚玉显气孔率为 5.7%，吸水率为 1.6%，体积密度为 3.48g/cm³。高温下具有较好的体积稳定性与化学稳定性，不受还原气氛、熔融玻璃液和金属液的侵蚀，常温、高温机械强度和耐磨性较好。

(a) 外观照片

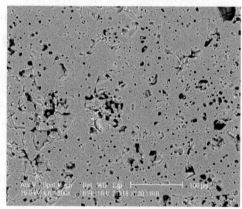
(b) SEM照片

图 5-34　板状刚玉的外观照片和 SEM 照片

5.3.2.3　电熔刚玉

电熔刚玉又称熔融氧化铝，它是以煅烧氧化铝或铝矾土为原料，经电弧炉在还原气氛下熔融并与金属和其他杂质分离，再经冷凝而制得。电熔刚玉又分为电熔白刚玉、电熔棕刚玉和亚白刚玉等，高纯刚玉砖所采用的电熔刚玉原料一般为电熔白刚玉，电熔白刚玉的典型性能如表 5-27 所示。

表 5-27 电熔白刚玉的典型性能

Al_2O_3 含量/%	≥99
主晶相	α-Al_2O_3
色泽	白色
体积密度/(g/cm³)	>3.90
堆积密度/(g/cm³)	1.75~1.95
膨胀系数/×10⁻⁶℃⁻¹	8.3(20~900℃)
莫氏硬度	9
显微硬度/(kgf/mm²)	2200~2300
研磨能力(以金刚石为1)	0.12
电阻率/Ω·cm	10¹¹~10¹⁶

试验所用电熔刚玉为国内某厂生产的电熔白刚玉,该电熔刚玉外观呈亮白色,显微结构观察其结构较致密,存在一定量的开口气孔,孔径较大,除主晶相 α-Al_2O_3 外,还存在少量的 β-Al_2O_3 相,电熔白刚玉的外观照片和 SEM 照片如图 5-35 所示。试验所用电熔刚玉显气孔率为 8.8%,吸水率为 2.4%,体积密度为 3.61g/cm³。

 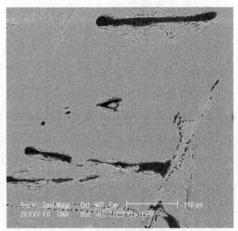

(a) 外观照片   (b) SEM照片

图 5-35 电熔白刚玉的外观照片和 SEM 照片

5.3.2.4 刚玉砖的制备工艺

（1）配料

配料比例按紧密堆积原则选择,采用连续的多级配料,基质中的细粉含量一般以不超过 40% 为宜,大、中、小细粒度的比例既考虑紧密堆积,还需考虑制品外观和成型性能,表面外观粗糙,可适当降低临界颗粒尺寸和粗颗粒比例,适当增加中颗粒加入量。若成型时坯体密度难以达到，可适当提高粗颗粒比例，但应以外观整齐为原则。生产过程，可在允许范围内适当调整各粒度间的比例。

（2）混练

泥料混练与普通耐火制品基本相同，采用的结合剂有纸浆、聚合磷酸盐等。选用结合剂应考虑两个原则：一是有较强的结合能力，使砖坯体干燥后具有较大强度，确保装窑和运输过程坯体不掉角、掉边和装窑时因受压不变形和开裂；二是受热分解后能生成可促进制品烧结的活性物或者可与 Al_2O_3 形成固溶体。泥料的混练通常采用强制式混料机。这种混料机混料均匀且颗粒破坏较少，混练时间至少 15～20min。混后泥料困料至少 24h，以提高泥料的塑性，改善成型性能，同时也可释放混料时进入料中的气体。

（3）成型

成型设备主要是摩擦压砖机，若形状复杂外形尺寸大的砖可用加压震动成型机。机压成型基本原则是先轻后重慢抬头，目的是为了避免砖坯的层裂。引起层裂的主要原因：一是困料时间不足，料中的外来气体没有充分释放；二是成型操作不当，没有先轻打或打的次数不够，料内气体没有排除干净；三是水分大；四是配料不合理，细粉比例偏大。

（4）干燥与烧成

砖坯干燥在隧道干燥器内进行（烘房也可），砖坯进口温度 20～30℃，出口温度 100～110℃，总干燥时间视砖坯大小和成型水分确定，一般需 48～96h。若砖坯采用烘房干燥，成型后的砖坯（尤其大尺寸砖坯）应先自然干燥 1～2 天后，再进入烘房干燥，其温度为 50～70℃。

干燥后的砖坯，残余水分最好＜0.2％，方可入窑，装窑高度 1100～1200mm 为好。砖坯烧成设备可采用小断面隧道窑或梭式窑或倒焰窑。目前以梭式窑最多，烧成温度视 Al_2O_3 含量而定，99％或以上刚玉制品烧成温度一般在 1800℃左右。

5.3.3 高纯刚玉耐火制品的耐磨性

5.3.3.1 耐磨性

耐磨性是耐火材料抵抗坚硬物料或含有固体颗粒物的气体摩擦蚀损的能力，可以预测耐火材料在磨损环境和冲刷工况下的适用性。通常采用经过一定研磨条件和研磨时间研磨后材料的体积损失或质量损失来标示。

耐火材料的耐磨性取决于其矿物组成、组织结构、强度。因此，生产时骨料的硬度、泥料的粒度组成，材料的烧结程度等工艺因素均对材料的耐磨性有影响。常温耐压强度高，气孔率低、组织结构致密均匀，烧结良好的材料总是有良好的常温耐磨性。

耐火材料的常温耐磨性可以按照国家标准《耐火材料　常温耐磨性试验方法》（GB/T 18031—2012）（等效于 ASTM C 704—1994）的试验方法进行，试验原理是：将规定形状尺寸试样的试验面垂直对着喷砂管，用压缩空气将磨损介质通过喷砂管喷吹到试样上，测试试样的磨损体积。按照下列方式进行磨损量的计算：称量试验前的试样质量，试验后的试样质量，两者之差除以试样的体积密度，可以得到试样的磨损量。

研究、测定耐火材料在高温实际使用中的耐磨性如何，对于高速含尘气流管道和设备的内衬，如电厂循环流化床锅炉内壁、旋风分离器内壁、粉煤管道及喷煤管，水泥厂预热预分解窑，石灰窑内衬，高炉上部内衬，焦炉炭化室等显得特别重要。

5.3.3.2　刚玉砖的耐磨性

国内的研究人员对刚玉的耐磨性进行了研究。

刚玉砖的理化性能指标如表 5-28 所示，将其加工成 100mm × 100mm × 30mm 的试样，按照《耐火材料　常温耐磨性试验方法》（GB/T 18301）的测试原理，放入高温耐磨试验机进行高温耐磨试验。高温耐磨试验机采用密闭的双仓结构，避免冷高压空气进入样品仓，从而减少了样品仓的热量流失，保持样品仓的温度稳定。在高压空气喷吹过程中，试样表面的温度稳定在 20℃内，样品仓通过硅碳棒发热体加热到试验温度，并在试验温度保温 30min，磨损介质为标准 36 号碳化硅砂。磨损量采用体积变化计算方法。

表 5-28　刚玉砖的理化性能指标

项目	(Al$_2$O$_3$)/%	体积密度 /(g/cm^3)	显气孔率 /%	常温抗折强度/MPa	常温耐压强度/MPa
指标	99.17	3.18	19	18	90

从图 5-36 结果可以看出，刚玉砖的高温磨损量曲线的特征为，在 1000℃以下范围内，磨损量变化不大，但温度超过 1000℃时，磨损量大幅降低。其原因可能为随着温度的升高，刚玉砖内部的结构发生了由弹性到塑性的转变，材料处于弹性温度段时，随温度的升高，材料组织结构无变化，磨损量的变化也不大。材料处于塑性温度段时，材料内部少量低熔矿物溶化或玻璃相软化变形导致材料产生塑性。高温条件下该塑性对磨损介质的冲击有一定的缓冲作用，所以磨损量明显降低。

从图 5-37 和图 5-38 试样的显微结构来分析，刚玉砖的刚玉骨料与基质之间的结合程度欠佳，基质的烧结状态也不是很好。所以当磨损介质冲蚀试样表面时，由于基质与骨料结合得不牢固，基质部分容易被冲刷掉，留下裸露的骨料，使其磨损量更大。

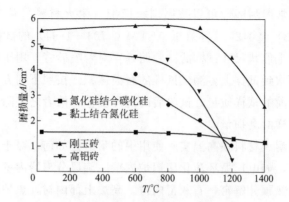

图 5-36 磨损量与实验温度的关系曲线

图 5-37 刚玉骨料和基质之间的结合

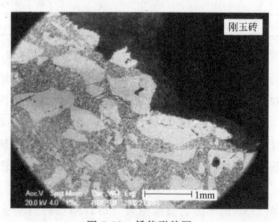

图 5-38 低倍形貌图

常规高纯刚玉砖采用电熔刚玉骨料，电熔细粉及煅烧氧化铝微粉，细粉中添加烧结助剂以降低烧结温度至 1680℃。常规高纯刚玉砖由于基质结合强度不高，使用在高磨损的环境下寿命较低。国外研究显示，根据 ASTM C704 检测，电熔刚玉制备的刚玉砖的磨损量为 $8.7cm^3$，而烧结刚玉制备的刚玉砖的磨损量为 $4.4cm^3$。为了改善基质结合强度，将常规高纯刚玉砖的骨料由电熔刚玉优化为电熔刚玉和烧结板状刚玉的组合，降低大骨料的临界粒度，并提高烧结温度至 1750℃，改进的细颗粒高纯刚玉砖耐压强度有较大幅度的提高。为了进一步改善高纯刚玉砖的耐磨性能，采用电熔刚玉和板状刚玉骨料，并在基质中引入金属铝粉，高温烧制 1750℃制得致密高纯刚玉砖，大大提高了基质部分及骨料与基质之间的结合强度。

三种高纯刚玉砖的常规物理性能如表 5-29 所示。

表 5-29   三种高纯刚玉砖的常规物理性能

材料名称	显气孔率 /%	体积密度 /(g/cm³)	耐压强度 /MPa	烧成线变化 /%
常规高纯刚玉砖	16.1	3.25	80	−0.3
细颗粒高纯刚玉砖	16.5	3.23	140	−0.6
致密高纯刚玉砖	15.7	3.28	210	−0.2

图 5-39 为改进前刚玉材料基质部分的显微结构照片，图 5-40 为改进后刚玉材料基质部分的显微结构照片，改进后的材料基质烧结呈现非常完整连续结构，中间黑色部分为独立封闭的小气孔。

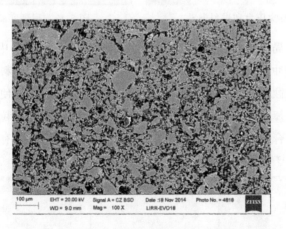

图 5-39   改进前刚玉材料基质部分的显微结构照片

参照《耐火材料　常温耐磨性试验方法》（GB/T18301），采用 448kPa 的压缩空气将 1000g±5g 标准碳化硅砂（36 号）在 450s±15s 内对 3 种刚玉砖进行喷吹磨损试验，喷吹压力和进料漏斗如图 5-41 所示，耐磨实验前的刚玉砖如图 5-42 中照片所示。

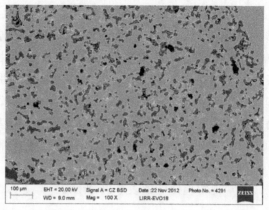

图 5-40　改进后刚玉材料基质部分的显微结构照片

图 5-41　喷吹压力和进料漏斗

图 5-42　耐磨实验前刚玉砖

三种刚玉砖局部耐磨性能对比如图 5-43 所示。从图 5-43 中可以清晰看到，常规高纯刚玉砖冲蚀坑不规则，冲蚀处可见突出的电熔刚玉骨料，冲蚀后颗粒清晰，颗粒边缘磨蚀不明显，说明基质部分耐磨性较差，在实际使用中，基质磨损较快颗粒会整个掉落，并不能起到很好耐磨作用。而对于细颗粒高纯刚玉砖，由于颗粒和基质结合强度高，呈现出均匀磨蚀的形貌，耐磨性也有了一些改善。致密高纯刚玉砖由于结合强度大大提高，耐磨性也大大提高。

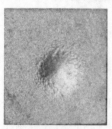

(a) 常规刚玉砖　　　　　　(b) 细颗粒刚玉砖　　　　　　(c) 致密刚玉砖
磨损体积8.5cm³　　　　　　磨损体积5.8cm³　　　　　　磨损体积2.8cm³

图 5-43　三种刚玉砖局部耐磨性能对比

5.3.4 高纯刚玉耐火制品的性能调控技术

5.3.4.1 降低烧成温度

高纯刚玉砖的烧成温度一般在 1800℃ 左右，为进一步降低烧成温度，可在基质中引入微量高效添加剂，这种添加剂的离子半径与 Al_2O_3 中的 Al^{3+} 半径相近，可形成固溶体，尤其是连续固溶体，以活化 Al_2O_3 晶格，或者在烧成过程能起抑制 Al_2O_3 晶粒长大的化合物，或者高温下能分解成纳米级粒子的含 Al_2O_3 化合物，烧成温度可以降至 1680~1720℃。

降低烧成温度也可采用引入纳米级 Al_2O_3 的方法，其加入量为 1%~2%，同时加入 α-Al_2O_3 微粉 4%~8%，这种纳米级 Al_2O_3 粉的促烧结机理是在低于泰曼温度下以扩散传质为主的固相烧结。主要原因是纳米颗粒的粒度很小，材料的表面积很大，同时本身颗粒存在许多缺陷，使其具有很强的反应活性，因而加入刚玉砖中能够降低烧成温度，可降低至 1400~1500℃。

但是纳米 Al_2O_3 粉并不是越多越好，当纳米粉的加入量过大时，部分纳米粉可能以团聚体的形式存在于坯体中，从而对烧结性能造成负面影响，因此纳米 Al_2O_3 粉合适的加入量为 1% 左右。

5.3.4.2 提高热震稳定性

刚玉砖所使用的环境十分苛刻，除了一些熔渣的侵蚀，其还受到来自停炉、检修和操作过程中的温度波动带来的热震影响。这些温度波动会引起砖内部的膨胀应力或收缩应力，应力在砖体的薄弱处进行集中释放，导致砖体出现开裂现象，随着温度波动的延续，裂纹也会不断延伸和扩展，最后以片状或块状剥落。因此，想要提高刚玉砖的使用寿命，改善其热震稳定性也是需要进行的工作。

刚玉制品配料中的颗粒料和细粉料应采用同一纯度的原料。其颗粒为电熔刚玉或烧结刚玉，细粉一般用电熔和烧结料并用工艺，也有利于热震稳定性的改善。

5.3.4.3 提高抗渣侵蚀性能

石油化工行业的渣分主要成分为 CaO、SiO_2、Al_2O_3 等，以及少量的其他氧化物如 NiO、V_2O_5 等。CaO 与砖中的 Al_2O_3 反应，与渣中的 Na_2O、NiO、V_2O_5 等低熔物一起形成低熔点玻璃相，包围并开始侵蚀刚玉砖的颗粒和基质，破坏刚玉砖的晶粒之间的结合，降低砖的使用强度。

提高刚玉砖的抗侵蚀性能，目前常用的措施为，添加一些促烧结，改变砖的结合状态，同时利用外来材料的抗侵蚀优良的特性。氧化铬材料是目前抗渣液侵蚀性能最好的材料。由于氧化铬能够降低渣液对耐火材料润湿性。

Cr_2O_3 和 Al_2O_3 的晶体结构相同，均为刚玉型结构，离子半径相差 10.6%，高温下可以形成连续固溶体，如图 5-44 所示。液相出现的温度随 Cr_2O_3 含量的增加而提高，因此，在 Al_2O_3 中添加 Cr_2O_3 可以改善刚玉砖在高温下的使用性能而不会产生不良影响。

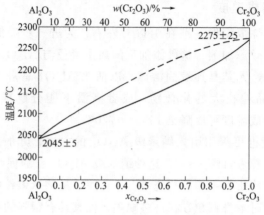

图 5-44　Al_2O_3-Cr_2O_3 二元相图

在刚玉材料中添加氧化铬，1100℃开始，氧化铬向刚玉中固溶，随着温度升高固溶程度逐渐增加。1400℃烧后，氧化铬通过固溶反应将刚玉颗粒以及刚玉颗粒和基质结合起来，形成了较强的结合。1600℃烧后氧化铬通过固相和气相两种传质方式，在刚玉颗粒表面形成环状的固溶带，将刚玉彼此连接在一起。

5.4　发展趋势

目前碎煤熔渣加压气化炉用耐火材料最主要有两种：氮化硅结合碳化硅耐火制品和高纯刚玉耐火制品。在气化工艺正常情况下，气化反应位于反应区中心，炉壁温度较低且较均匀，炉衬耐火材料属于整体均匀损毁，使用寿命较长。在气化工艺异常情况下，气化反应偏离反应区中心或气化反应产生的高温气体发生偏火，使炉衬耐火材料局部损毁，使用寿命较短。炉衬耐火材料局部损毁成为制约气化炉使用寿命的瓶颈。

根据炉衬材料损毁部位不同，可将材料损毁的原因分为两种情况：一种是熔渣侵蚀，另一种是气体侵蚀。熔渣侵蚀主要分布在渣线附近及渣池内部：渣线附近是固、液、气三相界面处，材料受到渣的侵蚀最为严重，渣池内部炉衬材料的侵蚀相对较轻；温度对炉衬材料渣侵蚀的影响显著，温度越高，炉衬材料损毁越快；在渣线及以上附近区域，会随机出现尺寸大小各异的"坑"，这是因为煤气化反应产生的高温气流随机喷吹至这一区域，导致局部温度高于附近区域的温度，加速了熔渣对炉衬材料的侵蚀。气体侵蚀主要是指渣池上方 2～3m 范围内的部分区域出现异常深坑：该区域内衬材料损毁表现为高温气流随机喷吹至炉壁所致，内衬材料会出现深坑，甚至烧穿，损毁原因在于该区域炉衬工作面上没有渣，以 CO 为主要含量的高温气流长时间冲刷炉衬，致使氮化硅或者碳化硅材料脱硅碳化，材料的强度急剧降低所致。

氮化硅结合碳化硅和高纯刚玉这两种材料在使用过程中各有优缺点：氮化硅结合碳化硅耐火制品热导率高，抗渣侵蚀性能优异，砖工作面渣的厚度较薄，炉膛清理过程中渣的清理较易，气化炉的内径尺寸较为稳定，对应的炉体容积较为稳定，不足之处是材料抵抗高温气流冲刷的性能较差；高纯刚玉耐火制品热导率相对较低，抗渣侵蚀性能较差，制品工作面易与渣形成共熔物而紧密黏附，随着气化炉使用时间的延长，渣层越来越厚，气化炉的内径尺寸也越来越小，炉体的有效使用容积越来越低，严重影响气化炉的气化效率及生产工艺的稳定性。

基于上述碎煤加压气化炉用内衬耐火材料寿命偏短的情况，开发出了两种新材料：重结晶碳化硅耐火制品和致密碳化硅耐火制品。致密碳化硅制品是一种高致密、高导热、耐高温、耐氧化、抗侵蚀等性能优异的特种碳化硅耐火制品，综合性能显著优于氮化硅结合碳化硅制品，有望解决炉体使用寿命相对较短的问题，体现为以下几方面：

① 材料的高导热能大幅度降低内衬材料工作面的温度，从而大幅度降低渣和内衬材料反应的速率；

② 材料的高致密即可以阻止氧化性气体向内部扩散，提高材料的抗氧化性能，又可以阻止渣渗透进去，提高材料的抗侵蚀性能；

③ 该材料在 2000℃ 以上烧结而成，材料结构结合紧密，结构均匀性优良，在渣侵蚀过程中，内衬材料不会出现"掉块"现象，而氮化硅结合碳化硅产品是在 1400℃ 烧结而成，晶粒尺寸较小，制品致密度较低，易出现"掉块"现象，较易损毁；

④ 内衬材料中添加了贵金属的化合物，该化合物可以大幅提高了材料的耐高温性能，有效解决炉衬使用寿命不足的问题。

参 考 文 献

[1] 林凯. 碎煤熔渣气化技术在我国的最新应用. 煤炭加工与综合利用，No. 6，14～17.

[2] 王维邦. 耐火材料工艺学. 北京：冶金工业出版社，1994.

[3] 钱之荣，范广举. 耐火材料实用手册. 北京：冶金工业出版社，1992.

[4] 董文麟. 氮化硅陶瓷. 北京：中国建筑工业出版社，1987.

[5] 张治平，赵俊国，刘国华，等. 铝电解槽侧墙用优质碳化硅耐火材料. 洛阳耐火材料研究院内部资料，2001，11.

[6] 张治平，赵俊国，黄辉煌. 高炉用优质耐火材料. 全国炼铁高炉及热风炉用优质耐火材料生产及使用技术交流会会议资料，郑州，2002，10.

[7] Zhang Ziping, Huang Huihuang, Huang Zhaohui. Sialon-Bonded SiC Refractories for Blast Furnaces. Interceram，1993，42(5)：292-297.

[8] 蒋明学，李勇. 陈肇友耐火材料论文选. 北京：冶金工业出版社，1998.

[9] 沐继尧，薛正良. 高炉中部内衬耐火材料的选择. 耐火材料，1995，29(2)：94-97.

[10] 王国雄，杜鹤桂. 高炉用 Si_3N_4 结合 SiC 质耐火材料的氧化. 硅酸盐学报，1989，17(5)：448-453.

[11] Tsutomu Harada. SiC 质耐火物. 耐火物，1987，39(4)：234-235.

[12] 董建存，赵俊国，等. 结合相对 SiC 质材料抗冰晶石侵蚀性能的影响. 轻金属，2003，No. 2：43-44.

[13] Thommy Ekström, Mats Nygren. Sialon Ceramics. J. Am. Ceram. Soc.，1992，75(2)：259-276.

[14] 张治平，黄辉煌，赵俊国，等. 高级碳化硅窑具制品的研究. 1997 年全国耐火材料综合学术年会论文集，1997，10：395-405.

[15] 刘春侠. Si_2NO 结合 SiC 窑具材料的研究：[硕士学位论文]. 洛阳：洛阳耐火材料研究院，2002.

[16] 黄朝晖. β-Sialon-Al_2O_3-SiC 系复相材料的制备、性能及显微结构研究：[博士学位论文]. 北京：北京科技大学，2002.

[17] 马晓红. Starlight® 重结晶碳化硅窑具的开发与应用. 中国陶瓷工业，1999，6(2)：28-30.

[18] 王艳香，谭寿洪，江东亮. 反应烧结碳化硅的研究与进展. 无机材料学报，2004，19(3)：457-462.

[19] 佘继红，谭寿洪，江东亮. 碳化硅质耐火材料的发展与应用. 上海硅酸盐，1995，No. 4：193-202.

[20] 邢守谓，等. 中国冶金百科全书. 北京：冶金工业出版社，1997.

[21] 郭海珠，余森. 实用耐火原料手册. 北京：中国建筑工业出版社，2000.

[22] 钱之荣，范广举. 耐火材料实用手册. 北京：冶金工业出版社，1992.

[23] 王晓利，彭西高，石干，等. 定形耐火材料的高温耐磨性研究[J]. 耐火材料，2010. 43(5)：331～334.

[24] Dale P. Zacherl, Marion Schnabel, Sebastian Klaus, et al. Comparison of fused and sintered alumina refractory aggregates - perceptions，charateristics，and behaviour in different refractories. The unified international technical conference on refractories 15(2017)：O138 529-532.

[25] 陈人品. 石化工业用新型高纯刚玉砖的开发[J]. 耐火材料，1997. 31(2)：69-72.

[26] 贾晓林，钟香崇. α-Al_2O_3 纳米粉对高纯刚玉砖烧结性能的影响[J]. 耐火材料，2005. 39(5)：326-329,336.

[27] 崔国文. 缺陷、扩散与烧结. 北京：清华大学出版社，1990.

[28] 唐珂，李素平，贾晓林，等. α-Al_2O_3 纳米粉复合高纯刚玉砖基质颗粒组成的研究[J]. 工业加热，2007. 36(4)：45-47.

[29] 胡宝玉. 用烧结刚玉研制再结合刚玉砖[J]. 耐火材料，1997. 31(4)：214-217.

[30] 催淑贤，胡延恕，王留根. 用 HGZ 矾土刚玉与白刚玉制得高热震稳定性刚玉砖的研究[J]. 耐火材料，1995. 29(1)：23-26.

[31] 史勇，马立明. 天然气气化炉刚玉砖的烧蚀分析[J]. 石油化工应用，2009. 28(7)：76-78.

[32] 钱跃进，任海军. 含铬耐火材料的应用及前景[J]. 洛阳工业高等专科学校学报，2007，17(5)：6-9.

[33] Doh-Hyung Riu, Young-Min Kong, Hyoun-Ee Kim. Effect of Cr2O3 addition on microstructural evolution and mechanical properties of A12O3[J]. Journal of the European Ceramic Society，2000，20(10)：1475-1481.

[34] 李丹，陈锐. 刚玉砖和铬刚玉砖的应用[J]. 耐火材料，2001，35(1)：31-33.

[35] 李志刚，叶方保. 氧化铬对无水泥刚玉浇注料矿相、显微结构和强度的影响[J]. 硅酸盐通报，2008，27(1)：147-15.

第6章 煤气化装置耐火材料的工程设计及施工

6.1 耐火材料的炉衬优化配置

6.1.1 煤气化装置炉衬耐火材料的配置原则

煤气化炉装置有多种多样,其中采用耐火材料内衬的装置主要有以下几类。

① 以水煤浆为原料的气化炉如 GE 水煤浆加压气化炉,OMB 四喷嘴水煤浆加压气化炉,E-Gas 水煤浆加压气化炉等,其特点为炉壳内全靠耐火材料的布置来进行抵抗炉内的高温和侵蚀,以及保温隔热保证炉内温度和钢壳炉壁温度。

② 以粉煤为原料的气化炉如 Shell、GSP、航天炉、宁煤炉、东方炉等,其特点为炉内仅有一层薄薄的高导热耐火材料,炉壳上有强冷却装置,利用高导热的耐火材料将冷却装置的温度传导到炉内,使得炉膛的熔渣能够黏结一层在耐火材料上,形成"以渣抗渣"。

③ 以碎煤为原料的气化炉如 BGL 气化炉,YM 炉等,其特点为内置耐火材料,外设水冷管,上部材料接触高温煤层,下部材料接触熔渣。

6.1.1.1 气化炉内的耐火材料配置要求

(1) 工况要求

工况要求是耐火材料配置过程中首先要考虑的问题。选择的工作面材料是不是适合实际的操作工况。操作环境的恶劣程度直接影响材料的选择,操作环境中存在苛刻的侵蚀因素,选择耐火材料时就要考虑具有优异的抗侵蚀性能的材料;操作环境中存在温度激烈波动的因素,选择耐火材料时就要考虑具有优良的热震稳定性能的材料;炉内工况有着渣气流等强烈冲刷的因素,选择耐火材料时就要考虑具有优良耐磨性的材料;另外耐火材料的抗氧化还原的能力、高温体积稳定性能、耐高温的程度,以及挂渣性能都是需要根据实际情况分别对待。

(2) 结构要求

炉衬材料的配置过程中还需考虑结构要求。高温的工业窑炉,一般都是多层材料组合构成的，每种材料在结构上的作用不同。有些耐火材料主要是工作面直接接触热流、火焰或者渣流的材料，有些耐火材料则为支撑材料，目的为背衬支撑工作面；还有些耐火材料作为保温隔热材料，以及起到缓冲高温膨胀的缓冲材料。

（3）温度要求

耐火材料在配置过程中还需要考虑整个炉衬温度的要求，工作面及背衬面处的界面温度是否高出耐火材料能够使用的最高上限温度。为了保证炉衬材料的安全稳定，需要通过更换耐火材料的种类或者延长热端材料的长度等措施，来降低耐火材料的界面温度至耐火材料能够安全承受的温度。

同时需要考虑炉壳外壁温度的要求，气化炉设计厂家在设计炉壳时，会根据工艺特点进行计算，选择合适的钢材。不同的钢材其能够承受的极限温度不同，因此对传导过来的温度有上限要求。由于炉内工艺气氛的不同，其在钢壳上出现露点的温度也不同，为了防止钢壳被腐蚀，要求钢壳的温度必须高于炉内工艺气体的露点温度，这是一个下限温度要求。在设计耐火材料的时候需要根据上下限温度进行合理配置。

6.1.1.2　不同类型气化炉内的耐火材料配置要求

（1）水煤浆气化炉

水煤浆气化炉是化工企业生产的关键设备，内衬耐火材料的质量直接影响到炉子的操作稳定性和使用寿命。水煤浆气化炉属于使用在高温高压条件下进行操作的液态排渣气化炉。炉渣为液态熔渣，伴随高速气流沿气化炉壁流下，一部分渣沉积在炉壁上，其他部分渣经急冷固化由渣口排出。液态渣除冲刷炉衬材料外还与炉衬进行反应，使得耐火材料的使用条件极为苛刻，因此耐火材料应满足高的机械强度、良好抗熔渣冲刷和侵蚀能力，以及良好的热震稳定性等几方面要求。

热面砖选用高铬砖。高铬砖是目前水煤浆气化炉向火面使用综合性能较好的耐火材料。其高温性能好，具有较强的抗煤熔渣侵蚀的能力。纯度高，氧化铁、氧化硅等杂质含量极少，体积密度为 $4.3g/cm^3$，显气孔率小于 17%，烧后常温耐压强度在 120MPa 以上，具有非常好的机械强度。

支撑砖选用铬刚玉砖，是在氧化铬含量 12% 左右的刚玉砖，位于气化炉向火面砖背后，具有较高的机械强度，常温耐压强度在 120MPa 左右，对气化炉拱顶耐火材料整体起着非常重要的力学支撑作用，并且能够抵挡高温下腐蚀性气体的侵蚀。

隔热砖选用氧化铝空心球砖，位于支撑砖后部，主要成分为 Al_2O_3，其纯度高，化学稳定性好，具有良好的耐火性能和较高的强度以及隔热性能，可用作高温热工设备的工作衬或保温材料。该产品能够长期使用温度在 1650～1800℃，常用于石化行业的气化炉、造气炉、炭黑反应炉等。

耐火浇注料选用铬刚玉浇注料，主要用于气化炉拱顶及锥底，铬刚玉浇注料和铬刚玉砖相比具有以下优点：无灰缝，整体性好。施工方便，特别是复杂结构的施工，方便快捷、省工、省时、省力。铬刚玉浇注料的抗气体侵蚀性强，同时由于体积密度大具有很好的气密性。

纤维涂抹料为主要的保温材料，其组成为高铝纤维材料，结合黏土，高温火泥，为散装料。施工时加入水，搅拌后进行涂抹施工，方便快捷。形成的纤维涂抹层有一定的强度和可压缩性，同时具有优良的保温性能。

（2）粉煤气化炉

水冷壁式粉煤气化炉工艺的核心之一是"以渣抗渣"，即采用水冷壁加耐火材料的结构，使熔融炉渣在气化炉内壁耐火材料上形成固态-熔融态-流动态的复合渣层，通过固态渣将耐火材料与高温熔渣隔离，实现对耐火材料的自保护，从而保证水冷壁的长久高效运行。

国内冷壁式气化炉炉衬为带着抓钉的内壳，抓钉的目的是为了能够保证耐火材料的施工的牢固性和完整性，所用耐火材料为 $SiC-Al_2O_3$ 质复合材料，该材料有良好的施工性能，同时有着适中的热导率，能够实现在耐火材料层上的合理挂渣。

（3）碎煤熔渣气化炉

碎煤熔渣煤气化过程包括一系列复杂的物理化学反应，并受诸多因素的影响。简要的工艺流程为：一定粒度的块状原料煤经过输煤胶带进入高位煤仓，然后经过煤锁从气化炉顶加煤设备（布煤器）进入炉内，从上往下移动。气化炉内煤料大致可分为 5 层，自上而下依次为干燥层、干馏层、气化层（或还原层）、燃烧层和熔渣层。煤料在干燥层仅发生物理反应，煤与自下而上的高温煤气逆流接触，脱除外在水分和内在水分，同时降低了高温煤气的温度。随着料层的向下移动，煤料进入较高的温度区域，此区域称为干馏层。煤料在此区域受热分解析出挥发分（干馏煤气、焦油、酚、脂肪酸、氨等）。脱除挥发分后的煤料与来自下层燃烧区的高温气体（主要是水蒸气和二氧化碳等）逆流接触，发生一系列的物理化学反应，此区域称为气化层（或还原层）。

煤料继续向下移动并继续被加热进入燃烧层。氧气与水蒸气混合后组成的气化剂，通过气化炉下部沿周边均布的 6 个喷嘴进入气化炉内燃烧区域，与高温煤料迅速接触发生燃烧反应，产生大量的热和 CO、CO_2 等，燃烧区的中心温度约为 2000℃。煤料燃烧产生的热量为整个气化炉内主反应区创造一个高温环境，并为多个吸热的气化反应提供所需的热量。

煤料在燃烧层内高温作用下，产生的煤灰从固态转变为液态，向下流入气化炉底部（也称为渣池）形成熔渣层。液态的熔融渣通过气化炉底部渣口，间歇式排入气化炉下方的连接短节内，遇到 30~40℃ 的激冷水后，被激冷成小颗粒的玻璃态固体渣进入下方的渣锁，最后间歇式排出加压气化系统。

碎煤熔渣气化炉对耐火材料要求主要分为三个类型。

① 溶渣层和燃烧层的碳化硅材料。热疏导的设计理念注定在温度较高的烧嘴附近区域必须采用高导热的内衬材料，碳化硅材料成为首选。目前为止，世界上碎煤熔渣气化炉用 SiC 材料主要有氧化物结合 SiC 和氮化物（氮化硅、赛隆、氧氮化硅、复相氮化物等）结合 SiC，但由于设计和操作问题，区域温度经常达到 1700～2200℃，常规氮化硅结合 SiC 材料易发生分解，影响使用寿命。中钢洛耐院采用超高温浸渗技术，在不低于 1900℃、惰性气氛条件下向碳化硅基体材料中，填入另一相高温非氧化物材料，开发出具双连续相结构的高致密、高抗氧化性的 SiC 复合耐火材料。开发的新产品显气孔率为 0.4%、1000℃热导率为 41.6W/(m·K)，与传统氮化硅结合碳化硅材料相比，抗氧化性显著提高 4 倍、1000℃热导率提高 1 倍以上，解决了该型气化炉关键部位耐火材料寿命偏短的技术难题。

② 干燥层、干馏层、气化层的内层刚玉材料。燃烧区以上的区域，考虑到温度相对燃烧区要低很多，同时接触到熔渣的机会也很少，故而在该位置主要设计为刚玉砖或刚玉莫来石砖。刚玉砖和刚玉莫来石砖在使用的时候，需要考虑还原气氛下，还原介质和耐火砖之间的反应。同时由于气化炉上方设置了布煤器，主要通过搅拌装置将布入的煤进行均匀分散，同时要搅拌结焦的煤块。需要考虑煤块在高温作用下对耐火砖的机械磨损情况。

③ 干燥层、干馏层、气化层的内层碳化硅捣打材料。在刚玉砖与钢壳之间的距离内，设置的材料为碳化硅捣打料，利用后面的冷却装置和材料其较高的热导率，一方面可以将降低炉内壁的温度；另一方面可以将冷却装置里面的水加热汽化，以供其他工序使用。

6.1.2　计算机模拟在耐火材料炉衬设计中的应用

随着计算机技术的发展以及工业技术的进步，数值模拟技术已成为当前工业生产中优化生产工艺、简化中间实验过程和降低成本、提高产品质量的实用技术。借助于计算机数值模拟，可以对使用中的窑炉内衬和各种高温部件进行结构分析，得到它们在不同工况下的温度分布和应力分布，并可通过调整各种影响参数的取值范围，使新设计的效果、优缺点在实施前就被充分理论论证，从而可以减少初级和中间实验环节，缩短为获得理想方案所花费的时间，进而达到节约资金、降低消耗、提高企业经济效益的目的。此外，计算机模拟还可对设计过程中不易进行试验的课题进行深入的探讨。目前，有限元分析技术在耐火材料领域得到了初步应用。

有限元方法（Finite Element Method，FEM）是求取复杂微分方程近似解的一种非常有效的工具，是现代数字化科技的一种重要基础性原理，其基本思想是将整个求解对象离散为次区间，即为一组有限元且按一定的方式互相联结在一起的单元组合体，以此作为整个对象的解析模拟。根据求解对象的结构和所处的场，用一假设的简单函数来表示该区域内之应力或应变分布及变化，假设函数需要尽可能表征其对象的特点，并保证计算结果的连续性、收敛性和稳定性。有限元方法被广泛用于模拟真实的工程场景，在许多领域都有较好的应用。

6.1.2.1 计算流程

（1）模型的建立和简化

以气化炉耐火材料结构为主体，将各部分材料理想化为均质体，不同耐火材料间无滑移，仅考虑弹性应变。当气化炉为对称体时，可以进行对称简化处理，降低计算的工作量，提升计算速度。

（2）物性参数的确定

进行热应力计算时需要确定耐火材料的热物性参数包括热导率、弹性模量、热膨胀系数、体积密度、比热容和泊松比。由于在高温下使用，不同温度下耐火材料的物性参数不是保持恒定，因此获得功能耐火材料在不同温度下的物性参数十分必要，而对于耐火材料来讲，高温下的物性参数不仅缺乏，而且测量也比较困难。

热导率表示材料的导热能力，对于耐火材料可以根据导热率的大小选择热线法、平板导热法或激光闪射法进行测量不同温度下耐火材料的热导率。

弹性模量是表示物质弹性的一个物理量，即单向应力状态下产生单位应变所施加的应力。材料的热应力是由于其热膨胀发生不均匀应变而产生的，所以材料的弹性模量对其抗热震性能的影响极大，因此需要对功能耐火材料的弹性模量进行准确的测量。国内关于致密耐火材料弹性模量测量的标准 GB/T 30758，采用激振脉冲法进行测量，该方法也可测量不同温度下耐火材料的弹性模量。

可根据 GB/T 7320 标准测量功能耐火材料在不同温度下的热膨胀系数。体积密度较容易获得，一般采用阿基米德法测量。

比热容是单位质量物体改变单位温度时的吸收或释放的能量。由于无机材料的比热容与结构几乎无关，一般可以根据材料的化合物组成进行加和计算，也可利用热分析法测量。

泊松比是材料在单向受拉或受压时，横向正应变与轴向正应变的绝对值的比值（横向应变与纵向应变之比值），也叫横向变形系数，它是反映材料横向变形的弹性常数，一般耐火材料泊松比取值为 0.15~0.20。

（3）边界条件的确定

在与合成气接触的部位应设置为对流换热条件，但对流系数难以获得，一般假设为合成气温度。

暴露在空气中的部位与周围空气发生较复杂的热传递作用，有辐射传热和对流传热。周围空气一般流动性较好，可认为环境温度保持为恒定不变。根据传热学知识，此部位可视为无限空间中的自然对流换热问题来处理。根据自然对流条件，可根据 $GrPr$ 确定该部位周围空气流动状态，已知公式：

$$Gr = g\,\frac{2}{T_w + T_f}\Delta T\left(\frac{l_0}{\nu^2}\right) \tag{6-1}$$

$$GrPr = g\,\frac{2}{T_w + T_f}\Delta T\left(\frac{l_0}{\nu^2}\right)Pr \tag{6-2}$$

式中　g——重力加速度，$9.8\mathrm{m/s^2}$；

　　　T_w——部位外表面温度，K；

　　　T_f——空气温度，K；

　　　l_0——部位长水口长度，m；

　　　ν——空气黏度，$15.06\times10^{-6}\,\mathrm{m^2/s}$；

　　　Pr——空气普朗特数，0.71；

　　　Gr——格拉晓夫数。

当 T_w 在 20～1600℃时，$10^9 < GrPr < 10^{12}$，因此空气为层湍流流动。因此，空气的自然对流系数公式为

$$\beta_1 = \frac{\lambda}{Z_0}A(GrPr)^n \tag{6-3}$$

式中，$A = 0.1$；$n = \dfrac{1}{3}$。

另一方面辐射换热公式为

$$\beta_2 = \frac{\omega C_0}{T_w - T_f}\left(\left(\frac{T_w}{100}\right)^4 - \left(\frac{T_f}{100}\right)^4\right) \tag{6-4}$$

式中，C_0 为黑体辐射系数，为 $5.669\mathrm{W/(m^2 \cdot K^4)}$；$\omega$ 为此部位的黑度，取 0.9。

将两者合并简化可得对流辐射换热系数，为

$$\beta = \beta_1 + \beta_2 = T_w[2\times10^{-4} + (1.02\times10^{-6} + 5.10\times10^{-8}T_w)T_w] +$$
$$10.2\left(\frac{T_w - 20}{20 + T_w}\right)^{\frac{1}{3}} \tag{6-5}$$

式中，β 是温度的函数，在有限元分析软件中可将其作为函数载荷加载在此部位的外壁。

此外，在实际操作过程中，功能耐火材料还受到外力、支撑或限制的情况，可考虑对应的条件施加载荷。

6.1.2.2　实用案例

气化炉炉型众多，下面以水煤浆气化炉和粉煤气化炉为例，介绍数值模拟仿

真技术在炉衬设计方面的应用。

（1）水煤浆气化炉的托砖板部位

工业窑炉在炉衬设计过程中，离不开传热计算和热膨胀计算。传热计算的目的是为了选择合适的耐火衬里，保证各层耐火材料在安全的界面温度下使用，保证炉壳的温度在合理范围之内。热膨胀计算主要是考虑高温下，耐火材料要受热膨胀，为了避免耐火材料受到挤压而损坏，要进行合理的膨胀缝的预留。

（2）传统的传热计算几种模式

① Mathsoft 公司推出的符合工业标准的专业计算软件 MathCAD，该软件有直观、简便和易用的优点。在输入一个公式或者方程组后，计算结果就能够直接显示出来，并以数值、表格、图形形式表达，使得解决问题更加直观，形象。利用 MathCAD 软件进行耐火衬里的传热计算，能够改变参数变量，准确计算出不同耐火材料、不同炉衬厚度各层界面的温度和外壁温度。

② 利用多层炉衬导热原理模型。根据稳态传热原理，各层间热流与炉外壁综合换热热流相等，推导出各种参数表达式。利用 Office 办公软件中的 Excel 建立耐火材料热导率表，直接选取材料，然后通过设定的各种参数表达式，进行变量求解，快速求解炉衬传热的各种参数。

③ 利用计算机编程，进行多次迭代的传热计算。在编程过程中，将关键的变量参数进行简便输入，可方便快捷的进行传热计算的结果输出。图 6-1 和图 6-2 为计算机编制的一个热传导计算的软件应用实例，输入界面简单如图 6-1 所示，界面中输入材料的层数、炉内温度、各层热导率、各层尺寸。计算结果如图 6-2 所示。

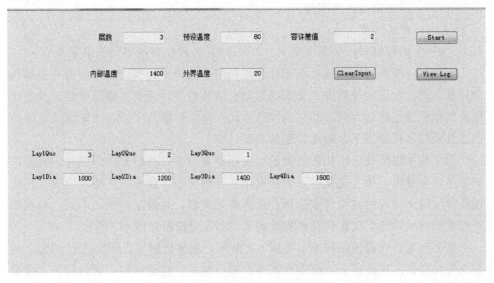

图 6-1　传热计算软件的工作界面

共 3层
第1层: 1000, 3 ; 第2层: 1200, 2 ; 第3层: 1400, 1 ; 最外层直径: 1600 ;
假设温度: 80 ; a = 13.113988 ; q = 23645.5619826173 ;
内部温度: 1400, diff1: 228 , 第1层: 1172 , diff2: 290 , 第2层: 882 , diff3: 502 , 第3层: 380 , 外部温度: 20 ;
假设温度: 380 , a = 31.326568 , q = 27855.0412734878 ;
内部温度: 1400, diff1: 269 , 第1层: 1131 , diff2: 341 , 第2层: 790 , diff3: 591 , 第3层: 199 , 外部温度: 20 ;
假设温度: 199 , a = 20.3383114 , q = 26050.8683892571 ;
内部温度: 1400, diff1: 251 , 第1层: 1149 , diff2: 319 , 第2层: 830 , diff3: 553 , 第3层: 277 , 外部温度: 20 ;
假设温度: 277 , a = 25.0735822 , q = 26992.1605783324 ;
内部温度: 1400, diff1: 261 , 第1层: 1139 , diff2: 331 , 第2层: 808 , diff3: 573 , 第3层: 235 , 外部温度: 20 ;
假设温度: 235 , a = 22.523821 , q = 26526.1413435052 ;
内部温度: 1400, diff1: 256 , 第1层: 1144 , diff2: 325 , 第2层: 819 , diff3: 563 , 第3层: 256 , 外部温度: 20 ;
假设温度: 256 , a = 23.7987016 , q = 26769.6090405266 ;
内部温度: 1400, diff1: 258 , 第1层: 1142 , diff2: 327 , 第2层: 814 , diff3: 568 , 第3层: 246 , 外部温度: 20 ;
假设温度: 246 , a = 23.1916156 , q = 26656.4572407516 ;
内部温度: 1400, diff1: 257 , 第1层: 1143 , diff2: 326 , 第2层: 817 , diff3: 566 , 第3层: 251 , 外部温度: 20 ;
假设温度: 251 , a = 23.4951586 , q = 26713.6442603183 ;
内部温度: 1400, diff1: 258 , 第1层: 1142 , diff2: 327 , 第2层: 815 , diff3: 567 , 第3层: 248 , 外部温度: 20 ;
假设温度: 248 , a = 23.3130328 , q = 26679.4812686872 ;
内部温度: 1400, diff1: 258 , 第1层: 1142 , diff2: 327 , 第2层: 815 , diff3: 566 , 第3层: 249 , 外部温度: 20 ;

图 6-2 传热计算结果

6.1.2.3 利用 ANSYS 软件对耐火材料进行模拟计算

（1）计算膨胀量

耐火材料受热过程中体积或长度随着温度的升高而增大。为了防止气化炉的耐火材料在升温过程出现膨胀挤压，要在结构设计中预留一定的膨胀缝作为缓冲。膨胀缝预留的大小根据耐火材料的热膨胀理论计算以及实际应用的经验进行预留。通常利用耐火材料热膨胀基本计算公式来计算膨胀量：

$$l = [(t_1 + t_2)/2 - t_0]\beta L \tag{6-6}$$

式中　l——膨胀尺寸，m；

　　　t_1——炉衬内表面最高温度，℃；

　　　t_2——炉衬外表面最高温度，℃；

　　　t_0——开炉前的环境温度，℃；

　　　L——炉砖长度，m；

　　　β——炉衬材料线膨胀系数，10^{-6}℃$^{-1}$，各种材料的平均线膨胀系数。

上述热传导和膨胀计算适用于计算结构简单的炉型，但炉体的耐火衬里结构设计复杂时，上述的计算方式无法满足相应的热传导计算和热膨胀计算。现就水煤浆气化炉的托砖处为例，利用 ANSYS 软件进行有限元分析，计算该位置处的温度场模拟和托砖板下方耐火衬里的膨胀计算。

为了对水煤浆气化炉托砖板处的温度场和应力场进行研究，以气化炉竖直段筒节为研究对象，建立气化炉系统的有限元分析模型。建模时，按照钢壳、托砖板及各层耐火材料的结构尺寸选择合适的单元类型，并根据材料的不同，分别赋予相应的材料属性。气化炉托砖板处的 ANSYS 建模图如图 6-3 所示。

整个气化炉托砖板结构中，如图 6-3 所示。右侧为钢壳，中间连在钢壳上的部位为托砖板。托砖板上部斜向交叉下来四层材料，热面材料，背衬材料，保温材料和纤维材料。其中热面材料直接坐落在托砖板上，背衬材料和保温材料与竖

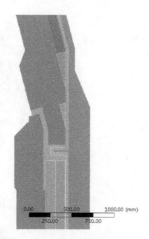

图 6-3　气化炉托砖板处的 ANSYS 建模图

直钢壳之间形成一定的夹角。为了施工方便，该三角区域填充浇注料，纤维材料紧贴钢壳。托砖板下方四层耐火材料，热面耐火材料，背衬耐火材料，隔热耐火材料和耐火纤维材料。四层耐火材料上部靠近托砖板处皆有一定的缝隙，缝隙中填充耐火纤维材料。该位置结构复杂，利用上述传统的热传导计算软件，计算不出来该位置的温度场情况。利用 ANSYS 软件进行有限元分析，可以兼顾不同位置热场的相互影响。

建模完成后，表 6-1 分别列出了气化炉工作衬用各种耐火材料的热导率和膨胀系数，计算过程中考虑临氢条件下，隔热耐火材料热导率的增加，数值代入模型。

表 6-1　气化炉工作衬用各种耐火材料的热导率和膨胀系数

产品	热面材料	背衬材料	保温材料	纤维材料	三角区填充材料	炉壳
热导率/[W/(m·K)]	4.6	4.3	0.4	0.1	1.5	50
膨胀系数/×10^{-6}K^{-1}	7.8	5.3	5.2	—	5.6	12.6

温度场的模拟计算结果，如图 6-4 所示。图中每层材料的界面温度，不同外置处的界面温度都能都很清晰地显示。

对已经建好的模型可以快速地进行材料的变更，如对三角形区域进行填充材料的调整，更换为 0.8W/(m·K) 的氧化铝空心球浇注料，进行重新计算的结果如图 6-5 所示。更换为 0.35W/(m·K) 的轻质隔热浇注料，进行重新计算的结果如图 6-6 所示。通过温度场的模拟计算可以了解材料的布局对炉壁温度的影响，可以根据模拟计算结果对材料的结构进行有效调整。

膨胀量的模拟计算结果，如图 6-7 所示。可以显示不同的位置处累计膨胀量的大小。计算出来的膨胀数值可以作为托砖板处膨胀缝预留尺寸的参考依据。

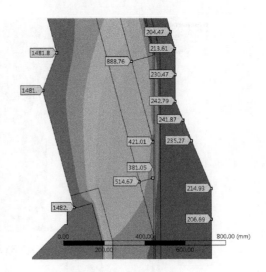

图 6-4　托砖板上部的温度场的模拟计算结果

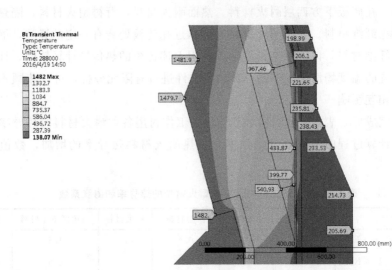

图 6-5　托砖板上部的温度场的重新模拟计算结果（一）

通过计算机仿真模拟，可以得到托砖板区域复杂形状位置的温度场分布情况，模型建立后，可以进行材料的选择和替代，以满足炉内使用工况，以及炉壁温度的要求；同时计算出的膨胀量以及膨胀量集中的位置，为水煤浆气化炉的耐火材料选择及合理布局提供具有参考价值的理论依据。

（2）粉煤气化炉的水冷壁部位

水冷壁式粉煤气化工艺的核心之一是"以渣抗渣"，即采用水冷壁加耐火材料的结构，使熔融炉渣在气化炉内壁耐火材料上形成固态—熔融态—流动态的复合渣层，通过固态渣将耐火材料与高温熔渣隔离，实现对耐火材料的自保护，从

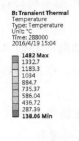
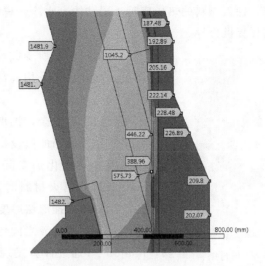

图 6-6　托砖板上部的温度场的重新模拟计算结果（二）

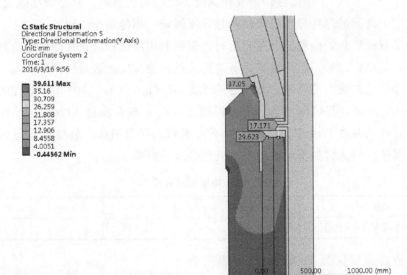

图 6-7　托砖板下部材料的膨胀量的模拟计算结果

而保证水冷壁的长久高效运行。耐火材料性能的优化，尤其是导热性能的适配，对构建稳定渣层、实现"以渣抗渣"而言非常重要。

目前，国内冷壁式气化炉炉衬所用耐火材料多为 SiC-Al_2O_3 质复合材料，面对不同的炉型和工况，现有炉衬的耐火材料已逐渐显现出设计的缺陷和使用性能的不足，难以满足气化炉长周期、高效化运行的要求。

利用有限元分析软件 ANSYS 对水冷壁气化炉炉衬材料的选择进行了数值模

拟研究，探索材料的热导率对渣层结构、水冷系统的影响，以期为炉衬材料的设计和选择提供指导。

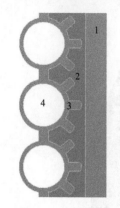

图 6-8　炉衬结构
1—挂渣层；2—耐火材料；
3—渣钉；4—水冷管

气化炉的结构和所受载荷均关于轴向中心轴对称，温度分布也是如此，可采用局部轴对称的二维模型对其进行简化计算，见图 6-8。

气化炉内工况复杂，温度多变，在模拟计算时对实际工况做了简化及适当的假设，选取适当的参数。

根据国内某气化炉实际应用的经验，选用热导率为 $8W/(m \cdot K)$ 的耐火材料时，渣层总厚度为 $20 \sim 25mm$，因此，计算中假设挂渣层厚度不变为 25mm。

合成气与炉壁的渣之间传热主要是辐射传热和对流传热，Jianjun Ni 通过计算发现水冷壁气化炉渣表面温度仅比气化温度大约低 2℃，因此，这里简化为在渣表面上直接加载炉内气化温度。渣、耐火材料、水冷壁接触无间隙，仅考虑它们之间的热传导。耐火材料热导率恒定，不随温度变化。

为了保证气化炉的稳定、高效运行，需要利用温度梯度在水冷壁耐火材料上形成稳定的复合渣层，阻止液态熔渣与耐火材料的反应。进行模拟计算时，设水冷壁的冷却管材质为不锈钢，其热导率为 $35W/(m \cdot K)$；国内某厂熔渣的热导率如表 6-2 所示，灰熔融性为：变形温度 1160℃，软化温度 1170℃，半球温度 1190℃，流动温度 1200℃。本模拟暂不考虑耐火材料组成、显微结构等因素的影响，仅研究耐火材料不同热导率对渣层形成的影响。

表 6-2　熔渣的热导率

温度/℃	100	400	700	1000	1200
热导率/[W/(m·K)]	0.54	1.28	1.90	2.63	3.14

当渣表面温度为 1280℃，渣层厚度为 25mm，耐火材料的热导率为 $8W/(m \cdot K)$ 时，气化炉炉衬的温度场分布见图 6-9，渣层的温度分布见图 6-10。从图 6-9 和图 6-10 可以看出，温度梯度最大的区域是渣层，水冷管温度最高为 488℃，锚固件顶端温度为 548℃，耐火材料层最高温度为 600℃。渣层基本分为 3 个部分，固态层（温度低于 1160℃）、熔融层（温度为 1160~1200℃）、流动层（温度高于 1200℃）。

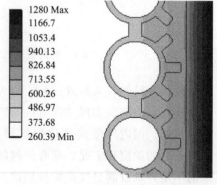

1280 Max
1166.7
1053.4
940.13
826.84
713.55
600.26
486.97
373.68
260.39 Min

图 6-9　气化炉炉衬的温度场分布

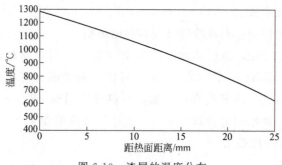

图 6-10　渣层的温度分布

（3）耐火材料热导率对渣层厚度的影响

渣层厚度为 25mm 时，耐火材料热导率和渣层表面温度对流动渣层厚度的影响见图 6-11。由图可见，随着耐火材料热导率的增大，流动渣层厚度逐渐减薄；随着渣层表面温度的增加，流动渣层厚度逐渐增加。

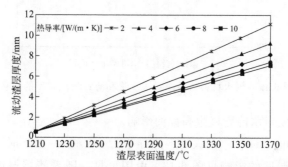

图 6-11　耐火材料热导率和渣层表面温度对流动渣层厚度的影响

根据国内某厂气化炉实际开行的经验，炉内操作温度也即渣层表面温度，一般高于流动温度 100℃，即 1300℃左右；当开炉时温度较低，略高于渣的流动温度，不低于 1210℃；运行过程中，工艺可能出现波动，但渣层表面温度一般不超过 1370℃。由图 6-11 可见，渣层表面温度为 1290～1310℃（高于流动温度 90～110℃）时，耐火材料热导率为 2～10W/(m·K) 时对应的流动渣层厚度分别为 5.8～7.2mm、4.8～5.9mm、4.3～5.2mm、4.0～4.8mm、3.8～4.6mm。由相关的研究工作可知，稳定状态下的流动渣层厚度小于 4mm，固态渣层和熔融渣层总厚度 20.7mm，渣层整体厚度即可相对稳定，从而保证气化炉在稳定的热损值下正常工作。因此，建议耐火材料的热导率为 8～10W/(m·K)，以便获得良好的挂渣层，保证气化炉安全稳定运行。

当渣表面温度为 1370℃时（通常出现在气化炉的高温区或操作负荷异常波动时），计算得出的流动渣层厚度约为 8mm，此温度远高于渣的流动温度，造成流动渣层的黏度低，流动速度加快，实际运行中，会使气化炉炉衬挂渣层变薄，甚至挂渣困难，不能形成良好的保护层，对耐火材料和水冷管的使用会造成潜在的压力，甚至造成事故。

（4）耐火材料热导率对水冷管极限高温的影响

渣层厚度为 25mm，渣层热面温度为 1290℃时，耐火材料热导率对水冷管和渣钉最高温度的影响见图 6-12。从图中看出，随着耐火材料热导率的逐渐增大，水冷管和渣钉的最高温度开始增加，当热导率增至 6W/(m·K) 以后，温度增加不再明显。在本研究计算范围内，水冷管最高温度为 481℃，渣钉最高温度为 550℃，满足使用要求。

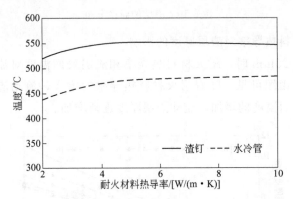

图 6-12　耐火材料热导率对水冷管和渣钉最高温度的影响

（5）渣层厚度对水冷管极限高温的影响

渣层表面温度 1290℃，耐火材料热导率为 8W/(m·K) 时，渣层厚度对水冷管和渣钉最高温度的影响见图 6-13。由图可见，随着渣层厚度的增大，水冷管和渣钉的最高温度呈现逐渐下降的趋势。按 ASME-ⅡD 篇的规定，水冷壁材料最高使用温度应低于 649℃。当挂渣层厚度低于 15mm 时，水冷管处于超温状态，但这可能是刚开炉时的情况，或者是渣层在运行中完全脱落或烧损。若是刚开炉的时候，可通过增大水冷强度和控制点火反应来实现快速挂渣，以保护耐火材料和炉壁结构；若是渣层在开运行中完全脱落或烧损，则需要通过降低负荷、降低炉内温度等工艺手段来调整。因此，为保证气化炉水冷壁安全运行，应保证挂渣层厚度在 15mm 以上。

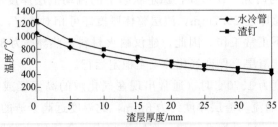

图 6-13　渣层厚度对水冷管和渣钉最高温度的影响

通过计算机仿真模拟，可以得知冷壁式气化炉应选用热导率为 8～10W/(m·K) 的耐火材料，在炉内操作温度为 1290～1310℃时，气化炉炉壁挂渣状态较好；当炉内已实现正常挂渣厚度（15mm 以上）时，水冷管和渣钉都会在安全温度下正常运行，在挂渣厚度较低的情况下（小于 15mm），渣钉和水冷管有超温的风险。为冷壁式气化炉的材料选择提供具有参考价值的理论依据。

6.1.2.4　存在的问题

有限元法的引入为耐火材料的发展注入了新的动力，但目前还有许多问题需要研究解决。耐火材料热力学性能的分析与其性能、结构和工作环境有关，因而其各组分物性参数（如杨氏模量、泊松比、热膨胀系数、热导率等），特别是高温下物性参数的测量就显得至关重要。但由于耐火材料是多组分、多相材料，组分、结构和性能的关系十分复杂，因而其物性参数不易获得，这给耐火材料热应力的计算带来了很大困难。

耐火材料大多为非均质脆性材料，为典型的颗弥散多相复合结构，而在有限元计算中，一般将耐火材料作为均质材料处理，采用宏观性能作为材料性能的唯一表征。用宏观断裂模型分析耐火材料的热应力，仅能在一定精度下解决工程问题，无法揭示耐火材料结构、组分和性能之间的关系。

6.2　耐火材料施工技术

6.2.1　煤气化装置的施工方法和流程

煤气化装置中气化炉砌筑施工作业，具备以下特点：空间狭小且为受限空间、作业环境差、气化炉内衬施工具有质量要求高、质量控制难度大、作业面小、劳动效率低、高空交叉作业危险性大等。下面就水煤浆气化炉耐火材料的砌筑施工方法和流程介绍如下。

（1）筒身部分的砌筑方法

① 进行筒身最下部两个托砖板以上共 5 环砖的预排。保证所有灰缝均匀一致，每环砖均同心并预留环向膨胀缝，预排完毕后进行测量并做好记录。

② 拆除所有预排砖，开始正式砌筑。砌筑前根据预先测量托砖板水平误差的数据用火泥调平，但火泥厚度不得大于 3mm。先砌筑 1 层背衬砖。完成后，浇筑背衬砖背部的浇注料，浇注料的高度应比此环背衬砖上表面低 40mm。浇注料填满后用插入式振动棒进行振捣并抹平。

③ 进行两层隔热砖的预排，使灰缝均匀一致，并且按图设置环向膨胀缝。

④ 拆除预排的隔热砖，在正式砌筑隔热砖前，先在炉壳体抹一层纤维涂抹

料，抹完后的纤维涂抹料必须厚度均匀，厚度偏差不得大于 4mm，如炉壳体是椭圆的，应按实际的椭圆度计算涂抹的厚度，涂抹后的涂抹料必须密实无空洞。

⑤ 在热面砖托砖板上用火泥调平托砖板的水平误差并砌筑一环，砌筑完后浇注背衬砖托砖板底部的重质浇注料，在超出砖的高度而无法浇注时，必须用手工捣实并抹平至托砖板宽度一致，然后砌筑第 2 层砖，并砌筑两层热面砖。在砌筑热面砖前，先在背衬砖与热面砖环接触面表面贴一层 3mm 厚的可燃材料。

⑥ 筒身部位的砌筑必须严格按以下顺序进行，即：

纤维涂抹料施工—砌保温砖—贴可燃材料—砌背衬砖—贴可燃材料—砌热面砖。

各种耐火砖按外高内低顺序阶梯形进行砌筑。

（2）热电偶砖的砌筑安装

① 在砌筑安装热电偶砖的过程中，所有的热电偶贯入砖都必须对准接盘中心线，在每个热电偶接盘位置安装一个中心线固定装置，可保证插热电偶的砖与此固定装置对准，固定装置拟采用实际热电偶的组装模型或实物。

② 在安装好热电偶接盘中心的固定装置后，测量下部保温砖上表面至热电偶中心线的距离，并预摆热电偶保温砖，如果热电偶保温砖的中心与接盘中心线不重合，则必须切割下部的保温砖。测量尺寸时，要把火泥厚度考虑在内，在每块保温砖按要求切割完后便可以砌筑。砌筑过程中，必须保证砖定位准确，使得热电偶接盘中心线正好穿过砖的中心孔洞。

③ 背衬热电偶贯入砖的安装。测量热电偶中心线至下部背衬砖上表面的距离，切割下层背衬热电偶贯入砖的底面，直到砖孔槽的上表面距离下面中心线距离符合图纸要求为止（需把灰缝厚度考虑在内）。筑炉工从两侧开始向两个相反方向分别施工，一旦背衬热电偶贯入砖准确定位，应避免它与邻接的侧墙背衬砖过分挤压而错位。在与热电偶邻接的各层砖要确保交错砌筑，每层砖的砌装从热电偶贯入砖相邻的切割砖开始。

④ 热面热电偶贯入砖的砌筑。按照筒身热面砖的砌筑方法，将热面砖砌筑至热偶以下，测量热电偶中心线至下部热面砖顶部的距离，切割下层热面砖。热面热偶砖切割到合适高度后便可以用火泥砌筑。砌筑时要确保砖槽与热电偶中心线对齐，从中心线至其上表面的距离符合图纸要求。

⑤ 为保证与热电偶邻接的各层砖交错砌筑，每层砖的砌筑应从热电偶贯入砖相邻的半块砖开始，在砌筑上部热面热电偶贯入砖组合安装之前，整块热电偶贯入砖（除邻接的热面砖外）禁止抹耐火泥，以方便做切割标记。在热面砖标记切割前，必须确定热电偶中心线到上部热电偶贯入砖槽的上表面距离。

⑥ 在砌筑完拱顶砖并经检查合格拆除脚手架前，通知业主将模拟热电偶拆除，并将热电偶安装调试，调试成功后用纤维棉将其四周塞实，如不能及时安装

热电偶，则将纤维棉交给业主，由业主方自行填塞。

（3）筒身上部耐火砖的砌筑方法

① 在砌筑完筒身最上部背衬砖后，为保证膨胀缝的高度尺寸和拱顶拱脚砖的高度尺寸，必须对最上部四环背衬部位的砖进行预排，为保证最上层砖的上表面到炉顶法兰面之间的距离，如有必要对最上层背衬砖进行切割。

② 热面砖遵循和背衬砖同样的原则，为保证膨胀缝的高度尺寸和拱顶拱脚砖的高度尺寸，必须对最后四环砖进行预排，为保证最上层砖的上表面到炉顶法兰面之间的距离，可能要对最上层热面砖进行切割。

③ 在上部背衬砖正面贴 3mm 厚的可燃材料，砌筑 4 层热面砖，其上表面与最上层背衬砖层上表面相平，砌筑时膨胀缝内不得留有耐火泥及其他杂物。

（4）拱顶部分耐火砖的砌筑

① 筒身部分耐火砖砌筑完成后，即可进行拱顶砌筑。在砌筑拱顶前，先在地面对所有拱顶砖进行预排，量出每块砖至炉中心线的水平距离以及至炉顶法兰面的高度，并做好记录，以此作为砌筑拱顶时测量的依据。

② 根据测量出的每块砖至炉中心线的水平距离制作安装拱顶胎膜。

③ 按图要求在拱顶壳壁上抹厚度 20～50mm 的纤维涂抹料。

④ 安装拱顶胎具。首先把胎具在炉外组装，检查各部位尺寸是否符合图纸要求，必要时进行修整，然后把每块模具按序编号，砌筑时在炉内拱模安装台上进行逐层拼装，必须保证拱模直立、水平和中心位置。

⑤ 拱顶砖共分三次砌筑，砌筑拱顶砖时，要求尽量使灰缝均匀，以达到尽量不切割砖的目的。

⑥ 由于气化炉的拱顶呈球状，砌筑难度大，而拱顶部位每环砖的任何高度和经度的偏离都会影响到下一砖层砌筑的难度，并且影响进料口的设计和整个气化炉的操作。因此，在每砌一环砖之前，都必须将该环砖进行预排，然后从炉膛上部接盘处测量该层砖最上边缘的尺寸，并同时测量每块砖的半径以确保砌筑尺寸准确。

⑦ 完成最上部砖的砌筑后，按照技术要求经过养护即可拆除拱顶木模，并检查砌体、勾缝、清理。

⑧ 浇注拱顶浇注料。拱顶浇注料的浇注与砌拱顶砖同步分三次进行，浇注高度应低于热面砖 30～40mm，某些部位由于无法用振动器进行振捣，改用橡皮锤进行捣打，所有浇注料必须捣打密实，不得有空洞现象产生。

（5）颈部进料口的砌筑

根据拱顶出口的设计尺寸，硅酸铝纤维膨胀缝的尺寸要求，对炉口砖进行切割加工并砌筑，在砌筑前先在炉口颈内壁贴一层 6mm 厚的耐火纤维毡，砌完砖后铺设炉口。

（6）锥底砌筑

① 在砌筑锥底前，必须严格检查锥底托砖板的平整度，如有不平用火泥调平。进行砖的预排，并按设计要求留出膨胀缝，检查砖的高度与直径，合格后方可进行砖的砌筑。

② 先砌筑渣口砖内的几环砖，完成后在其前部贴一层 3mm 可燃材料，完毕后再砌筑渣口砖，砌筑完以上砖后浇注重质浇注料。施工时，浇注料必须用插入式振动棒振实，密实无空洞，并按图纸所示位置找好标高。

③ 完成重质浇注料浇注并在其初凝后预排上部耐火砖，严格按照设计要求定好标高，然后拆除、砌筑。

④ 再预排、砌筑剩余耐火砖，所有锥底砖的砌筑都必须按图纸所示部位粘贴一层 3mm 厚的可燃材料，至此，整台气化炉耐火材料砌筑施工全部完毕。

（7）拱胎的支设和拆除

拱胎必须按照图纸尺寸和承受的载荷进行结构设计，并预先制作备用。一般采用的是木质或者钢制，木制胎具的特点是：制作简单、易于安装，但其牢靠性差、载荷承受力小，钢制胎具具有制作精度可控制的比较精密、安装精度可控，但其重量较大，在安装和搬运过程中费时费力。大型拱顶胎具支设完成后，首先进行安全性以及垂直度、对口楔是否打紧等方面的检查，检查合格确认无误后方能砌筑施工。

拆除拱胎之前，首先检查拱顶拉杆或其调节装置是否拉紧，拆除时先松对口楔，当存在两根支柱时，同时拆除，若中间有支柱时，先拆中间支柱后拆两边。

6.2.2 耐火材料主要施工设备

近几年来随着装备制造业科学技术的深入发展，以及对国外先进技术装备的引进消化，使得气化炉筑炉工程的施工技术不断进步更新。施工机械化程度也随之日趋完善提高。

（1）水平运输工具

① 载重汽车。耐火材料目前已普遍实现了小型集装箱包装，可直接将砖箱运至施工地点，在气化框架平台上开箱。这种小型集装箱可使用叉车装卸，各种类型的载重汽车均可运送，灵活方便，特别适合化工厂改扩建等场地狭窄及仓库面积不大的情况下使用。

② 平衡重式叉车。平衡重式叉车主要用于耐火砖小型集装箱在仓库及运输车辆上的堆垛、装卸及短距离运输等。

③ 液压手拉车。液压手拉车主要用于气化框架平台或者炉前耐火砖小型集装箱即托盘的搬运，一般载重量为 2～5t，完全用人力实现耐火材料短距离的水平运输，对地面平整度要求较高，但相比叉车更为灵活。

④ 皮带输送机。皮带输送机是一种结构简单、运送效率高的连续式运输机械，目前市售的主要分为固定式、移动式和节段式三种，实际使用当中普遍采用移动式。在卧式炉的砌筑施工过程中，近年国外曾有使用皮带输送机往炉内运送耐火砖的工程经验，大大提高了砌筑的效率、减少了搬运耐火砖的劳动强度。

（2）垂直运输机械

由于气化炉耐火砖的砌筑一般是在气化框架的 $20\sim25m$ 平台开始的，所有的耐火材料都需要从地面垂直运送至此平台再进行搬运。

① 卷扬机。卷扬机是以电为动力通过不同传动方式的减速，驱动卷筒转动作为垂直运输的一种机械。其特点是结构紧凑、移动方便、操作简单，既可以与井架等配套使用又可以独立使用。

② 井架。井架又称卷扬塔，是一种以卷扬机带动吊盘、吊笼来运输材料的竖井架，在气化框架上耐火砖垂直运输过程，普遍采用的是井架作为运送耐火材料进入炉内的垂直运输机械。其特点是：稳定性好、运输量大，不仅能运输耐火砖还可运送浇注料、火泥、涂抹料等辅助材料。

③ 电动葫芦。气化炉内砌筑施工前，耐火砖需要从炉底运送进到施工台面，一般采用的都是电动葫芦，将其安装在炉顶提前搭设牢靠的脚手架上，用以提升和运输砌筑施工用耐火砖、混制好的火泥和浇注料等。其特点是：尺寸小、便于携带、操作简单、结构紧凑等。在有些特殊场合（如化工厂例行检维修、紧急停炉检修）使用时，要求使用防爆电动葫芦。

④ 桥式起重机。气化框架一般会在两侧各设置一个桥式起重机作为检修或者其他吊装之用，在筑炉施工过程中，可以作为耐火材料的垂直及水平运输之用。其特点是：吊装重量大、操作简单、安全可靠。需要特别注意的是桥式起重机使用时严禁斜拉硬拽，否则钢丝绳及减速机等部件会有损坏的风险。

（3）搅拌机

① 泥浆搅拌机。泥浆搅拌机主要用于气化炉砌筑用火泥的混制，分为连续作业式和周期作业式两类，常用的是带自倾翻出料式和活门出料式的，易于修理、操作简单、可靠性强。

② 强制式搅拌机。耐火浇注料、喷涂料等的混制需要强制式搅拌机来实现。强制式搅拌机一般采用立轴涡轮桨式，它凭借安装在搅拌机械内的一组或多组涡轮桨叶片旋转，将物料翻转和抛出的往复运动，实现强制搅拌的目的。其特点是：搅拌时间短、混合效率高，易于操作。

（4）喷涂机

气化炉等某些部位带有龟甲网，需要在龟甲网上施工一层耐火喷涂料起到隔热耐磨等作用，喷涂料的施工一般需要通过喷涂机来实现。

国产喷涂机主要包括：喷枪头、料斗、压力表、快速接头、电气控制箱、行走系统及旋转体等几部分组成，分为：轻质料喷涂机、重质料喷涂机及纤维喷涂机三种。

（5）振捣机械

① 风镐。风镐又称气镐，在筑炉施工过程中多用于可塑料、捣打料的施工，在气化炉耐火砖维修更换过程中，风镐也常用于拆除原有旧的耐火砖和浇注料。其主要特点是：对气源要求较高，气源的压力及稳定性直接影响工作效率，简单易操作、振捣力大。

② 电动振捣机械。普遍采用的电镐即是一种典型的电动振捣机械，同样可以用于可塑料、捣打料的施工，以及气化炉耐火砖维修更换时旧的耐火砖和浇注料的拆除。其主要特点是：有电源即可使用，对压缩空气等条件无要求，结构简单、夯实效率高、压实效果好。

③ 振动器。在耐火浇注料施工过程中，很重要的一个环节即是将浇注料振实，振捣过程控制的优劣直接决定着浇注料的施工质量，进而影响耐火材料的使用性能。振动器是一种体积小、振幅高频率的振捣机械，可以使得浇注料更密实，普遍用于耐火浇注料的施工当中，按照振动力分为：电动式、内燃式和风动式三种，目前使用比较多的是电动式。其主要特点是：易于操作、移动灵活、振捣效果好。

（6）耐火砖加工机械

① 切砖机。耐火砖在制造过程中往往存在公差，砌筑施工过程中会出现因为公差累计出现的情况，此时一般采用切砖的方式消除累计公差，切砖的基本要求是：切割后砖的宽度不能小于原始尺寸的 2/3，如果小于 2/3，则要切割两块砖，如此可以确保宽度不会超标。

切砖机结构简单、需求量不大，目前国内很多单位均可自行生产制造，一般分为：小型移动式切砖机主要用于轻质砖的切割，金刚石刀片切砖机主要用于各种重质砖的切割加工，目前砌筑施工现场一般采用的金刚石锯片按照直径分为 500mm、600mm 几种。

② 磨砖机。在某些要求较高的场合，对于砖的外形尺寸或光洁度要求较高，就需要用磨砖机进行打磨。主要的磨砖机分为：辊型磨砖机、立式磨砖机、金刚石刀盘磨砖机、角向磨光机，一般砌筑施工现场，利用角向磨光机对于较大型砖的临时加工和砌体缺陷的局部修理，使用较为广泛。

（7）筑炉施工用工具

① 砌筑用一般工具有：桃形大铲、菱形大铲、抹子、瓦刀、皮锤、泥浆勺、泥浆槽、小铁桶等；

② 检验用工具有：塞尺、水平尺、三角塞尺、伸缩尺等；

③ 测量用仪器有：经纬仪、水准仪等。

6.2.3　施工注意事项

（1）砌筑前的准备工作

① 气化炉的耐火材料应在炉子基础、炉体钢壳及有关设备安装完毕，并检查合格，签订工序交接证明书之后，才可以进行砌筑施工。工序交接证明书的内容主要包括：炉子中心线和控制标高的测量记录、隐蔽工程验收记录、炉体钢壳的验收记录、炉子钢结构和托砖板的位置尺寸及焊接质量检查记录。

进行气化炉中间交接检查时，重点检查炉底部托砖板是否变形或水平度是否符合要求，如变形太大或在气化炉的环面上水平度偏差超过±3mm，则应拟定必要的技术措施并经设计、总承包、业主和监理等相关单位确认。如果水平度小于3mm，则应在偏差的部位做好标记，在前三层砖砌筑前对砖进行表面抛光或用耐火泥浆进行校正，以抵消变形偏差对砌筑带来的影响。其次用垂直线来检查炉膛的垂直度，在炉膛长度上每米偏离不超过±1mm或总体不超过±6mm。

② 在气化框架破渣机所在楼层，设置耐火砖加工场所以及现场小型搅拌站，用于搅拌耐火浇注料和耐火泥浆，并在此楼面设约120m²的耐火材料临时堆放场地，作为筑炉施工耐火砖中转之用，此场地也必须做好防雨措施。在筑炉期间此楼层尽量不要安排配管等安装施工，以免交叉作业带来安全隐患。

③ 结合工程的特点，组织全体参加施工的人员认真学习筑炉衬里技术规范，熟悉图纸及有关施工技术条件，吃透设计意图，制定质量管理办法。认真组织技术交底，班组长和班组骨干要熟悉材料性能、材料配合比，以及其他有关技术要求，做到心中有数，不出差错。

④ 定型耐火制品抽样验收应符合GB/T 10325的规定，不定形耐火材料抽样验收应符合GB/T 17617的规定。

⑤ 设置气化炉砌筑中心线时，利用上口法兰和底座法兰制作安装中心线定位板，再采用直径为1.5mm细钢丝绳，一头带有张紧弹簧，以此来实现中心线对准。

⑥ 搭设炉内脚手架。脚手架搭设采用钢管脚手架，从破渣机平台处开始搭设爬梯，并通过炉内下降管急冷环到达炉膛内部，在三环砖砌筑高度达到1.1m时，再搭设炉内脚手架。具体搭设方法为：在炉内立4根间距为1.6m的立杆，高度方向每间隔1.5m搭设一层操作平台，为避免平台横杆钢管直接接触炉墙，用布包住横杆的两头，然后再支撑于炉墙上，为方便工人上下，在脚手架一侧，每隔300mm搭设一根横杆（不接触炉墙）。在所有层间距内入口处，应留出一个边长为600mm的方口，以便吊装耐火材料和校对炉膛中心线，炉内脚手架严禁直接支撑在耐火砖墙面上。脚手架在使用前应报相关验收检查，验收检查合格

后方可使用。

⑦ 砌筑前对与砌体接触的金属表面进行处理，使表面无油污、铁锈及其他污物。其除锈等级应不低于 GB/T 8923 规定的 St2 级。

（2）材料的验收、保管和运输

① 气化炉用耐火砖、浇注料、火泥以及其他辅助筑炉材料应按现行有关的标准和技术条件验收。

运至施工现场的材料均应具有有效的质量证明书，浇注料、火泥和纤维涂抹料等不定形耐火材料还应具有使用说明书和有效期限。材料的牌号、级和砖号等是否符合标准、技术条件和设计要求，在施工前均应按文件和外观检查或挑选，必要时应由试验室检验。

② 耐火材料仓库及通往仓库和施工现场的运输道路，均应于耐火材料开始向现场运送前建成。

③ 在工地仓库内的耐火材料，应按牌号、级、砖号和砌筑顺序放置，并做出明显的标志。运输、装卸耐火制品时，应轻拿轻放。

④ 气化炉砌筑工程属于大型炉窑砌筑，耐火制品宜采用集装方式运输。运输和保管耐火材料时，应预防受湿。火泥、浇注料、纤维材料、隔热耐火砖等和用于重要部位的高铬砖、铬刚玉砖，应存放在有盖的仓库内。

（3）火泥

① 砌筑气化炉耐火砖用的泥浆的耐火度和化学成分，应同所用耐火砖的耐火度和化学成分相适应。泥浆的种类、牌号及其他性能指标，应根据炉子的温度和操作条件由设计选定。

② 气化炉砌筑之前应根据砌体类别通过试验确定泥浆的加水量，同时检查泥浆的砌筑性能（主要是粘接时间）是否能满足砌筑要求。

气化炉砌筑用泥浆的粘接时间视耐火砖材质和外形尺寸的大小而定，宜为 60～180s。

③ 砌筑气化炉应采用成品泥浆，泥浆的最大粒径不应大于规定砖缝厚度的 30%，一般灰缝要求 1～2mm，所以火泥的最大粒径为 0.6mm。

④ 调制泥浆时，应按规定的配合比加水和配料，应称量准确，搅拌均匀。不得在调制好的泥浆内任意加水或结合剂。同时使用不同泥浆时，不得混用搅拌机和泥浆槽等机具。

搅拌水应采用洁净水。沿海地区，调制掺有外加剂的泥浆时，搅拌水应经过化验，其氯离子（Cl^-）的浓度不应大于 50mg/L。

注意事项：一般两种不同材质的材料之间不用火泥，例如，铬刚玉与高铬砖之间，氧化铝空心球与铬刚玉之间等，便于不同材质的砖体能够不影响各自的相互膨胀移动。

（4）耐火浇注料

① 搅拌耐火浇注料用水，应采用洁净水。沿海地区搅拌用水应经化验，其氯离子（Cl⁻）浓度不应大于 50mg/L。

② 浇注用的模板应有足够的刚度和强度，支模尺寸应准确。并防止在施工过程中变形。模板接缝应严密，不漏浆。对模板应采取防粘措施。浇注料接触的隔热砌体的表面，应采取防水措施，一般采用地板膜防潮纸。

③ 浇注料应采用强制式搅拌机搅拌。搅拌时间及液体结合剂加入量应严格按施工说明执行。变更用料牌号时，搅拌机及上料斗、称量容器等均应清洗干净。

④ 搅拌好的耐火浇注料，应在 30min 内浇注完，或根据施工说明的要求在规定的时间内浇注完。已初凝的浇注料应当废弃，不得使用。

⑤ 浇注料中钢筋或金属埋设件应设在非受热面。钢筋或金属埋设件与耐火浇注料接触部分，应根据设计要求设置膨胀缓冲层。

⑥ 整体浇注耐火内衬膨胀缝的设置，应严格按照图纸及相关规范的要求。

⑦ 浇注料应捣密实。振捣机具宜采用插入式振捣器或平板振动器。在特殊情况下可采用附着式振动器或人工捣固。当用插入式振捣器时，浇注层厚度不应超过振捣器工作部分长度的 1.25 倍；当用平板振动器时，其厚度不应超过 200mm。

自流浇注料应按施工说明执行。隔热耐火浇注料宜采用人工捣固。当采用机械振捣时，应防止离析和体积密度增大。

⑧ 耐火浇注料的浇注，应连续进行，在前层浇注料凝结前，应将次层浇注料浇注完毕。间歇超过凝结时间，应按施工缝要求进行处理。施工缝宜留在同一排锚固砖的中心线上。

⑨ 耐火浇注料在施工后，应按设计规定的方法养护。耐火浇注料养护期间，不得受外力振动。

⑩ 浇注料的现场浇注质量，对每一种牌号或配合比，每 20m³ 为一批留置试块进行检验，不足此数亦作一批检验。采用同一牌号或配合比多次施工时，每次施工均应留置试块检验。检验项目和技术要求，可参照现行的行业标准以及该工程项目技术协议的规定执行。

⑪ 浇注衬体表面不应有剥落、裂缝、孔洞等缺陷。但允许有轻微网状裂纹。

⑫ 耐火浇注料的预制件不宜在露天堆放。露天堆放时，应采取防雨防潮措施。

⑬ 起吊浇注料预制件时，预制件的强度应达到设计对吊装所要求的强度。预制件吊运时应轻起轻放，严格按吊装要求操作。预制件砌体缝隙的宽度及缝隙的处理应按设计规定。

（5）耐火可塑料

① 可塑料应密封良好，保持水分。施工前应按现行的行业标准《可塑料可塑性指数试验方法》YB/T 5119 检查可塑料的可塑性指数。

② 采用支模法捣打可塑料时，模板应具有一定的刚度和强度，并防止在施工过程中位移。吊挂砖的端面与模板之间的间隙，宜为 4～6mm，捣打后不应大于 10mm。

③ 可塑料铺排应错缝靠紧。采用散装可塑料时，每层铺料厚度不应超过 100mm。捣锤应采用橡胶锤头，捣锤风压不应小于 0.5MPa。捣打应从坯间接缝处开始。锤头在前进方向移动宜重叠 2/3，行与行重叠 1/2，反复捣打 3 遍以上。捣固体应平整、密实、均匀。

④ 捣打炉墙和炉顶可塑料时，捣打方向应平行于受热面。捣打炉底时，捣打方向可垂直于受热面。

⑤ 可塑料施工宜连续进行。施工间歇时，应用塑料布将捣打面覆盖。施工中断较长时，接缝应留在同一排锚固砖或吊挂砖的中心线处。当继续捣打时，应将已捣实的接槎面刮去 10～20mm 厚，表面应刮毛。气温较高，捣打面干燥太快时，应喷雾状水润湿。

⑥ 炉墙可塑料应逐层铺排捣打，其施工面应保持同一高度。

⑦ 安设锚固砖或吊挂砖前，应用与此砖同齿形的木模砖打入可塑料，形成凹凸面后，再将锚固砖嵌入固定。

⑧ 烧嘴和孔洞下半圆处应退台铺排可塑料坯，退台处应径向捣打。上半圆应在安设木模后安装耐火砖前，砌拱方式铺排，并应沿切线方向捣打。"合门"处应做成楔形，填入可塑料时，并应按垂直方向分层捣实。

⑨ 炉顶可塑料可分段进行捣打，斜坡炉顶应由其下部转折处开始，达到一定长度（约 600mm）后，才可拆下挡板捣打另一侧。

⑩ 炉顶"合门"应选在水平炉顶段障碍物较少的位置。"合门"处应捣打成窄条倒梯形空档，宽度不应大于 600mm。"合门"口应捣打成漏斗状，并应尽量留小，分层铺料，分层捣实。

⑪ 可塑料内衬的膨胀缝，应按设计要求留设。炉墙膨胀缝、炉顶纵向膨胀缝的两侧，应均匀捣打，使膨胀缝成一直线。在炉墙与炉顶的交接处，应留水平膨胀缝与垂直膨胀缝。膨胀缝内应填入耐火陶瓷纤维等材料。

⑫ 炉顶"合门"处模板，必须在施工完毕停置 24h 以后才可以拆除。用热硬性可塑料捣打的孔洞，其拱胎应在烘炉前拆除。

⑬ 可塑料内衬的修整，应在脱模后及时进行。修整前，锚固砖或吊挂砖端面周围的可塑料，应用木槌轻轻地敲打，使咬合紧密。修整时，以锚固砖或吊挂砖端面为基准消除多余部分，未削除的表面应刮毛。可塑料内衬受热面，应开设

$\phi4\sim6mm$ 的通气孔。孔的间距宜为 $150\sim230mm$，位置宜在两个锚固砖中间，深度宜为捣固体厚度的 $1/2\sim2/3$。可塑料内衬受热面的膨胀线，应按设计位置切割，宽宜为 5mm，深宜为 $50\sim80mm$。

⑭ 当可塑料内衬修整后不能及时烘炉，应用塑料布覆盖。

⑮ 烘炉前可塑料内衬裂缝大于下列尺寸时应进行挖补：烧嘴、各孔洞处 3mm；高温或重要部位 5mm；其他部位 12mm。裂缝处应挖成里大外小的楔形口，表面喷洒雾状水润湿，用可塑料仔细填实。

裂缝宽度在烧嘴、各孔洞处为 $1\sim3mm$；高温或重要部位 $1\sim5mm$；其他部位 $3\sim12mm$，可在裂缝处喷雾状水润湿，用木槌轻敲，使裂缝闭合，或填泥浆、可塑料、耐火陶瓷纤维等。

（6）耐火捣打料

① 捣打料捣打时，铺料应均匀。用风动锤捣打时，应一锤压半锤。连续均匀逐层捣实。第二次铺料应将已打结的捣打料表面刮毛后才可进行。风动锤的工作风压，不应小于 0.5MPa。

② 捣打料用模板施工时，模板应具有足够的强度及刚度。连接件、加固件捣打时不得脱开。

（7）耐火喷涂料

① 喷涂料施工前，应按喷涂料牌号规定的施工方法说明书试喷，以确定适合的各项参数，如风压、水压等。

② 喷涂前应检查金属支承件的位置、尺寸及焊接质量，并清理干净。支撑架上有钢丝网时，网与网之间应搭接 1 个格。但重叠不得超过 3 层，绑扣应朝向非工作面。

③ 喷涂料应采用半干法喷涂。喷涂料加入喷涂机之前，应适当加水润湿，搅拌均匀。

④ 喷涂时，料和水应均匀连续喷射，喷涂面上不允许出现干料或流淌。喷涂方向应垂直于受喷面，喷嘴离受喷面的距离宜为 $1\sim1.5m$，喷嘴应不断地进行螺旋式移动，使粗细颗粒分布均匀。

⑤ 喷涂应分段连续进行，一次喷到设计厚度。内衬较厚需分层喷涂时，应在前层喷涂料凝结前喷完次层。附着在支撑件上或管道底的回弹料、散射料，应及时清除，并不得回收做喷涂使用。施工中断时，宜将接茬处做成直茬，继续喷涂前应用水润湿。

⑥ 喷涂层厚度应及时检查，过厚部分应削平。喷涂层表面不得抹光。检查喷涂层密度可用小锤轻轻敲打，发现空洞或夹层应及时处理。

⑦ 喷涂完毕后应及时开设膨胀线，可用 $1\sim3mm$ 厚的楔形板压入 $30\sim50mm$ 而成。

⑧ 以喷涂法施工较厚的内衬时，应先将锚固砖固定。喷涂时应注意不要因有锚固砖的遮挡而形成死角。喷涂料凝结之后，进行修整和开通气孔。

⑨ 喷涂料的养护，应按所用料牌号的施工方法说明书进行。

（8）冬季施工

① 气化炉耐火材料施工现场环境温度必须大于 5℃，施工最佳温度为 18～30℃。

② 当日平均气温连续三天以上稳定在 5℃ 或 5℃ 以下，或者最低气温降低到 0℃ 或 0℃ 以下时，即为进入冬季施工阶段。

③ 冬季砌筑工业炉应在采暖的建筑物或暖棚内进行，工作地点和砌体周围的温度均不应低于 5℃。耐火材料和预制件在砌筑前，应预热至 0℃ 以上；耐火泥浆、浇注料等的施工温度均应大于 5℃。

④ 一般建议耐火泥浆、浇注料等在混制时的温度用水的温度均不应低于 15℃，建议用加热过的水，可保证泥浆及浇注料在施工后不至于迅速上冻，而且可保证浇注料中结合剂迅速发挥作用。

⑤ 砌筑过程中出现人员休息，炉内无作业时，采取供暖及保暖措施，以保证施工完的火泥及浇注料不上冻，从而保证施工质量。

⑥ 另外，施工完成后如果条件具备，尽快烘炉。

（9）其他需要注意的问题

① 耐火砖必须使用相对应的火泥。火泥桶、镘刀、搅拌器都不能沾有异物，所有的设备在用完后必须及时清理干净。

② 在不同材质的砖层之间必须铺一层可燃材料，不仅能提供耐火材料的膨胀缝，还能保住浇注料中的水分。

③ 膨胀缝等的预留必须严格按照图纸进行施工，保证无应力膨胀。

④ 砌筑时应用橡胶锤进行修正，严禁用铁锤等硬器敲打，如要用铁锤敲打，也必须用木板垫在耐火砖上，不得直接在耐火砖上敲打。

⑤ 拱顶部位砌筑难度大，而且每块砖的位置和砌筑情况将影响以后的砌筑，所以在施工之前需要进行预排，以保证砌筑质量。

⑥ 耐火材料进行抽样检验时，检验结果有一件不合格，应按照原规定数量的两倍抽样再检验，若仍有不合格，则该检验批不合格。

⑦ 筑炉工程的隐蔽工程未经验收，不得进行后续作业。

⑧ 筑炉工程施工环境温度宜为 5～35℃，施工期间应对已完的砌体和衬里采取防冻、防雨、防晒等成品保护措施。

⑨ 计量器具应经过检定/校准处于合格状态，并在有效期内使用。

6.2.4 施工验收标准

（1）验收

是指参与安装工程建设的有关各方（建设单位、监理单位、总承包单位、施工单位等）通过观察、检测或试验对工程质量符合设计文件、标准规范和合同技术协议要求程度的认定过程。

验收参考的标准规范有：

① GB 50309—2017《工业炉砌筑工程质量验收规范》；

② GB 50211—2014《工业炉砌筑工程施工与验收规范》；

③ SH/T 3508—2011《石油化工安装工程施工质量验收统一标准》；

④ SH/T 3534—2012《石油化工筑炉工程施工质量验收规范》。

（2）施工质量验收的基本要求

① 施工质量应符合设计文件、标准规范和合同技术协议的要求。

② 施工过程质量管理和质量控制所形成的相关记录和资料应全面翔实符合要求。

③ 砌筑施工质量检验应按照规定采取全数检验方案或抽样检验方案。

④ 砌筑施工质量验收应在施工单位/总承包单位自行检验合格的基础上进行，应报验的项目未经建设单位/监理单位检查认可的不得进行后续作业的施工。

⑤ 隐蔽工程在隐蔽前应由施工单位报验，建设单位/监理单位组织验收，并形成验收文件。

⑥ 工程试样以及材料复验取样应执行专业工程施工质量验收规范的规定。

⑦ 工程的观感质量应由建设单位/监理单位、施工单位/总承包单位等的代表通过现场检查共同确认。

（3）施工质量验收的基本规定

石油化工筑炉工程施工单位应具备相应的筑炉工程施工资质，筑炉工程施工应有经审查批准的施工技术文件，一般包括：施工组织设计、施工方案等，施工单位应建立实施和保证项目的质量保证体系、HSE 体系等管理体系。

筑炉施工质量应符合设计文件和 SH/T 3534 等规范标准的规定，施工质量验收除按照 SH/T 3534 的规定在施工单位自检合格的基础上进行，还应按照 SH/T 3508 的规定进行检验批、分项工程、分部工程的检查验收，筑炉工程检验批、分项工程、分部工程的划分按照 SH/T 3508 的相关规定进行。

（4）化工行业气化炉筑炉施工单位工程划分原则

① 筑炉、隔热耐磨衬里等专业工程不单独设单位工程。

② 筑炉工程、隔热耐磨衬里工程也可单独划为分部工程。

③ 筑炉、隔热耐磨衬里等分部工程宜按照静设备位号或台套划分为一个或

多个分项工程。

④ 检验批宜根据专业施工质量验收规范规定划分，也可根据施工过程质量控制的需要设置。

（5）耐火砖砌体的检验

① 砌体砖缝泥浆饱满度应大于 90%，有气密性要求的砌体要求泥浆饱满度应大于 95%。检验数量：炉底每层检查 2～4 处，炉墙每 1.25m 高检查 2～4 处，拱顶部位检查 2～4 处，检查方法是用百格网检查砖面与泥浆黏结面积，每处掀开 3 块砖，取其平均值。

② 砌体膨胀缝的宽度、构造、分布位置、填充材料及其压缩比例应符合设计文件的规定，膨胀缝应平直、缝内清洁无泥浆等杂物。膨胀缝间隙宽度的允许偏差不得大于 2mm，且不小于 -1mm。

③ 气化炉砌体砖缝一般要求热面砖砖缝 ≤1.2mm，背衬砖 ≤1.5mm，保温砖 ≤2mm。砖缝在规定的检验数量内，比规定砖缝大 50% 的砖缝数量不应拆到 4 个点。用塞尺检查砖缝时，塞尺的宽度应为 15mm，厚度应等于被检查砖缝的规定厚度。如果用塞尺插入砖缝的深度不超过 20mm 时，该砖缝即认为合格。

④ 炉底、炉墙及拱顶等砌体的允许偏差见表 6-3。

表 6-3　砌体的允许偏差

项次	项目		允许偏差		检验数量	检验方法
			数值	单位		
1	垂直度	每米高	≤3	mm	每面墙检查 3 处，每处检查上中下 3 个点	经纬仪、吊线和尺量检查
		全高	≤15	mm		
2	表面平整度	墙	≤5	mm	每 1.25m 高检查 2～4 处	2m 靠尺检查
3	烧嘴砖	中心	±3	mm	全数检查	尺量检查
		上下两层同心度	≤3	mm		

⑤ 炉墙砌体错缝应该正确。圆形炉墙不得出现三层重缝或三环通缝，合门砖应均匀分布。

⑥ 耐火砖的加工面不宜朝向炉膛的工作面。

⑦ 砌体组砌时勾缝应密实，墙面应平整、清洁。

⑧ 拱顶砖的砌筑应符合下列要求：环砌拱顶的砖环平整，彼此平行且与纵向中心线垂直；拱顶内表面平整，砖的错牙不大于 3mm，合门砖均匀分布。

（6）交工资料

一般按照上述技术条件验收后，还需提供以下资料，下列资料是必须提供的，也可按照建设单位和监理单位的要求增加。

① 施工图。若有重大变更，施工单位提供竣工图并加盖竣工图章。

② 工序交接证明书，主要包括：炉子中心线、控制标高的测量记录，炉壳安装位置的复测报告，隐蔽工程验收合格记录。

③ 材料证明文件，主要包括合格证、质量证明文件、有关的检试验报告。

④ 施工记录。

⑤ 耐火浇注料的配制和试验报告。

⑥ 主要部位测量记录和其他检查、验收记录。

⑦ 工程质量问题的处理资料。

参 考 文 献

[1] 许海虹，欧洪林. RH 真空室耐火内衬的传热计算及设计优化[J]. 耐火材料，2016，50(6)：473-475.

[2] 郭修智. 利用 MathCAD 进行耐火内衬的传热计算[J]. 耐火材料，2012，46(1)：59-61.

[3] 程爱民，程先云，陈义明. 基于 Excel 的稳态传热计算[J]. 工业炉，2011，33(1)：42-44.

[4] 孙庆利. EXCEL 在稳态导热计算中的应用[J]. 工业炉，2010，32(4)：37-38.

[5] 崔伟峰，黄红军，陈德详. 乙烯裂解炉衬里的传热计算研究[J]. 化工设备与管道，2012，49(1)：22-25.

[6] 井彦东，朱娟娟. 尾气焚烧炉锥段衬里传热计算与结构改进[J]. 硫酸工业，2016，(5)：47-50.

[7] 盈生才，任隽，周涛. 粉煤气化炉水冷壁用 SiC-Al$_2$O$_3$-Cr$_2$O$_3$ 系捣打料的应用实践[J]. 耐火材料，2016，50(6)：476-478.

[8] Jianjun Ni, Zhijie Zhou, Guangsuo Yu, et al. Molten slag flow and phase transformation behaviors in a slagging entrained-flow coal gasifier[J]. Industrial & Engineering Chemistry Research，2010，49(23)：12302-12310.

[9] 程相宣. 水冷壁气化炉内熔渣流动及反应研究[D]. 上海：华东理工大学，2012.

[10] 孙登科，李维成. 气化炉水冷壁金属极限高温安全性分析[J]. 煤炭加工与综合利用，2017，(6)：80-82.

[11] 葛林. 筑炉手册. 冶金工业出版社，1996.

[12] HG/T 20543—2006，化学工业炉砌筑技术条件(含条文说明)，中国计划出版社，2007.

[13] GB 50309-2007，工业炉砌筑工程质量验收规范，中国计划出版社，2008.

第7章 典型煤气化装置工程应用实例

7.1 GE 气化装置

20 世纪 80 年代，通用电气（GE）向我国输出了第一套水煤浆气化技术（原德士古水煤浆气化技术），协助了山东省某煤制合成氨项目的建成和运行，拉开了我国煤化工产业发展的序幕。此后，上海市某焦化厂、陕西省某化肥厂等引进的 GE 水煤浆气化技术项目也依次上马。目前，GE 水煤浆气化技术在我国气化炉项目开工率为 95％以上，可靠性达到 99％以上。"十一五"期间，GE 参与了我国新型煤化工示范项目，如内蒙古包头某 180 万吨煤制甲醇项目。"十二五"期间，GE 通过采用 8.7×10^6 Pa（87bar）高压气化、辐射废热锅炉流程，进一步提高了煤气化及下游整个生产环节的能源效率。

GE 煤气化技术属于气流床气化技术。它是在原煤中加入添加剂、助熔剂和水，磨制出合格水煤浆，经加压后喷入气化炉，与氧气或富氧在加压及高温状态下发生不完全燃烧反应制得高温合成气，高温合成气经辐射锅炉与对流锅炉间接换热回收热量（废锅流程），或直接在水中冷却（激冷流程）后经洗涤、除尘进入下一工序。气化温度为 1300～1400℃，气化炉无转动部件，对于生产合成气的气化炉，现大多采用激冷流程。

GE 气化装置按照容量可分为 450ft³，900ft³，1800ft³（1ft＝0.3048m）三种类型的，但是炉体结构基本相同。

7.1.1 GE 气化炉耐火材料的配置

GE 气化炉共分为燃烧室及激冷室两大部分，原料在燃烧室进行燃烧、气化反应，内部衬有耐火衬里，气化炉衬里根据气化炉壳体的外形特征及操作特性大致可分为三部分：气化炉拱顶衬里、气化炉筒体衬里及气化炉锥底衬里。GE 气化炉耐火材料衬里如图 7-1 所示。

（1）气化炉拱顶衬里

在拱顶部位，衬里采用球形三层设计结构如图 7-2 所示。由于形状不规则，高铬砖作为热面层，铬刚玉浇注料为背衬层，在铬刚玉浇注料与钢壳间，炉口和大法兰间有纤维涂抹料或耐火纤维作为纵向膨胀间隙，以保证热面砖热膨胀后能安全工作。球形结构施工方便，砌体质量有保障，可以减少应力集中延长使用寿命，并有效防止窜气。拱顶下部三环砖加宽加厚，因为此处是拱顶衬里最薄处，又是壳体封头焊接处，防止壳体出现热点。气化炉装置前期拱顶砖为法国进口砖，上下都有子母扣，其设计理念是为了防止气化窜气，但此设计容易导致子母扣处应力集中，在气化炉运行中会从子母扣处产生裂纹、断裂并逐步扩大，从而影响了整个气化炉的使用寿命。最近几年在国内设计中都采用阶梯式结构设计取代子母扣结构设计，既能避免应力集中产生裂纹又能有效地防止砖层窜气。

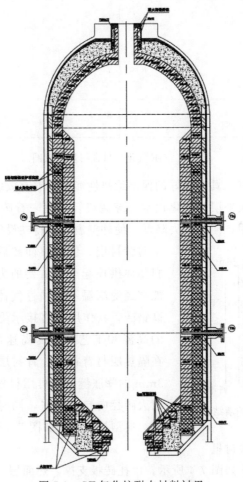

图 7-1　GE 气化炉耐火材料衬里

（2）气化炉筒身衬里

筒身耐火衬里一般分为四层：最外层为纤维涂抹料或耐火纤维，具有容重

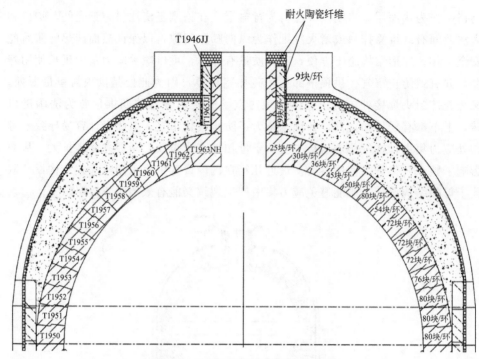

图 7-2　GE气化炉拱顶衬里示意图

小、导热率低的特点，具有很好的保温绝热性能，能够有效缓冲高温下里层耐火材料的径向膨胀；次外层为氧化铝空心球砖或轻质莫来石砖，位于背衬层之后，对气化炉起保温作用，使热损失降低，使外壁温度保持在设定值；次内层为铬刚

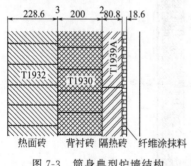

图 7-3　筒身典型炉墙结构

玉砖背衬层，位于热面砖后，对气化炉耐火材料整体拱顶起至关重要的力学支撑作用，并且能够经受高温下腐蚀性气体的侵蚀；热面层为高铬砖，其作用为直接承受部分氧化反应形成的高温和工艺气流的高速冲刷及炉渣的侵蚀。在隔热层与背衬层、背衬层与热面层之间留有3mm的膨胀缝，用可燃材料填充，以便于各层耐火砖径向自由膨胀，同时减少对壳体的压应力。典型炉墙结构如图7-3所示。

（3）气化炉锥底衬里

锥底衬里示意图如图7-4所示。由托砖板支撑，热面层为高铬砖，背衬层为铬刚玉砖，在不规则部位采用铬刚玉浇注料，具有较强的抗熔渣侵蚀及更好的体积稳定性能，高温下不变形，更有利于提高气化炉的整体气密性及安全系数，特别是渣口部位，渣口砖被冲刷侵蚀得尤为厉害，采用铬刚玉浇注料更有利于保护锥底部位的托砖板等钢壳部件。

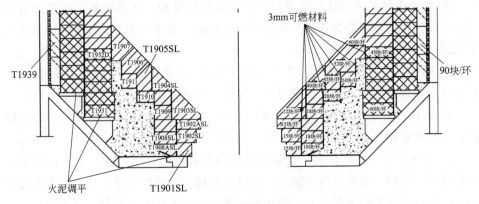

图 7-4　气化炉锥底衬里示意图

（4）其他特殊结构及技术特点

热电偶孔及测压孔处砖圆孔采用椭圆形结构，以消除耐火砖热膨胀时对热电偶及测压元件的剪切破坏，砖与套管缝隙处衬有耐火纤维保护套管，防止高温气体窜入损坏套管。

喷嘴、热电偶孔及测压孔处砖预留膨胀缝，以消除耐火砖热态膨胀时对热电偶的剪切。砌筑施工中必要时进行加工调整砖，以确保预留的膨胀缝在合适的范围。

在筒身部位托砖板上下都加有纤维毯，既能消除热应力又能降低托砖板的温度。

托砖板在环向留出一定量的膨胀间隙，以防止膨胀带来的变形。托砖板和支撑筋板之间不能焊接，以防止不均匀膨胀带来的变形，托砖板和支撑筋板必须分别牢固的焊接于壳体。

7.1.2　GE气化炉耐火材料的施工

下面以 $900ft^3$ 气化炉为例，介绍施工方法。

（1）砌筑要求

① 浇注料用强制式搅拌机进行搅拌，将配好的浇注料倒入搅拌机内，干混 2min 至颜色均匀一致后加入所需加水量的水，搅拌 2～4min 即可，每次搅拌量不宜过多，一次搅拌量应在 30min 内用完。浇注前应做好浇注部位的清理。

② 在筒壁各层耐火砖的砌筑过程中，每砌 8 层砖，就必须测量一次水平度，检查各环砖内径是否与图纸相符，是否同心于炉中心线，如发现有误差，必须随时调整，还应经常检查砖层的高度，使层高保持在合理的范围内。

③ 砌筑时，每环砖之间、每层砖之间均必须错缝砌筑，每天砌筑高铬砖、铬刚玉砖的高度不得高于 2m，氧化铝空心球砖的砌筑高度不得高于 2.5m。

④ 所有砌体都采用挤浆法进行施工，所有灰缝均应填满泥浆，泥浆饱满度应为≥96%。所有高铬热面砖的灰缝应≤1.2mm，铬刚玉砖的灰缝应≤1.2mm，氧化铝空心球砖的灰缝应≤2mm。

⑤ 砌砖时应用橡胶锤进行修正，严禁用铁锤等硬器敲打，如要用铁锤敲打，也必须用木板垫在耐火砖上，不得直接在耐火砖面上敲打。

⑥ 砌体的泥浆固化后，不得用敲打的方法来修正砌筑质量的缺陷，如要修正，必须重新抹耐火胶泥砌筑。各种耐火砖的灰缝必须要严格按设计要求执行。

⑦ 耐火砖一般不需切割，但是不同的制造过程会产生差异。因此，砌筑每环的最后一块砖（通常称为关键砖）有时需要切割以使炉各环砖结合紧密并使炉的每环砖达到规定的半径尺寸，但切割后砖的宽度不能小于原始尺寸的1/2，如果小于1/2，则要切割两块砖，这样可以确保宽度不会超标。同样，在确定平整度的过程中或要达到规定的高度（如拱顶的起始高度），砖的切割厚度也不能超过最初厚度的1/3。耐火砖的加工应采用湿式切割机，用金刚石刀片进行切割。

⑧ 各种类型的耐火砖必须用相匹配的耐火泥来结合。火泥桶、泥刀、搅拌器均不能被不同材质的物质污染，所有的设备在用完后必须清理干净。

⑨ 运输、装卸耐火砖时，应轻拿轻放。

⑩ 砌体膨胀缝的数值，结构及分布位置均应按设计规定，其宽度允许偏差＋5mm、－1mm。留设的膨胀缝应均匀平直，缝内不得夹有泥浆等杂物。热面砖与背衬砖，背衬砖与隔热砖之间需贴一层3mm厚的可燃材料。

（2）砌筑前准备

① 进行气化炉中间交接检查，完成安装与筑炉工序的交接工作，重点检查炉底部耐火砖托砖板是否变形或不水平，如变形太大或在气化炉的环面上水平度超过±3mm，则应拟定必要的技术措施并经设计、EPC、业主和监理确认。如果水平度小于3mm，则应在过高、过低的部位做好标记，在前三层砖砌筑前对砖进行表面抛光或用耐火泥浆的厚、薄进行校正，其次用垂直线来检查炉膛的垂直度，在炉膛长度上每米不能偏离±1mm或总体不超过±6mm。

② 调制耐火泥。调制耐火泥必须用专用机械进行搅拌，配备计量器具。应根据耐火砖种类，通过试验确认耐火泥稠度和加水量，不应在调制好的耐火泥内任意加水和胶结料，添加水必须是清洁的生活饮用水，水温在10~25℃为宜，如达不到该条件，必须用热水进行调制。调制好的耐火泥必须有奶油般的均匀，不得有未搅开的耐火泥颗粒存在，以免影响砌筑质量。调制好的火泥应用塑料薄膜覆盖，以免火泥产生风干和掉入杂质。

③ 设置气化炉砌筑中心线，利用上口法兰和底座法兰制作安装中心线定位板，再采用直径为1.5mm细钢丝绳，一头带有张紧弹簧，以此来实现中心线对准。

④ 除锈，由于是新的气化炉，在炉壁没有油污时，只需用布把炉壳表面的浮尘及杂质擦掉，如有油污则必须用碱水把油污去除。

⑤ 在气化炉内壁上分别作出氧化铝空心球砖及铬刚玉砖的最高水平位置，作为与拱顶砖支撑架有关的切线参照点。

⑥ 在气化炉顶部设置一台 1t 的小电动葫芦，用于将耐火材料从炉底吊运至炉内工作面，直筒段、锥底及部分拱顶材料从下口法兰处进料，在砌筑拱顶 T1957 砖时，则由顶部上口法兰处进料。

⑦ 搭设炉内脚手架。脚手架搭设采用钢管脚手架，从破渣机平台处开始搭设爬梯，并通过炉内下落管急冷环到达炉膛内部，在三环砖砌筑高度达到 1.1m 时，再搭设炉内脚手架。具体搭设方法为：在炉内立 4 根间距为 1.6m 的立杆，高度方向每间隔 1.5m 搭设一层操作平台，为避免平台横杆钢管直接作用炉墙，用布包横管的二头，然后再支撑于炉墙上，为方便工人上下，在脚手架一侧，每隔 30cm 搭设一根横杆（不接触炉墙）。在所有层间距内入口处，应留出一个内径为 600mm 的方口，以便吊装耐火材料和校对炉膛中心线，炉内脚手架严禁直接支撑在耐火砖墙面上。脚手架在使用前应报监理验收检查。

(3) 筒身的砌筑

① 筒身下部砌筑时从托砖板位置开始，先进行 T1931、T1930、T1932D 砖的预排，如图 7-5、图 7-6 所示。预排二层 T1931、二层 T1930 和一层 T1932D 砖，并且按图设置膨胀缝，保证所有灰缝均匀一致，每环砖均同心。预排完毕后进行测量并做好记录。

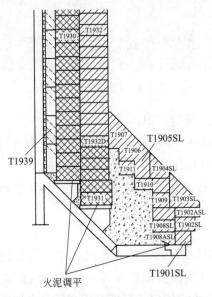

图 7-5　筒身下部结构对锥底图形进行修改，不要露出高铬和铬刚玉砖

图 7-6　筒身下部托砖板找平砌筑

② 拆除所有预排砖，开始正式砌筑。砌筑前根据预先测量托砖板水平误差的数据用火泥调平，但火泥厚度不得大于 5mm。先砌筑一层 T1930。完成后，浇注 T1930 砖背部的浇注料，浇注的高度，应比第一层 T1930 砖上表面低 40mm。浇注料填满后用插入式振动棒进行振捣并抹平。

③ 进行二层 T1939 砖的预排，使灰缝均匀一致，并且按图设置膨胀缝。

拆除预排的 T1939 砖，在正式砌筑 T1939 砖前，先在炉壳体抹一层 18.8mm 厚的纤维涂抹料，抹完后的纤维涂抹料必须厚度均匀，误差不得超过 4mm，如炉壳体是椭圆的，应按实际的椭圆度计算压缩料涂抹的厚度，涂抹后必须密实无空洞。

在 T1931 砖托砖板上用火泥调平托砖板的水平误差，砌筑一层 T1931 砖，砌筑完后，浇注 T1930 砖托砖板底部的铬刚玉浇注料，如图 7-7 所示。在超出第一层 T1931 砖的高度而无法浇注时，必须用手工捣实并抹平至与 T1930 砖托砖板宽度一致，然后砌筑第二层 T1931 砖，图 7-8 为 T1931 下方托砖板。完毕后，砌筑二层 T1932D 砖。在砌筑 T1932D 砖前先在 T1930 砖表面贴一层 3mm 厚的可燃材料。

图 7-7　T1930 下方托砖板内浇注料填充　　　　图 7-8　T1931 下方托砖板

④ 筒身部分的砌筑必须严格按以下顺序进行，即：

抹纤维涂抹料→砌 T1939 氧化铝空心球砖→贴 3mm 厚可燃材料→砌 T1930 铬刚玉背衬砖→贴 3mm 厚可燃材料→砌 T1932D 和 T1932 高铬热面砖。

各种耐火砖按外高内低顺序阶梯形进行砌筑，如图 7-9 所示。两层之间贴 3mm 厚可燃材料见图 7-10。

（4）下部热电偶砖的砌筑

① 下部热电偶砖结构见图 7-11。在砌筑安装热电偶砖的过程中，所有的热电偶砖都必须对准接盘中心线，在每个热电偶接盘位置安装一个中心线固定装置，这样插热电偶的砖可以与此固定装置对准。固定装置拟采用实际热电偶的组装模型或实物（见图 7-12）。

图 7-9　简身部分砌筑外高内低阶梯砌筑　　　　图 7-10　两层之间贴 3mm 厚
　　　　　　　　　　　　　　　　　　　　　　　　　　　　　可燃材料

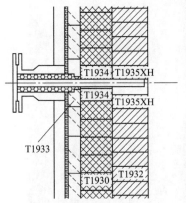

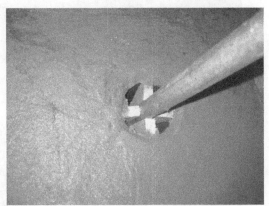

图 7-11　下部热电偶砖结构　　　　　　　图 7-12　中心线固定装置

　　在安装好热电偶接盘中心的固定装置并砌筑完 6 层 T1939 砖后，测量从第 6 层 T1939 砖上表面至热电偶中心线的距离，T1933 砖端距离孔中心 228.6mm 的一面向上，预摆第 7 层 T1939 砖和 T1933 砖，如果 T1933 砖的中心与接盘中心线不重合，则必须切割 T1933 砖或第 7 层的 T1939 砖，如图 7-13 所示。测量尺寸时，要把火泥厚度考虑在内，在每块 T1933 或 T1939 砖按要求切割完之后便可以砌筑。砌筑过程中，必须保证砖定位准确，使得热电偶接盘中心线正好穿过砖的中心孔洞。在 T1933 砖砌装完成后，剩下的第 7～8 层 T1939 砖就开始在热电偶砖之间安装，从同一热电偶砖向相反方向砌筑，一旦 T1933 热电偶砖准确定位后，应避免它与邻接的氧化铝空心球砖保温砖过分挤压而错位。

　　② 背衬层热电偶砖的安装。将 T1930 砖砌筑至第 14 层、预排第 15 层 T1930 砖，测量热电偶中心线至第 15 层 T1930 砖上表面的距离，切割下层

T1934 热电偶砖的底面，直到砖孔槽的上表面距离下面中心线 25mm 为止（需把耐火泥厚度考虑在内）。通过预排测量，如果 T1934 砖切割后剩余不足 100mm，则有必要对第 15 层 T1930 砖进行切割，如图 7-14、图 7-15 所示。切割完成后，从热电偶中心线到热电偶砖孔槽底部的距离应是 52.4mm。砌筑第 15 层 T1930 砖，底层 T1934 砖和周围的 16 层 T1930 背衬砖。完毕后沿热电偶砖方向保留 2~3 块 T1930 砖，使用 1.2mm 的纸板热片代替火泥，测量判断上层 T1934 热电偶砖是否需要切割。适当地切割砖的上表面使 T1934 砖和邻接的第 18 层 T1930 背衬砖上表面相一致，砌装上层热电偶砖。在上方的热电偶砖砌装完成后，砌装剩余的位于热电偶砖之间的第 17 和 18 层 T1930 背衬砖。筑炉工从两侧开始向两个相反方向分别施工。一旦背衬热电偶砖准确定位，应避免它与邻接的侧墙背衬砖过分挤压而错位。在与热电偶邻接的各层砖要确保交错砌筑，每层砖的砌装从热电偶砖相邻的切割砖开始。

图 7-13　T1933 的预排

图 7-14　T1934 的预排

　　③ 下部热面热电偶砖的砌筑。按照筒身热面砖的砌筑方法，将 T1932D、T1932 砖砌筑至第 17 层，测量热电偶中心线至第 13 层 T1932 砖顶部的距离，T1935XH 砖预留热电偶孔槽下部为 51.2mm，切割下层热面砖，注意要考虑第 14 层 T1932 砖与电偶孔 T1935XH 砖之间的灰缝厚度。切割后砖的剩余高度不能小 114.3mm。切割时，包括其他热电偶砖，需要切割和有预留槽砖面相对的平面。T1935XH 砖切割到合适高度后便可以用火泥砌筑。砌筑时要确保砖槽与热电偶中心线对齐，从中心线至 T1935XH 砖上表面的距离为 13.7mm。在上方的热电偶砖砌装完工后，砌装位于热电偶砖之间的 T1932 砖即第 18~20 层的剩余砖。筑炉工从两个相反的方向分别施工。一旦热面热电偶砖准确定位后，应避免它与邻接的侧墙热面砖过分挤压而错位。为保证与热电偶邻接的各层砖交错砌

筑，每层砖的砌筑应从热电偶砖相邻的半块砖开始，在砌筑上部热面热电偶砖组合安装之前，整块 190.5mm 的热电偶砖（除邻接的热面砖外），禁止抹耐火泥，以方便做切割标记。在 T1935XH 砖标记切割前，必须确定热电偶中心线到上部热电偶砖槽的上表面距离为 25mm。所有的 T1935XH 砖在切割后的高度不能少于 114.3mm。为了与临接的 T1932 砖保持水平，热电偶上部的热面砖可能需要切割，具体尺寸现场测量。但必须遵循切砖原则，否则要切两块。热电偶砖砌筑完毕如图 7-16 所示。

图 7-15　T1934 的砌筑

图 7-16　热电偶砖砌筑完毕

（5）上部热电偶的砌筑

① 隔热层热电偶砖的砌筑安装。在安装好热电偶接盘中心的固定装置后，测量第 16 层 T1939 砖顶部至接盘中心线的距离，T1933 砖端距离孔中心 228.6mm 的一面向上，预排第 17 层 T1939 砖和 T1933 砖，如果 T1933 砖的中心与接盘中心线不重合时，则必须切割 T1933 砖，或第 17 层 T1939 砖。测量方法与砌筑方法与下部空心球砖的方法相同。

② 背衬层热电偶砖的安装。将 T1930 砖砌筑至第 35 层、预排第 36 层，测量热电偶接盘中心线至第 36 层砖顶部的距离，切割下层 T1934 后背热电偶砖的底面，直到砖的上表面距离下面中心线为 14.2mm 为止（需要把耐火泥的灰缝厚度考虑在内）。通过预排测量，如果 T1934 砖切割后剩余不足 100mm 时，则有必要对其下面的第 36 层 T1930 砖进行切割（必须按照耐火砖的切割原则进行切割加工）。切割完成后，从热电偶的中心线至热电偶砖的底部的距离应为 52.4mm，砌筑第 36 层 T1930 砖，底层 T1934 砖和周围的第 37 层 T1930 背衬，完毕后沿热电偶砖的方向，保留 2～3 块 T1930 砖，使用 1.2mm 的纸板代替耐火泥，测量判断上层 T1934 热电偶砖是否需要切割，适当地切割砖的上表面使

T1934 砖与邻接的第 39 层 T1930 砖上表面相一致,砌筑上层热电偶砖,在上方的热电偶砖砌筑安装完成后,砌筑剩余的位于热电偶砖之间的第 38 和第 39 层 T1930 砖,其他砌筑方法与下部后背热电偶砖的砌筑方法相同。

③ 上部热面热电偶砖的砌筑。上部热面热电偶砖的砌筑安装方法与下部的安装方法相同,只是热电偶孔中心线距离下层 T1935XH 砖预留槽下部距离为 84.2mm。

在砌筑完拱顶砖、并经检查合格、拆除脚手架前,通知业主将模拟热电偶拆除,并将热电偶安装调试,调试成功后用高铝纤维棉将其四周塞实,如不能及时安装热电偶,则将纤维棉交给业主,由业主方自行填塞。

(6)筒身上部的砌筑

筒身上部结构如图 7-17、图 7-18 所示。在砌筑完第 45 层 T1930 砖后,为保证膨胀缝的高度尺寸和拱顶拱脚砖的高度尺寸,必须对第 46、47 层 T1930 砖进行预排,为保证第 47 层 T1930 砖的上表面到炉顶法兰面之间的距离为 2725.2mm,可能要对第 47 层 T1930 砖进行切割。如切割后砖的厚度小于原砖厚度的 1/2,则需对第 46 层 T1930 砖相应进行切割加工。必须遵循切割后砖的厚度大于原砖厚度的 1/2 的原则,注意测量时应将第 46、47 层砖之间的 1.2mm 厚的耐火泥厚度考虑在内。

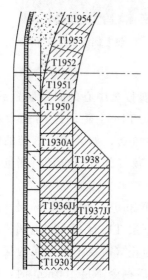

图 7-17 筒身上部结构

图 7-18 筒身上部

热面砖 T1932 砖砌筑完第 50 层后,应预排第 51、52 层砖,测量后切割第 52 层砖,使第 52 层砖的上表面低于第 47 层 T1930 砖的上表面 40mm,切割后的砖应符合切砖原则,否则,必须切割第 51 层,测量时,同样要把第 51、52 层砖之间 1.2mm 的灰缝计算在内。

砌筑 4 层 T1936JJ 高铬砖，第 27、28 层 T1939 砖，使第 28 层 T1939 砖的上表面至炉顶法兰面的距离为 1601mm。砌筑 3 层 T1930A 高铬砖，使最上层砖上表面至炉口法兰面的距离为 2046.2mm。

在 T1936JJ 砖正面贴 3mm 厚的可燃材料，砌筑 4 层 T1937JJ 砖，其上表面与第四层 T1936JJ 砖上表面相平，此时膨胀缝隐藏在内部，为固定数值。砌筑时膨胀缝内不得留有耐火泥及其他杂物。

（7）拱顶的砌筑

① 筒身部分耐火砖砌筑完成后，即可进行拱顶砌筑。根据各环拱顶砖定位尺寸及结构（图 7-19），在砌筑拱顶前，先在地面对 T1950～T1963NH 砖进行预排（图 7-20），量出每块砖至炉中心线的水平距离以及至炉顶法兰面的高度，并做好记录，并将以此作为砌筑拱顶时测量的依据。

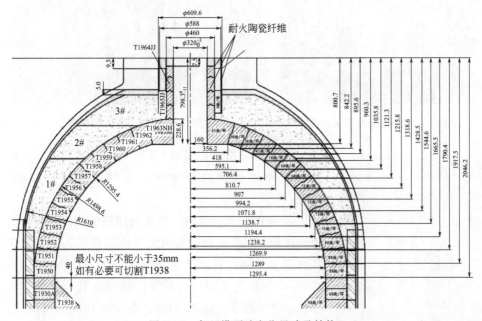

图 7-19 各环拱顶砖定位尺寸及结构

根据测量出的每块砖至炉中心线的水平距离制作拱顶胎模。

按图要求在拱顶壳壁上抹厚度 20～50mm 的纤维涂抹料。

② 安装拱顶胎模。首先把胎模在炉外组装，检查各部位尺寸是否符合图纸要求，必要时进行修整，然后把每块模具按序编号，砌筑时在炉内胎模安装台上进行逐层拼装，必须保证胎模直立、水平和中心位置。

拱顶砖共分四次砌筑，第一次从 T1950 砖砌筑至 T1958 砖，第二次从 T1959 砖砌筑至 T1961 砖，第三次从 T1962 砖砌筑 T1963NH 砖。砌筑拱顶砖时，要求尽量使灰缝均匀，以达到尽量不切割砖的目的。

由于气化炉的拱顶呈球状，砌筑难度大，而拱顶部位每环砖的任何高度和内径的偏离都会影响到下一砖层砌筑的难度，并且影响进料口的设计和整个气化炉的操作。因此，如图7-21所示，在每砌一环砖之前，都必须将该环砖进行预排，然后从炉膛上部接盘处测量该层砖最上边缘的尺寸，并同时测量每块砖的半径，以确保砌筑尺寸准确。

图7-20 拱顶砖出厂前预排

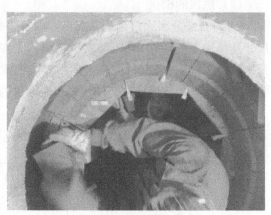

图7-21 拱顶砖定位后预排

如图7-22所示，完成T1963NH砖的砌筑后，经过养护即可拆除拱顶胎模，并检查砌体、勾缝、清理。

③浇注拱顶浇注料。拱顶浇注料的浇注与砌筑拱顶砖同步分三次进行，砌筑完T1958砖后第一次浇注其后部1号浇注料，浇注高度应低于T1958砖30～40mm，砌筑完T1961砖后第二次浇注其后部2号浇注料，浇注高度应低于T1961砖30～40mm，两次浇注都必须用插入式振动器振实，并留出台阶形施工缝。砌筑至第一环T1964NH砖后第三次浇注，由于无法全部振捣，为了保证浇注质量，分两步进行浇

图7-22 拱顶砌筑完毕

注，第一步浇注的高度应低于T1962砖30～40mm，用插入式振动器进行振捣，第二步浇注至T1964NH砖的背后，由于无法用振动器进行振捣，改用橡皮锤进行捣打，所有浇注料必须捣打密实，不得有空洞现象产生。在3号浇注料初凝尚无强度时，细心挖去其占据T1965JJ砖位置的部分，并修补好炉顶纤维涂抹料。

拱顶砖砌筑完24h后拆除拱顶模板，然后再根据拱顶炉口的设计尺寸，膨胀缝的尺寸要求，对T1964JJ和T1965JJ砖进行切割加工并砌筑，在砌筑前先在炉

口颈内壁贴一层 6mm 厚的耐火纤维毡，砌完 T1964JJ、T1965JJ 砖后铺设炉口，如图 7-23、图 7-24 所示。

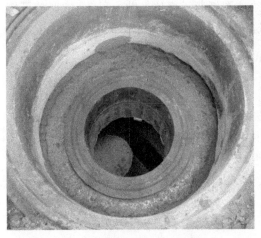

图 7-23　炉口砖 T1964JJ 的砌筑

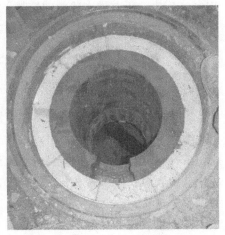

图 7-24　炉口的封口

（8）锥底的砌筑

锥底结构图见图 7-25，砌筑完毕如图 7-26 所示。在砌筑锥底前，必须严格检查托砖板的平整度，如有不平用耐火泥调平。进行 T1901SL、T1902SL、T1902ASL、T1908ASL、T1908SL、T1909 砖的预排，并按设计要求留出膨胀缝，保证渣口处砌筑直径。

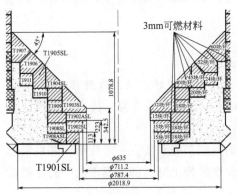

图 7-25　锥底结构图

图 7-26　锥底砌筑完毕

先砌筑 T1908ASL 砖及 T1908SL 砖，完成后在其前部贴一层 3mm 可燃材料，完毕后再砌筑 T1901SL、T1902SL、T1902ASL 和 T1909 砖，砌筑完以上砖后浇注铬刚玉浇注料。施工时，浇注料必须用插入式振动棒振实，密实无空洞，并按图纸所示位置找好标高。

完成铬刚玉浇注料浇注并在其初凝后预排 T1910 和 T1911 砖，严格按照设计要求定好标高，然后拆除、砌筑。

再预排、砌筑 T1907、T1906、T1905SL 和 T1904SL 砖，最后砌筑 T1903SL 砖，所有锥底砖的砌筑都必须按图纸所示部位粘贴一层 3mm 厚的可燃材料。至此，整台气化炉耐火材料砌筑施工全部完毕。

7.1.3　GE 气化炉烘炉及开炉

（1）烘炉的原理

烘炉的目的是通过合理科学的方法对设备进行加温，使炉衬材料完成一系列的化学反应。一是为了除去耐火材料中的吸附水和部分结晶水；二是通过化学反应，培养一定的晶相结构，使衬里能达到一定的物化性能。以免在正式的操作过程中，耐火砖胶泥中的水分急剧蒸发，因其内应力的作用，产生大量裂纹、炸裂和剥落等现象。

（2）烘炉前的准备

① 物资准备。准备烘炉用压力不小于 5000Pa 的焦炉煤气或液化气，并接到烘炉用的水封上，传输的管径不应小于 100mm，提供搭一工棚的地方。若用液化气烘炉，必须保证高温烘炉的气体稳定性，使烘炉的温度达到要求。

② 临时设施。烘炉用的气源应放置在离水封 15～20m 远的阴凉处，从气源到水封用无缝管连接。安装完毕后，应仔细安全检查合格后，才能进行输气点火的步骤，以避免泄漏等其他情况的发生。准备 2 支高温热电偶，专用线 100m，热电偶显示器 2 只，安装调试好。在离气化炉不远处设置工作室，用来放置热电偶显示器，值班人员需 24h 做升温记录。

（3）烘炉

烘炉按方案进行，必须严格地按照升温曲线进行。

烘炉过程中应严格检查炉外壳的温度，并严格做好记录。检查频率为 1h 一次。如果外壳表面局部的温度超过 150℃时，应立即停止升温，待查找到原因后方可继续。

烘炉刚开始点火时，应遵循安全缓慢的原则。先只能点一个烧嘴，并视实际情况控制好燃烧气的进量，使气化炉内的温度缓慢上升。随着温度的升高，根据曲线要求，再慢慢打开其他二个烧嘴。

刚开始升温时气化炉内温度有少许波动的可能，属于正常气流运动，不影响烘炉的效果。当温度到 150℃时，此时炉内有些点的实际温度有一定的差异，所以，恒温非常必要。依靠炉内内部气流流动，以能使炉内温度统一以便继续升温。当温度达到 300℃时，需要再次进行恒温。使炉衬材料的表面温度能尽量一致，此时，材料的吸附水在恒温以后，基本挥发完毕。开始烘炉到 500℃时，耐火材料内部反应渐趋活跃，有培养晶相结构的其结晶水逐渐释放，应严格控制升温速度，在达到温度点后，严格控制好恒温时间。时间不到急促升温，或恒温时间太短，对水分的挥发、炉衬材料的反应，都是十分不利。

烘炉期间应仔细观察护炉铁件和炉体各部位的膨胀情况，此时应特别注意拱顶的变化情况，应安设标志，以便随时测定拱顶的变化数值。

烘炉期间，在岗人员必须严格工作纪律。每小时做一次记录，记录内容包括四个温度、燃烧气压力等。每小时在升温曲线上打一次点，并做好实际升温曲线。在交接班时，必须相互签字。

烘炉期间，在严格按照升温曲线升温的过程中，一旦出现异常情况，工作人员应立即向值班领导汇报。并在仔细研究原因后，拿出措施后，方可进入下一步烘炉工作。

烘炉中如发生不正常现象时，应分析原因，采取相应措施，并做出记录。当炉子的某些主要设施或某些部位发生故障而影响升温时，应立即进行保温。待故障消除后，才可继续升温。烘炉过程中所出现的缺陷经处理后，才可投入正常生产。在记录本上必须详细记录燃烧气压力的变化。

（4）烘炉结束后的处理

烘炉结束后打开通风口并自然冷却，严禁鼓入冷风。烘炉结束后，炉温在自然冷却下降至大气温度后，派专人进入炉内检查炉衬质量，衬里要全部宏观检查。

（5）安全注意事项

① 烘炉周围可燃物清理干净，防止着火。

② 烘炉现场应放 2 个以上的干粉灭火器。

③ 燃烧气管线与外界相连的设备，管线必须加盲板或断开，防止燃烧气串漏。

④ 燃烧气必须置换合格 O_2 含量≤0.5％，才能投用点火，严格执行。

⑤ 点火顺序严格遵守："先点火，后开燃烧气"，不得颠倒。

⑥ 燃料应可靠保存。

（6）烘炉方案

表 7-1～表 7-5 分别列出了不同炉型不同情况下的烘炉方案。

表 7-1　全新 450CF 气化炉烘炉曲线

温度范围/℃	升温速度/(℃/h)	所需时间/h	累计时间/h
室温～150	15	8.3	8.3
150	0	72	80.3
150～300	15	10	90.3
300	0	60	150.3

温度范围/℃	升温速度/(℃/h)	所需时间/h	累计时间/h
300～500	20	10	160.3
500	0	48	208.3
500～650	20	7.5	215.8
650	0	36	251.8
650～800	30	5	256.8
800	0	6	262.8
共计			11 天

注：1. 此烘炉曲线适用于 450ft³ 气化炉砌筑时烘炉的情况；

2. 砌炉完成后，炉盖打开，通风干燥 1 周，再开始烘炉；

3. 烘炉时严格按照烘炉曲线升温，尤其在低温阶段升温速度要慢，以防止耐火砖由于急冷急热而造成损坏；

4. 若烘炉后需冷却至室温，则冷却速度不可过快，不能大于 35℃/h；

5. 烘后停炉进行检查，由于耐火材料经高温膨胀后，冷却时不一定完全复位，可能会出现一些小裂纹，裂纹宽度≤5mm 的情况属正常，不需要修补，在正常高温操作过程中会自动弥合；

6. 烘后若直接投料，可从 800℃ 开始以 40℃/h 速度升至工作温度后投料正常使用。

表 7-2　全新 900CF 气化炉烘炉曲线

温度范围/℃	升温速度/(℃/h)	所需时间/h	累计时间/h
室温～150	15	8.3	8.3
150	0	72	80.3
150～300	15	10	90.3
300	0	72	162.3
300～500	20	10	172.3
500	0	48	220.3
500～650	20	7.5	227.8
650	0	48	275.8
650～800	30	5	280.8
800	0	6	286.8
合计			约 12 天

注：1. 此烘炉曲线适用于 900ft³ 气化炉砌筑时烘炉的情况；

2. 砌炉完成后，炉盖打开，通风干燥 1 周，再开始烘炉；

3. 烘炉时严格按照烘炉曲线升温，尤其在低温阶段升温速度要慢，以防止耐火砖由于急冷急热而造成损坏；

4. 若烘炉后需冷却至室温，则冷却速度不可过快，不能大于 35℃/h；

5. 烘后停炉进行检查，由于耐火材料经高温膨胀后，冷却时不一定完全复位，可能会出现一些小裂纹，裂纹宽度≤5mm 的情况属正常，不需要修补，在正常高温操作过程中会自动弥合；

6. 烘后若直接投料，可从 800℃ 开始以 40℃/h 速度升至工作温度后投料正常使用。

表 7-3 气化炉维修后烘炉曲线（带部分浇注料）

温度范围/℃	升温速度/(℃/h)	所需时间/h	累计时间/h
室温～150	15	8.3	8.3
150	0	36	44.3
150～300	15	10	54.3
300	0	24	78.3
300～500	20	10	88.3
500	0	24	112.3
500～650	20	7.5	119.8
650	0	24	143.8
650～800	30	5	148.8
800	0	6	154.8
共计			6.5 天

注：1. 此烘炉曲线适用于气化炉维修时涉及浇注料更换的情况；

2. 砌炉完成后，炉盖打开，通风干燥 1 周，再开始烘炉；

3. 烘炉时严格按照烘炉曲线升温，尤其在低温阶段升温速度要慢，以防止耐火砖由于急冷急热而造成损坏；

4. 若烘炉后需冷却至室温，则冷却速度不可过快，不能大于 35℃/h；

5. 烘后停炉进行检查，由于耐火材料经高温膨胀后，冷却时不一定完全复位，可能会出现一些小裂纹，裂纹宽度≤5mm 的情况属正常，不需要修补，在正常高温操作过程中会自动弥合。

6. 烘后若直接投料，可从 800℃开始以 40℃/h 速度升至工作温度后投料正常使用。

表 7-4 气化炉维修后烘炉曲线（无浇注料）

温度范围/℃	升温速度/(℃/h)	所需时间/h	累计时间/h
室温～150	15	8.3	8.3
150	0	24	32.3
150～300	15	10	42.3
300	0	18	60.3
300～500	20	10	70.3
500	0	18	88.3
500～650	20	7.5	95.8
650	0	12	107.8
650～800	30	5	112.8
800	0	6	118.8
共计		—	118.8h

注：1. 此烘炉曲线适用于气化炉维修时不涉及浇注料更换的情况；

2. 砌炉完成后，炉盖打开，通风干燥 1 周，再开始烘炉；

3. 烘炉时严格按照烘炉曲线升温，尤其在低温阶段升温速度要慢，以防止耐火砖由于急冷急热而造成损坏；

4. 若烘炉后需冷却至室温，则冷却速度不可过快，不能大于 35℃/h；

5. 烘后停炉进行检查，由于耐火材料经高温膨胀后，冷却时不一定完全复位，可能会出现一些小裂纹，裂纹宽度≤5mm 的情况属正常，不需要修补，在正常高温操作过程中会自动弥合；

6. 烘后若直接投料，可从 800℃开始以 40℃/h 速度升至工作温度后投料正常使用。

表 7-5　气化炉二次升温曲线

温度范围/℃	升温速度/(℃/h)	所需时间/h
室温(20)～300	20	14
300	保温	12
300～600	30	10
600	保温	12
600～800	40	5
800	保温	6
800～投料温度(1300)	40	12.5
合计		71h30min

注：1. 第一次烘炉结束后，再次升温可按下面升温曲线进行升温至投料温度。
2. 此烘炉曲线适用于气化炉维修渣口时的情况。

7.1.4　GE气化炉耐火材料的检修与更换

隔热层、背衬层使用周期较长，若没有明显的损坏，不用更换。拱顶、筒身、锥底（包括渣口），由于工况条件不同，蚀损情况会有较大差异，故需要根据使用情况进行热面砖的局部更换，以期安全、平稳地运行。

气化炉热面层的使用情况受到很多因素的影响，例如气化压力、操作温度、煤种、负荷、操作稳定性以及开停车次数等，因而对向火面砖是否已达使用末期，可参考评估如下。

① 炉砖脱落。气化炉停车检修、换烧嘴时如发现有炉砖脱落现象，卖方和买方应联合检查炉砖烧损情况，并结合运行记录、运行时间查找原因，判定是否已到使用末期。

② 气化炉钢壳外表面超温。如在气化炉正常运行过程中，钢壳外表面温度大面积（连续2点）的达到、甚至超过报警温度，则应更换耐火砖。

③ 残砖厚度。向火面砖出现超过 $0.5m^2$ 以上的冲刷凹面，砖厚度估计在 $50～70mm$ 时，尽管此时炉壁未超温，也可认为已到使用末期。

④ 接近厂家性能保证时间。向火面砖使用寿命已达厂家性能保证时间的 90%，此时尽管炉砖厚度在 70mm 以上，炉壁也未超温，也可以认为已达使用末期。

（1）拱顶的更换

① 拆除。按照从上到下顺序拆除拱顶热面砖及铬刚玉浇注料。然后根据冲刷减薄程度决定是否拆除 T1938 砖及其后面高铬砖。拆除时，必须一环一环地进行，不得无序拆除。拆除完一环砖后，马上拆除其后部的浇注料，以免拱顶砖塌陷砸伤施工人员，为保证保留的热面砖和背衬砖不被损伤和震松，必须采用钢钎手工拆除，拆除时每环砖先凿除一块砖，然后把其他砖一块一块翘掉，不得随

意乱砸。

② 检查砌体尺寸。在砌筑拱顶前，先根据切线和中心线检查砌体尺寸，然后预组装拱顶下部两环砖，根据拱顶中心圆弧线检查拱顶的高度及圆弧是否与图纸一致，如有误差要及时调整。留出必要的膨胀缝，保证该砖层的内径和每环的中心，并同心于气化炉中心线。调整好后，将预砌的砖拆除、砌筑。

③ 抹纤维涂抹料。按图纸要求在拱顶壳壁上抹纤维涂抹料。

④ 安装拱顶胎模。首先把胎模在炉外组装，检查各部位尺寸是否符合图纸要求，必要时进行修整，然后把每块按序编号，砌筑时在炉内拱模安装台上进行逐层拼装，必须保证拱模直立、水平和中心位置。

⑤ 预排及尺寸测量。由于气化炉的拱顶呈球状，砌筑难度大，而拱顶部位每环砖的任何高度和经度的偏离都会影响到下一砖层的砌筑，并且影响进料口的设计和整个气化炉的操作。因此，每砌一环砖之前，都必须将该环砖进行预排，然后从炉膛上部接盘处测量该层砖最上边缘的尺寸，并同时测量每块砖的半径，以确保砌筑尺寸准确。

⑥ 砌筑。拱顶砖共分三次砌筑。砌筑拱顶砖时，要求尽量使灰缝均匀，以达到不切割砖的目的。拱顶浇注料的浇注与砌拱顶砖同步分三次进行，前两次使其浇注高度低于已砌砖高度 30～40mm，两次浇注都必须用插入式振动器振实，并留出台阶形施工缝。第三次浇注，由于无法全部振捣，改用橡皮锤进行捣打。所有浇注料必须浇注、捣打密实，振动时振动棒必须快进慢出，不得有空洞产生。砌筑完毕经过养护，可拆除拱顶胎模，并检查砌体、勾缝、清理。

⑦ 颈部进料口的砌筑。根据拱顶出口的设计尺寸及膨胀缝的尺寸要求，对拱顶出口两环砖进行切割加工并砌筑，在砌筑前先在炉口颈内壁贴一层 6mm 厚的耐火纤维毡，砌完后铺设炉口。

（2）锥底的更换

① 拆除。首先拆除渣口部分四环砖，再按照由上至下顺序拆除锥底砖，最后拆除浇注料。

② 砌筑。在砌筑锥底前，必须严格检查托砖板的平整度，进行砖的预排，并按设计要求留出膨胀缝。先砌筑三层 T1901 砖，完毕后再砌筑 T1902、T1903、T1908A，完毕后浇注炉底浇注料，浇注料必须用插入式振动棒振实，密实无空洞，并按图纸所示位置找好标高。完成铬刚玉浇注料浇注后，预排T1904A、T1904A、T1906 砖，严格按照设计要求定好标高，然后砌筑。砌筑完T1906 砖后第二次浇注锥底浇注料，再砌筑 T1909、T1907 砖，最后砌筑 T1905A 砖。

（3）渣口的更换

① 拆除。测量渣口部分四环砖使用后内径，并计算出减薄量，判断能否继续使用，如果需要更换，则从上至下进行拆除。

② 砌筑。检查托砖板平整度，并用火泥调平，由下至上砌筑渣口砖。

（4）筒身热面砖的更换

筒身热面砖的更换往往会安排锥底、拱顶一同更换。由于长时期运行，背衬砖会后移，钢壳也会发生变形。按照工艺尺寸砌筑热面砖时，热面砖与背衬砖就会产生较大的缝隙。

更换筒体部分热面砖时，需要拆除筒身热面砖残砖，并对背衬砖表面进行清理。在背衬砖表面贴 3mm 厚可燃材料后，按照图纸要求根据中心线砌筑。每砌筑一环砖，要将热面砖与可燃材料之间缝隙用铬刚玉浇注料填充捣实，以在高温高压下对高铬砖层径向进行支撑，防止由于留缝过大，产生径向移动过大而破坏热面砖结构整体性。

（5）所有砖全部更换

① 残砖的拆除。按照拱顶、筒身、锥底的顺序从里到外拆除。

② 炉壳除锈。气化炉使用过程中，腐蚀性气体特别是 HCl 对炉壳侵蚀，会产生铁锈。砌筑之前，需要铲除铁锈。

③ 耐火衬里的砌筑。炉壳在使用过一段时间后，或多或少都会产生变形。筒身最关键的是隔热层的砌筑，需要根据氧化铝空心球砖距离中心线的距离来确定砌筑位置，同时在背部填充纤维涂抹料。对于改型的炉子来说，隔热层包括绝热板、纤维板和氧化铝空心球砖。绝热板直接用不干胶粘到钢壳上，接缝处用纤维涂抹料填充。纤维板夹在绝热板与氧化铝空心球砖之间，由于纤维板较硬，不能很好与前后两层贴合，需要用纤维涂抹料填充缝隙。砌筑时，要保证氧化铝空心球砖层的内径与图纸相同，必要时对小弦进行切割。

7.2 OMB 气化装置

多喷嘴对置式水煤浆气化技术是由华东理工大学洁净煤技术研究所（煤气化教育部重点实验室）于遵宏教授带领的科研团队历经"九五""十五"和"十一五"科技攻关开发成功。"九五"期间，华东理工大学、鲁南化肥厂、中国天辰化学工程公司共同承担了国家"九五"科技攻关项目"新型（多喷嘴对置）水煤浆气化炉开发"，并完成了 22t/d 煤规模的中试实验。

"十五"期间，华东理工大学、兖矿集团承担了"863"重大项目"新型水煤浆气化技术"的研发，建成了千吨级工业示范装置-兖矿国泰化工有限公司（单炉日处理 1150t 煤，4.0MPa），以及山东华鲁恒升化工股份有限公司大氮肥国产化项目（单炉日处理 750t 煤，6.5MPa）。

"十一五"期间，多喷嘴水煤浆气化技术一方面被广泛认可和接受，进入大规模商业推广阶段；同时，在科技部"863"重大项目的支持下，多喷嘴水煤浆气化技术要建设日处理 2000t 级气化炉，并与煤气化多联产、IGCC 等整合配套，为现代大型煤化工产业提供了坚实的技术支撑。

多喷嘴对置式气化炉的技术特色体现在烧嘴及耐火砖使用寿命长；烧嘴间负荷调节灵活，气化炉整体负荷调节范围宽；比煤耗低、发气量大、渣中含炭量低。

多喷嘴对置式气化炉炉壳内径有 3400mm、3600mm、3880mm 等，在大型化方面不断突破。

7.2.1　OMB 气化炉耐火材料的配置

多喷嘴对置式气化炉主要由拱顶（包括炉口）、筒身（包括烧嘴、热偶）、锥底等几部分组成，如图 7-27 所示。

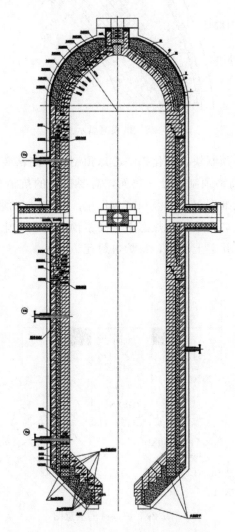

图 7-27　OMB 气化炉耐火材料衬里图

拱顶材料由高铬砖、铬刚玉浇注料、纤维涂抹料组成，结构如图 7-28 所示。由于形状不规则，热面层为高铬砖，背衬层为铬刚玉砖和铬刚玉浇注料，在浇注料与钢壳间，炉口和大法兰间分别贴有纤维涂抹料作为纵向膨胀间隙，以保证向火面砖热膨胀后能安全工作。有些拱顶高铬砖背衬多加一层铬刚玉砖，可通过增加高铬砖厚度延长拱顶使用寿命。

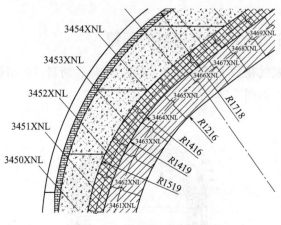

图 7-28　拱顶衬里示意图

炉口材料由高铬预制块、氧化铝空心球预制块、高铬砖、纤维材料构成，结构如图 7-29 所示。高铬预制块处在热面，需要良好的抗渣侵蚀能力，氧化铝空心球预制块和陶瓷纤维则起到保温和密封作用。烘炉时，预制块未安装，预热烧嘴可从上方插入，烘炉完毕，在热态下将高铬预制块和氧化铝空心球预制块缠好纤维材料后塞入炉口并盖上法兰，将炉口封死。

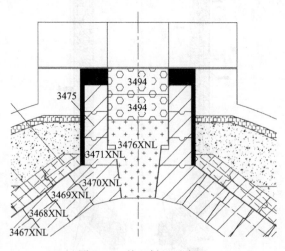

图 7-29　炉口衬里示意图

筒身材料由高铬砖、铬刚玉砖、氧化铝空心球砖、纤维涂抹料组成，结构如图 7-30 所示。最外层纤维涂抹料具有容重小、热导率低的特点，具有很好的保温绝热性能，能够有效缓冲高温下里层耐火材料的径向膨胀；次外层为氧化铝空心球砖或轻质莫来石砖，位于背衬层之后，对气化炉起保温作用，降低热损失，外壁温度保持在设定值；次内层为铬刚玉背衬层，位于热面层后，对气化炉耐火材料整体拱顶起至关重要的力学支撑作用，并且能够经受高温下腐蚀性气体的侵蚀；热面层为高铬砖，其作用为直接承受部分氧化反应形成的高温和工艺气流的高速冲刷及炉渣的侵蚀。在隔热层与背衬层、背衬层与热面层之间留有 3mm 的膨胀缝，并用可燃材料填充，以便于各层耐火砖径向自有膨胀，同时减少对壳体的压应力。和 GE 气化炉不同的是，由于 OMB 气化炉较高，炉身设多个托砖板，托砖板处留有膨胀缝，以此来缓冲筒身高度方向的热膨胀。

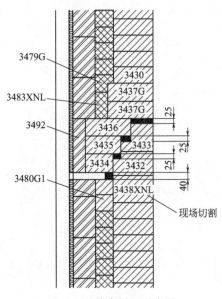

图 7-30　筒身衬里示意图

烧嘴材料由高铬砖、铬刚玉砖、氧化铝空心球砖、陶瓷纤维及其纤维涂抹料组成，结构如图 7-31 所示。

热电偶处材料由高铬砖、铬刚玉砖、氧化铝空心球砖、陶瓷纤维及纤维涂抹料组成。热电偶孔采用椭圆形结构，以消除耐火砖热态膨胀时对热电偶及测压元件的剪切破坏，砖与套管缝隙处衬有耐火纤维保护套管，防止高温气体窜入损坏套管。热电偶衬里示意图如图 7-32 所示。

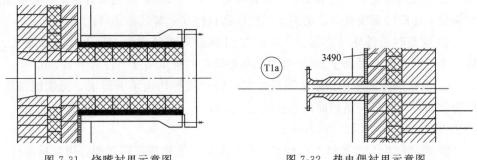

图 7-31　烧嘴衬里示意图　　　　图 7-32　热电偶衬里示意图

锥底由高铬砖、铬刚玉砖、铬刚玉浇注料组成。炉底衬里由托砖板支撑，热面层为高铬砖，次内层为铬刚玉背衬砖，在不规则部位采用铬刚玉浇注料，具有较强的抗熔渣侵蚀及更好的体积稳定性能，高温下不变形，更有利于提高气化炉的整体气密性及安全系数，特别是渣口部位，渣口砖被冲刷侵蚀尤为厉害，采用铬刚玉浇注料更有利于保护锥底部位的托砖板等钢壳部件。锥底衬里示意图如图7-33所示。

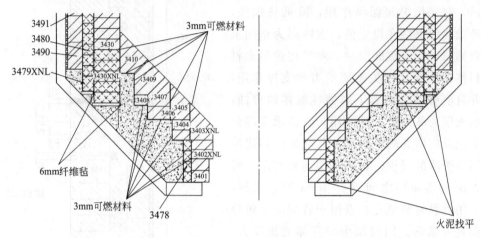

图 7-33 锥底衬里示意图

7.2.2 OMB 气化炉耐火材料的施工

下面以炉壳内径为 3400mm 的 OMB 气化炉为例，介绍施工方案。

（1）砌筑要求

① 浇注料用强制式搅拌机进行搅拌，将配好的浇注料倒入搅拌机内，干混 2min 至颜色均匀一致后加入所需加水量的水，搅拌 2~4min 既可，每次搅拌量不宜过多，一次搅拌量应在 30min 内用完。浇注前应做好浇注部位的清理。

② 在筒壁各层耐火砖的砌筑过程中，每砌 8 层砖，就必须测量一次水平度，检查各环砖内径是否与图纸相符，是否同心于炉中心线，如发现有误差，必须随时调整，还应经常检查砖层的高度，使层高保持在合理的范围内。

③ 砌筑时，每环砖之间、每层砖之间均必须错缝砌筑，每天砌筑高铬砖、铬刚玉砖的高度不得高于 2m，氧化铝空心球砖的砌筑高度不得高于 2.5m。

④ 所有砌体都采用挤浆法进行施工，所有灰缝均应填满泥浆，泥浆饱满度应为 ≥96%。所有高铬热面砖的灰缝应 ≤1.2mm，铬刚玉砖的灰缝应 ≤1.2mm，氧化铝空心球砖的灰缝应 ≤2mm。

⑤ 砌砖时应用橡胶锤进行修正，严禁用铁锤等硬器敲打，如要用铁锤敲打，也必须用木板垫在耐火砖上，不得直接在耐火砖面上敲打。

⑥ 砌体的泥浆固化后，不得用敲打的方法来修正砌筑质量的缺陷，如要修正，必须重新抹耐火胶泥砌筑。各种耐火砖的灰缝必须要严格按设计要求执行。

⑦ 耐火砖一般不需切割，但是不同的制造过程会产生差异。因此，砌筑每环的最后一块砖（通常称为关键砖）有时需要切割以使炉各环砖结合紧密并使炉的每环砖达到规定的半径尺寸，但切割后砖的宽度不能小于原始尺寸的 1/2，如果小于 1/2，则要切割两块砖，这样可以确保宽度不会超标。同样，在确定平整度的过程中或要达到规定的高度（如拱顶的起始高度），砖的切割厚度也不能超过最初厚度的 1/2。耐火砖的加工应采用湿式切割机，用金刚石刀片进行切割。

⑧ 各种类型的耐火砖必须用相匹配的耐火泥来结合。火泥桶、泥刀、搅拌器均不能被不同材质的物质污染，所有的设备在用完后必须清理干净。

⑨ 运输、装卸耐火砖时，应轻拿轻放。

⑩ 砌体膨胀缝的数值，结构及分布位置均应按设计规定，其宽度允许偏差 +5mm、-1mm。留设的膨胀缝应均匀平直，缝内不得夹有泥浆等杂物。热面砖与背衬砖，背衬砖与隔热砖之间需贴一层 3mm 厚的可燃材料。

（2）砌筑前准备

① 进行气化炉中间交接检查，完成安装与筑炉工序的交接工作，重点检查炉底部耐火砖托砖板是否变形或不水平，如变形太大或在气化炉的环面上水平度超过 ±3mm，则应拟定必要的技术措施并经设计、EPC、业主和监理确认。如果水平度小于 3mm，则应在过高、过低的部位做好标记，在前三层砖砌筑前对砖进行表面抛光或用耐火泥浆的厚、薄进行校正，其次用垂直线来检查炉膛的垂直度，在炉膛长度上每米不能偏离 ±1mm 或总体不超过 ±6mm。

② 调制耐火泥。调制耐火泥必须用专用机械进行搅拌，配备计量器具。应根据耐火砖种类，通过试验确认耐火泥稠度和加水量，不应在调制好的耐火泥内任意加水和胶结料，添加水必须是清洁的生活饮用水，水温在 10～25℃ 为宜，如达不到该条件，必须用热水进行调制。调制好的耐火泥必须有奶油般的均匀，不得有未搅开的耐火泥颗粒存在，以免影响砌筑质量。调制好的火泥应用塑料薄膜覆盖，以免火泥产生风干和掉入杂质。

③ 设置气化炉砌筑中心线。利用上口法兰和底座法兰制作安装中心线定位板，再采用直径为 1.5mm 细钢丝绳，一头带有张紧弹簧，以此来实现中心线对准。

④ 除锈，由于是新的气化炉，在炉壁没有油污时，只需用布把炉壳表面的浮尘及杂质擦掉，如有油污则必须用碱水把油污去除。

⑤ 在气化炉内壁上分别作出氧化铝空心球砖及铬刚玉砖的最高水平位置，作为与拱顶砖支撑架有关的切线参照点。

⑥ 在气化炉拱顶部设置一台 1t 的小电动葫芦，用于将耐火材料从炉底吊运至炉内工作面，直筒段、锥底及部分拱顶材料从下口法兰处进料，在砌筑拱顶砖时，则由顶部上口法兰处进料。

⑦ 搭设炉内脚手架。脚手架搭设采用钢管脚手架，从破渣机平台处开始搭设爬梯，并通过炉内下落管急冷环到达炉膛内部，在三环砖砌筑高度达到 1.1m 时，再搭设炉内脚手架具体搭设方法为：在炉内立 4 根间距为 1.6m 的立杆，高度方向每间隔 1.5m 搭设一层操作平台，为避免平台横杆钢管直接作用炉墙，用布包横管的两头，然后再支撑于炉墙上，为方便工人上下，在脚手架一侧，每隔 30cm 搭设一根横杆（不接触炉墙）。在所有层间距内入口处，应留出一个内径为 600mm 的方口，以便吊装耐火材料和校对炉膛中心线，炉内脚手架严禁直接支撑在耐火砖墙面上。脚手架在使用前应报监理验收检查。

（3）筒身的砌筑

① 筒身结构如图 7-34 所示。首先按图纸尺寸要求进行纤维涂抹料施工，随后进行 2 层 3490 砖，7 层 3479XNL、3430XNL 及 3430 砖的预排，并且按图设置膨胀缝，保证所有灰缝均匀一致，每环砖均同心。预排完毕后进行测量并做好记录。

② 拆除所有预排砖，开始正式砌筑。砌筑前根据预先测量托砖板水平误差的数据用火泥调平，但火泥厚度不得大于 5mm。先砌筑一层 3479XNL 和一层 3480。完成后，浇注背部的浇注料，浇注高度的确定可通过预排 3490 和 3491 砖确定。浇注料填满后用插入式振动棒进行振捣并抹平。

③ 在正式砌筑 3490 砖前，先在炉壳体抹一层约 19mm 厚的纤维涂抹料，抹完后的纤维涂抹料必须厚度均匀，误差不得超过 4mm，如炉壳体是椭圆的，应按实际的椭圆度计算纤维涂抹料的厚度，涂抹后涂抹料必须密实无空洞，涂抹完毕，砌筑一层 3490 砖。

④ 砌筑一层 3430XNL 后需要浇注 3479XNL 下方托砖板内空间。

⑤ 筒身部分的砌筑必须严格按以下顺序进行，即：

抹纤维涂抹料→砌 3490 氧化铝空心球砖→贴 3mm 厚可燃材料→砌 3480 铬刚玉背衬砖→贴 3mm 可燃材料→砌 3430 高铬热面砖

各种耐火砖按外高内低顺序阶梯形进行砌筑。

⑥ 试排砌筑 3491、3481、3431XNL 热电偶砖，并且按图 7-35 加工砌筑，砌筑时，注意确定热偶砖位置，使热电偶靠近热偶砖孔的上沿，以避免热态下筒身向上膨胀而剪断热电偶。

⑦ 砌筑至托砖板位置时，需要先将托砖板和下方筋板用纤维材料包裹至合适厚度。在托砖板下方试排 3490 砖、3480G1 砖至合适高度，必要时进行高度方向上的切割。根据图 7-36 在托砖板上方预排 3434 砖、3438XNL 砖、3432 砖，必要时切割 3438XNL 砖，保证膨胀缝大小。预排完毕确认膨胀缝大小后，先进行 3438XNL 砖、3432 砖、3433 砖的砌筑，并在形成的膨胀缝中预先铺纤维毯，至合适厚度，在 3434 砖、3435 砖、3436 砖、3437G 砖砌筑时，将纤维毯压实密封严密，如图 7-37 所示。

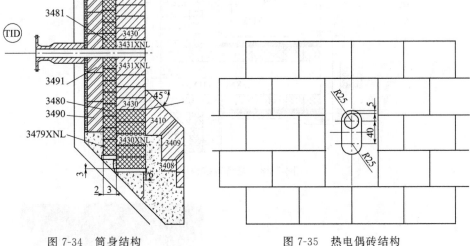

图 7-34 筒身结构

图 7-35 热电偶砖结构

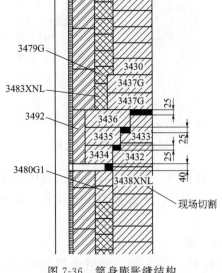

图 7-36 筒身膨胀缝结构

图 7-37 筒身膨胀缝

⑧ 根据图 7-38 试排砌筑 3490 砖、3480 砖、3430 砖至四个烧嘴下部。

⑨ 试排烧嘴 3442 砖、3441 砖、3440 砖,同热偶砖原理类似,要求烧嘴砖上沿与通道砖孔的上部相平,下部有一定高度的台阶,作为筒身砖热态下向上膨胀的空隙,烧嘴砖热面砖放大图见图 7-39,烧嘴砌筑完毕见图 7-40。

⑩ 烧嘴通道砖 3482G 的砌筑需要保证通道砖的内径,先在钢壳上贴合适厚度的纤维材料,下部要贴的略厚,以抵消重力对下部的压缩。预排下半部,制作通道胎模,预摆上半部。从内向外一环一环砌筑烧嘴通道砖,至烧嘴外部法兰。

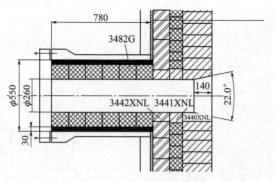

图 7-38　烧嘴砖结构图

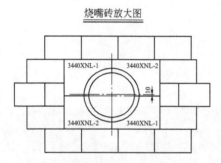

图 7-39　烧嘴砖热面砖放大图

图 7-40　烧嘴砌筑完毕

⑪ 烧嘴砖砌筑好以后不是正圆，是一个扁长圆。烧嘴砖其实是没有中心线的，通道砖的中心线和烧嘴砖的上半圆中心线重合，下面有 10mm 偏移，和热电偶砖道理一样。

⑫ 试排砌筑 3430 砖、3438 砖、3490 砖至第二个托砖板处。

⑬ 试排砌筑 3480G2 砖、3434 砖、3435 砖、3436 砖，随后砌筑 3438 砖、3432 砖、3433 砖，保证所有灰缝均匀一致，并保证膨胀缝为（25±3）mm。

（4）拱顶的砌筑

① 首先按图 7-41 要求进行纤维涂抹料施工，随后根据中心线检查砌体尺寸，然后预组装 3460XNL 砖，根据拱顶中心圆弧线检查拱顶的高度及圆弧是否与图纸一致，如有误差需及时调整。留出必要的膨胀缝，保证该砖层的内径和每排的中心同心于炉中心线。

② 安装拱顶胎模，首先把胎模在炉外组装，检查各部位尺寸是否符合图纸要求，必要时进行修整，然后把每块胎模按序编号，砌筑时在炉内胎模安装平台上进行逐层拼装，保证胎模直立、水平和中心位置。

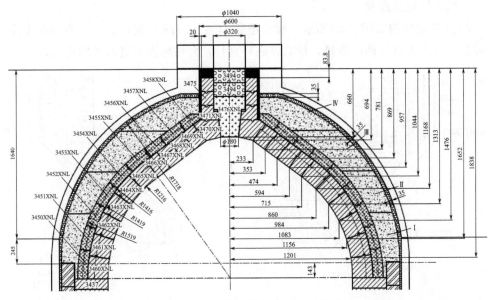

图 7-41 各环拱顶砖定位尺寸及结构

③ 砌筑拱顶砖前，按图纸要求在壳壁上涂抹纤维涂抹材料 35mm 进行保温。之后在拱顶背衬铬刚玉砖与纤维涂抹料之间进行铬刚玉重质浇注料的第一次浇注施工，浇注前在纤维涂抹料及铬刚玉砖表面粘贴上一层 3mm 可燃材料，浇注后保证第一层顶部水平面比铬刚玉砖上沿低 60～70mm，并预留处理好浇注料的施工缝。

④ 拱顶砖共分四次砌筑，第一次砌筑至 3463XNL、3452XNL 砖，按图纸设计要求进行砌筑。浇注前在纤维涂抹料及高铬砖表面粘贴上一层 3mm 可燃材料，浇注后保证第一层顶部水平面比 3452XNL 砖低 60～70mm，并预留处理好浇注料的施工缝。

⑤ 第二次砌筑至 3454XNL、3465XNL 砖，浇注前在纤维涂抹料及高铬砖表面粘贴上一层 3mm 可燃材料，最上部纤维涂抹料厚度必须保证在 35mm 左右，一定要按图纸设计要求进行砌筑。

⑥ 第三次砌筑至 3457XNL、3469XNL 砖，浇注前在纤维涂抹料及高铬砖表面粘贴上一层 3mm 的可燃材料，最上部纤维涂抹料厚度必须保证在 35mm 左右，一定要按图纸设计要求进行砌筑。

⑦ 第四次砌筑至 3458XNL 砖，一定要按图纸设计要求进行砌筑。

⑧ 最后砌筑拱顶上口砖，并加工炉口砖至顶面平，保证拱顶预留的 84mm 尺寸。

⑨ 整个拱顶浇注料施工后，经过养护 12h 后方可拆除胎模，并检查验收。拱顶砖砌筑验收完成后，再拆除胎模、脚手架然后进行锥底砖的砌筑。

(5) 锥底的砌筑

① 锥底结构如图7-42所示。砌筑锥底3401、3478砖前，必须严格检查托砖板的平整度再进行砖的预排，检查锥底砖直径，合格后方可进行砖的砌筑。

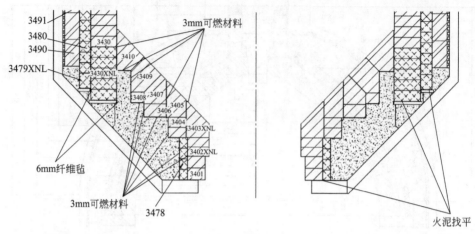

图 7-42　锥底结构

② 完成3401、3478、3402XNL砖砌筑后，按要求粘贴可燃材料，随后进行第一次铬刚玉浇注料施工，施工后浇注料必须密实无空洞，必须达到高铬砖的尺寸砌筑要求。

③ 进行3404、3406、3408砖的预排砌筑，随后进行第二次浇注料的施工。

④ 进行3409砖的预排砌筑，随后进行第三次浇注料的浇注施工。

⑤ 最后将3403XNL、3405、3407、3410砖按图纸设计要进行砌筑。验收后才可以拆除脚手架。

至此，单台气化炉耐火材料砌筑施工完毕。

7.2.3　OMB气化炉烘炉及开炉

(1) 烘炉的原理

烘炉的目的是通过合理科学的方法对设备进行加温，使炉衬材料完成一系列的化学反应。一是为了除去耐火材料中的吸附水和部分结晶水；二是通过化学反应，培养一定的晶相结构，使衬里能达到一定的物化性能，以免在正式的操作过程中，耐火泥中的水分急剧蒸发，因其内应力的作用，产生大量裂纹、炸裂和剥落等现象。

(2) 烘炉前的准备

① 物资准备。准备烘炉用压力不小于5000Pa的焦炉煤气或液化气，并接到烘炉用的水封上，传输的管径不应小于100mm，提供烘炉工作室。若用液化气烘炉，必须保证高温烘炉的气体稳定性，使烘炉的温度达到要求。

② 临时设施。烘炉用的气源应放置在离水封 15～20m 远的阴凉处，从气源到水封用无缝管连接。安装完毕后，经安全检查合格后，才能进行输气点火的步骤，以避免泄露等其他情况的发生。准备 2 支高温热电偶，专用线 100m，热电偶显示器 2 只，安装调试好。在离气化炉不远处设置工作室，用来放置热电偶显示器，值班人员 24h 做升温记录。

（3）烘炉

① 烘炉按方案进行，必须严格地按照升温曲线进行。

② 烘炉过程中应严格检查炉外壳的温度，并认真做好记录。检查频率为 1h 一次。如果外壳表面局部的温度超过 150℃时，应立即停止升温，待查找到原因后方可继续。

③ 烘炉刚开始点火时，应遵循安全缓慢的原则。先只能点一个烧嘴，并视实际情况控制好燃烧气的进量，使气化炉内的温度缓慢上升。随着温度的升高，根据曲线要求，再慢慢打开其他二个烧嘴。

④ 刚开始升温时气化炉内温度有少许波动的可能，属于正常气流运动，不影响烘炉的效果。当温度到 150℃时，此时炉内有些点的实际温度有一定的差异，所以，恒温非常必要。依靠炉内内部气流流动，使炉内温度统一以便继续升温。当温度达到 300℃时，需要再次进行恒温。使炉衬材料的表面温度能尽量一致，此时，材料的吸附水在恒温以后，基本挥发完毕。开始烘炉到 500℃时，耐火材料内部反应渐趋活跃，有培养晶相结构的其结晶水逐渐释放，应严格控制升温速度，在达到温度点后，严格控制好恒温时间。时间不到急促升温，或恒温时间太短，对水分的挥发，炉衬材料的反应，都是十分不利。

⑤ 烘炉期间，在岗人员必须严格工作纪律。每小时做一次记录，记录内容包括四个温度、燃烧气压力等。每小时在升温曲线上打一次点，并做好实际升温曲线。在交接班时，必须相互签字。

⑥ 烘炉期间，在严格按照升温曲线升温的过程中，一旦出现异常情况，工作人员应立即向值班领导汇报。并在仔细研究原因后，拿出措施后，方可进入下一步烘炉工作。

⑦ 在记录本上必须详细记录燃烧气压力的变化。

（4）烘炉结束后的处理

烘炉结束后严禁打开通风口，严禁鼓入冷风，保持自然冷却。烘炉结束后，炉温降至大气温度后，派专人进入炉内检查炉衬质量，衬里要全部宏观检查。

（5）安全注意事项

① 烘炉周围可燃物清理干净，防止着火。

② 烘炉现场应放 2 个以上的干粉灭火器。

③ 燃烧气管线与外界相连的设备，管线必须加盲板或断开，防止燃烧气

串漏。

④ 燃烧气必须置换合格 O_2 含量≤0.5%，才能投用点火，严格执行。

⑤ 点火顺序严格遵守："先点火，后开燃烧气"，不得颠倒。

⑥ 燃料应可靠保存。

（6）烘炉方案

表 7-6～表 7-8 分别列出了不同情况下的烘炉方案。

表 7-6　全新多喷嘴对置式（3400mm、3600mm）气化炉烘炉曲线

温度范围/℃	升温速度/(℃/h)	所需时间/h	累计时间/h
室温～150	15	8.3	8.3
150	0	72	80.3
150～300	15	10	90.3
300	0	72	162.3
300～500	20	10	172.3
500	0	48	220.3
500～650	20	7.5	227.8
650	0	48	275.8
650～800	30	5	280.8
800	0	6	286.8
共计			12 天

注：1. 砌炉完成后自然干燥 1 周；
2. 烘后若直接投料，可从 800℃ 开始以 40℃/h 速度升至工作温度；
3. 若烘炉后需冷却至室温，则冷却过程不可急冷，冷却速度不得超过 20℃/h；
4. 开始点火烘炉时，切不可急升温度，以免炉衬开裂；
5. 烘后若进行停炉检查，再次升温曲线见气化炉二次升温曲线。

表 7-7　全新多喷嘴对置式（3880mm）气化炉烘炉曲线

温度范围/℃	升温速度/(℃/h)	所需时间/h	累计时间/h
室温～150	10	12.5	12.5
150	0	84	96.5
150～300	15	10	106.5
300	0	84	190.5
300～500	20	10	200.5
500	0	72	272.5
500～650	20	7.5	280
650	0	60	340
650～800	30	5	345
800	0	6	351

温度范围/℃	升温速度/(℃/h)	所需时间/h	累计时间/h
共计			15 天

注：1. 砌炉完成后自然干燥 1 周；

2. 烘炉时 300℃ 以内低温段务必控制升温速度和保温时间；

3. 烘后若直接投料，可从 800℃ 开始以 40℃/h 速度升至工作温度；

4. 若烘炉后需冷却至室温，则冷却过程不可急冷，冷却速度不得超过 20℃/h；

5. 开始点火烘炉时，切不可急升温度，以免炉衬开裂；

6. 烘后若进行停炉检查，再次升温曲线见气化炉二次升温曲线。

表 7-8 气化炉二次升温曲线

温度范围/℃	升温速度/(℃/h)	所需时间/h
室温(20)～300	20	14
300	保温	12
300～600	30	10
600	保温	12
600～800	40	5
800	保温	6
800～投料温度(1300)	40	12.5
合计		71h30min

7.2.4 OMB 气化炉耐火材料的检修与更换

隔热层、背衬层使用周期较长，若没有明显的损坏，不用更换。拱顶、筒身、锥底（包括渣口），由于工况条件不同，蚀损情况会有较大差异，故需要根据使用情况进行热面砖的局部更换，以期安全、平稳地运行。

气化炉向火面砖（高铬砖）的使用情况受到很多因素的影响，例如气化压力、操作温度、煤种、负荷、操作稳定性以及开停车次数等，因而对向火面砖是否已达使用末期，可参考评估如下。

① 炉砖脱落。气化炉停车检修、换烧嘴时如发现有炉砖脱落现象，卖方和买方应联合检查炉砖烧损情况，并结合运行记录、运行时间查找原因，判定是否已到使用末期。

② 气化炉钢壳外表面超温。如在气化炉正常运行过程中，钢壳外表面温度大面积（连续 2 点）的达到、甚至超过报警温度，则应更换耐火砖。

③ 残砖厚度。向火面砖出现超过 $0.5m^2$ 以上的冲刷凹面，砖厚度估计在 50～70mm 时，尽管此时炉壁未超温，也可认为已到使用末期。

④ 接近厂家性能保证时间：向火面砖使用寿命已达厂家性能保证时间的 90%，此时尽管炉砖厚度在 70mm 以上，炉壁也未超温，也可以认为已达使用

末期。

（1）拱顶的更换

① 拆除。按照从上到下顺序拆除拱顶热面砖及铬刚玉浇注料。然后根据冲刷减薄程度决定是否拆除。拆除时，必须一环一环地进行，不得无序拆除。拆除完一环砖后，马上拆除其后部的浇注料，以免拱顶砖塌陷砸伤施工人员，为保证保留的热面砖和背衬砖不被损伤和震松，必须采用钢钎手工拆除，拆除时每环砖先凿除一块砖，然后把其他砖一块一块翘掉，不得随意乱砸。

② 检查砌体尺寸。在砌筑拱顶前，先根据切线和中心线检查砌体尺寸，然后预组装拱顶下部两环砖，根据拱顶中心圆弧线检查拱顶的高度及圆弧是否与图纸一致，如有误差要及时调整。留出必要的膨胀缝，保证该砖层的内径和每环的中心，并同心于气化炉中心线。调整好后，将预砌的砖拆除、砌筑。

③ 抹纤维涂抹料。按图纸要求在拱顶壳壁上抹纤维涂抹料。

④ 安装拱顶胎模。首先把胎模在炉外组装，检查各部位尺寸是否符合图纸要求，必要时进行修整，然后把每块按序编号，砌筑时在炉内拱模安装台上进行逐层拼装，必须保证拱模直立、水平和中心位置。

⑤ 预排及尺寸测量。由于气化炉的拱顶呈球状，砌筑难度大，而拱顶部位每环砖的任何高度和经度的偏离都会影响到下一砖层的砌筑，并且影响进料口的设计和整个气化炉的操作。因此，每砌一环砖之前，都必须将该环砖进行预排，然后从炉膛上部接盘处测量该层砖最上边缘的尺寸，并同时测量每块砖的半径，以确保砌筑尺寸准确。

⑥ 砌筑。拱顶砖共分三次砌筑。砌筑拱顶砖时，要求尽量使灰缝均匀，以达到不切割砖的目的。拱顶浇注料的浇注与砌拱顶砖同步分三次进行，前两次使其浇注高度低于已砌砖高度30～40mm，两次浇注都必须用插入式振动器振实，并留出台阶形施工缝。第三次浇注，由于无法全部振捣，改用橡皮锤进行捣打。所有浇注料必须浇注、捣打密实，振动时振动棒必须快进慢出，不得有空洞产生。砌筑完毕经过养护，可拆除拱顶胎模，并检查砌体、勾缝、清理。

⑦ 颈部进料口的砌筑。根据拱顶出口的设计尺寸，硅酸铝纤维膨胀缝的尺寸要求，对拱顶出口两环砖进行切割加工并砌筑，在砌筑前先在炉口颈内壁贴一层6mm厚的耐火纤维毡，砌完后铺设炉口。

（2）锥底的更换

① 拆除。首先拆除渣口部分四环砖，再按照由上至下顺序拆除锥底砖，最后拆除浇注料。

② 砌筑。在砌筑锥底前，必须严格检查托砖板的平整度，进行砖的预排，并按设计要求留出膨胀缝。先砌筑二层3401砖和二层3402XNL高铬砖，在后部砌筑四层3478铬刚玉砖，浇注铬刚玉浇注料并和已砌筑的3478最高点相平；

完毕后砌筑二层3404，浇注炉底浇注料并和已砌筑的3404最高点相平。然后依次进行3406的砌筑并浇注、3408、3409的砌筑和浇注。严格按照设计要求定好标高，然后砌筑。最后分别进行3410、3407、3405、3403XNL的砌筑。

（3）渣口的更换

① 拆除。测量渣口部分四环砖使用后内径，并计算出减薄量，判断能否继续使用，如果需要更换，则从上至下进行拆除。

② 砌筑。检查托砖板平整度，并用火泥调平，由下至上砌筑渣口砖。

（4）筒身热面砖的更换

筒身热面砖的更换往往会安排锥底、拱顶一同更换。由于长时期运行，背衬砖会后移，钢壳也会发生变形。按照工艺尺寸砌筑热面砖时，热面砖与背衬砖就会产生较大的缝隙。

更换筒体部分热面砖时，需要拆除筒体热面砖残砖，并对背衬砖表面进行清理。在背衬砖表面贴3mm可燃材料后，按照图纸要求根据中心线砌筑。每砌筑一环砖，要将热面砖与可燃材料之间缝隙用铬刚玉浇注料填充捣实，以在高温高压下对高铬砖层径向进行支撑，防止由于留缝过大，产生径向移动过大而破坏热面砖结构整体性。

（5）所有砖全部更换

① 残砖的拆除。按照拱顶、筒身、锥底的顺序从热面层到隔热层拆除。

② 炉壳除锈。气化炉使用过程中，腐蚀性气体特别是H_2S对炉壳侵蚀，会产生铁锈。砌筑之前，需要铲除铁锈。

③ 耐火衬里的砌筑。炉壳在使用过一段时间后，或多或少都会产生变形。筒身最关键的是隔热层的砌筑，需要根据氧化铝空心球砖距离中心线的距离来确定砌筑位置，同时在背部填充纤维涂抹料。对于改型的炉子来说，隔热层包括绝热板、纤维板和氧化铝空心球砖。绝热板直接用不干胶粘到钢壳上，接缝处用纤维涂抹料填充。纤维板夹在绝热板与氧化铝空心球砖之间，由于纤维板较硬，不能很好地与前后两层贴合，需要用纤维涂抹料填充缝隙。砌筑时，要保证氧化铝空心球砖层的内径与图纸相同，必要时对小弦进行切割。

（6）烧嘴砖更换

由于多喷嘴对置式气化炉烧嘴及周围部位容易受到冲蚀，常常进行烧嘴热面砖的局部更换。更换时，先敲掉烧嘴砖及周围冲蚀严重的筒身砖，按照所示位置，进行烧嘴砖预摆，必要时加工下面3430砖，保证烧嘴砖和通道口上沿相平。图7-43即为烧嘴砖局部更换后的情况。

图7-43 烧嘴砖局部更换
（该炉型数量少，不具有代表性）

7.3 HT-L 气化装置

HT-L 气化技术是由航天长征化学工程股份有限公司开发的粉煤加压气化技术。图 7-44 为其结构示意图，HT-L 粉煤加压气化技术的主要特点是具有较高

的热效率（可达 95%）和碳转化率（可达 99%），对煤种要求低，可实现原料的本地化，气化炉为水冷壁结构，能承受 1500~1700℃ 的高温。拥有完全自主知识产权，专利费用低，关键设备已经全部国产化，投资少，生产成本低等诸多优点。该技术采用液态排渣，煤种灰熔点的高低对于渣的排放影响极大，为了适应煤种的变化，保证气化炉排渣顺利，提高气化炉的碳转化率，通过调节渣口尺寸的调节工艺简化对设备的要求。HT-L 粉煤加压气化技术日处理煤量最高已达到 2000t 级，正在开发 3000t 级气化炉。自 2008 年首台 HT-L 气化装置在河南省濮阳某公司建成投产，至今已完成约 80 台 HT-L 气化装置的转让，是目前粉煤加压气化技术领域工业化应用最多的气化技术。

图 7-44　航天炉
结构示意图

7.3.1 HT-L 气化炉耐火材料的配置

HT-L 气化炉耐火材料配置共分为四部分，分别为烧嘴支撑、气化炉反应室、下部排渣口和外部壳体，所有部位均使用不定形耐火材料，即需要现场加水或液体结合剂来进行结构和形状的构筑。

① 烧嘴支撑耐火材料配置：该部位采用的耐火材料分为两种，一种是外部碳化硅-刚玉复合捣打料，材料厚度高出锚固钉约 1mm，一种是内部碳化硅浇注料，材料厚度约为 80mm，浇注出一个圆形孔作为烧嘴插入孔。

② 气化炉反应室耐火材料配置：该部位水冷盘管表面碳化硅-刚玉复合捣打料，施工厚度为高出锚固钉 2~3mm，材料施工厚度为 15~60mm。

③ 下部排渣口耐火材料配置：该部位耐火材料施工同样分为内部和外部两部分，均为在水冷盘管表面碳化硅-刚玉复合捣打料，施工厚度为高出锚固钉 2~3mm，材料施工厚度为 15~60mm。

④ 外部壳体耐火材料配置：高铝质保温喷涂料。施工厚度约为 50mm。

7.3.2 HT-L 气化炉耐火材料的施工

（1）施工前准备

① 在相关工作开始之前，检查将被衬以耐火材料的区域的情况。所有表面应该是干净、没有游离颗粒、铁锈和杂质，尤其要注意不能有油污或油脂污染。

如在户外施工需搭设临时防雨设施，防止材料受潮。

② 耐火材料运抵现场后，在施工前进行抽查，以便确定耐火材料的数量和状态是否满足施工要求。

③ 耐火材料应储存在干燥、洁净的防潮仓库内，按品种型号分类堆放，做出明显的标志，最佳的储存温度为5～30℃。避免储存在湿地上或湿度大的仓库中，如出现结块则不得使用。

④ 耐火材料采用防潮复合袋包装。放置在较下部的材料如由于受重压而结块、但用手接触则散开，此材料没有黏结仍可使用。耐火材料应在保质期内施工完毕，因运输或其他原因产生的包装破损，致使材料暴露，一律不用。

（2）耐火材料施工

① 喷涂料施工。喷涂料主要应用在气化炉外件壳体，作为保温隔热材料，壳体分为碗形炉顶和圆筒形炉身两部分。整个外件壳体内焊接有龟甲网，龟甲网的高度为40mm，根据图纸要求，该部位耐火材料应与龟甲网基本持平。

a. 材料搅拌。在强制搅拌机中加入耐火粉料，严格根据喷涂料施工说明书中建议的施工方式进行加水搅拌，搅拌好的物料为具有涂抹施工性能的泥状料。

b. 喷涂料的施工方式可以是喷涂、涂抹、捣打和振动成型，由于施工量小、空间有限，通常采用涂抹或振动成型的方式进行炉壳喷涂料的施工。为保证施工质量，壳体的炉身部分耐火材料采用水平放置施工，整个筒体分6～8次进行施工，每次施工整个壳体圆周的1/6或1/8，通过旋转壳体的方法保证施工方向为向下震动涂抹施工，现场施工照片如图7-45所示。壳体的炉顶部分采用涂抹结合捣打施工，以圆周螺旋方向自下向上施工，每次施工高度为20～30cm，现场施工照片如图7-46所示。

图7-45　炉壳施工-炉身部位

图7-46　炉壳施工-炉顶部位

c. 表面处理。平板振动器震动后的耐火材料需进行修面处理，利用灰抹子将高出龟甲网的涂抹料铲掉，然后将表面修平，如图7-47和图7-48所示。

图 7-47　炉顶的人工修平处理　　　　图 7-48　炉顶的成品照片

② 碳化硅浇注料施工。整个 HT-L 气化炉中对于碳化硅浇注料的用量较少，仅在烧嘴支撑内使用，用量为 0.5～1t 不等，该部位采用支模浇注的方法施工。现场施工照片如图 7-49 所示。

a. 模具安装。由于烧嘴支撑内部空间较小，模具的材质选为钢质，根据图纸要求进行模具的制作，为方便安装和拆除，将模具分成大小两部分。现场安装需按图纸校正中心位置和各插入管位置，精度为 ±2mm，定位后利用钢材将模具和烧嘴支撑件进行点焊固定。

b. 材料搅拌。由于施工作业面较小，选用搅拌量较小的 HOBART 式搅拌机或类似搅拌机进行混料。在搅拌机中加入耐火粉料，在未加水的条件下在搅拌机里进行预搅拌（1min），然后按照碳化硅浇注料施工说明书中建议的加水量加水搅拌，再继续搅拌 3～5min，搅拌好的物料为具有较好的流动性，并不能泌水。

c. 振动浇注成型。利用料筒将搅拌好的材料运输至作业面，倒入模具后利用振动棒振动成型，每次布料高度不超过 300mm，振动棒轻拉慢移，防止留下空洞。整个烧嘴支撑的碳化硅浇注料连续一次施工完成。搅拌好的耐火材料应在 30min 内施工完毕。

d. 模具拆除。浇注成型的碳化硅浇注料需室温养护 24h，才能将模具拆除，拆除模具时先拆除小块，再拆除大块，在拆除模具的过程中禁止强力敲击耐火材料。

③ 气化炉反应室碳化硅-刚玉复合捣打料施工。气化炉反应室水冷盘管用耐火材料为黏附性较好的碳化硅-刚玉复合捣打料，反应室可在地面水平放置进行施工，也可安装在炉壳中垂直施工。反应室水平施工时，需要在具备任意角度翻转反应室的条件下进行，操作人员的工作安全性高、通风条件更好，而且捣打力与重力方向重合，有利于提高施工质量和施工效率。反应室垂直施工时，一般适用于反应室和炉壳在业主方组装的情况，操作人员需要在脚手架上进行施工，且捣打力方向与重力方向垂直，加大了操作人员的工作强度。

以气化炉反应室水平放置施工为例，气化炉反应室耐火材料一般分成 3～4

次施工完成。由于碳化硅-刚玉复合捣打料的结合剂为具有一定腐蚀性的液体，因此施工现场必须通风良好，施工时必须佩戴橡胶手套，防止材料接触皮肤和眼睛。为保证施工质量需先对水冷盘管表面进行除锈除焊渣处理。图 7-50 为待施工的气化炉反应室。

图 7-49　碳化硅浇注料浇筑施工

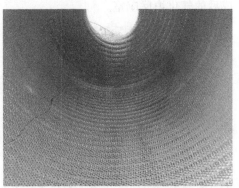

图 7-50　待施工的气化炉反应室

根据图纸要求，反应室的材料施工又区分为三个区域，分别是顶部烧嘴入口区域、中间筒体区域和底部排渣口安装区域。顶部烧嘴入口区域，由于要安装烧嘴，该处耐火材料的施工需留出 4 组对称的区域不涂抹耐火材料；中间筒体区域需按照水冷盘管的弧形面将碳化硅-刚玉复合捣打料施工成为具有波浪纹的衬里，且材料需完全覆盖锚固钉，波峰处需高出锚固钉 2～3mm；底部排渣口安装区域施工时需留出一圈宽度为 150mm 的区域不涂抹耐火材料。

a. 材料搅拌。由于碳化硅-刚玉复合捣打料采用液体磷酸二氢铝作为结合剂，材料的硬化时间较短，且气化炉反应室内部空间有限，而该材料的可施工时间较短，因此每次搅拌混合的材料量不宜过多，搅拌后的材料必须在 30min 内施工完成，每次的搅拌量应按 30min 内能够完成的施工量来准备，通常建议每次搅拌 15～20kg 材料。混料过程为在强制搅拌机中加入耐火粉料，根据施工说明书中建议的结合剂加入量加液搅拌，通过肉眼判断材料是否具有合适的黏度。开始搅拌时，混合物是干燥、颗粒状的黏性物，大约 3min 后，搅拌好的物料为具有涂抹施工性能的泥状料，达到此状态后，材料就可开始施工。

b. 材料涂抹。搅拌好的泥状料运输至气化炉反应室，先进行手工涂抹（图7-51），涂抹厚度高于水冷盘管表面最顶端锚固钉 10mm，特别注意将其敷满锚固钉周围。可用橡皮锤进行捣打或利用振动器振动以辅助材料达到致密化效果，捣打或振动紧密后根据盘管的形状再将多余的材料去除。

注意，不得在已施工的衬里上再次加结合剂以重新获得耐火材料的可加工性，也应避免在施工中发生衬里提前硬化现象造成的施工后衬里分层。

c. 表面处理。振动处理后的耐火材料需进行修面处理，利用灰抹子将高出的碳化硅-刚玉复合捣打料铲掉，然后利用橡胶皮锤对波峰材料进行捣打处理，直至水冷盘管表面形成光滑均匀的波浪形衬里。

注意，铲掉或者已硬化的材料应判废，不建议再次使用。图 7-52 为施工完成后的气化炉反应室。

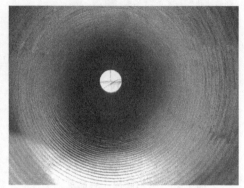

图 7-51　将材料手工涂抹至反应室内壁　　　　图 7-52　施工完成后气化炉反应室

④ 烧嘴支撑和排渣口区域碳化硅-刚玉复合捣打料施工。烧嘴支撑部位碳化硅-刚玉复合捣打料仅在外表面的顶端施工一层，由于该区域没有锚固钉，因此直接涂抹捣打一层厚度为 15mm 厚的材料。排渣口区域分为内部和外部两部分，该区域同样有水冷盘管和锚固钉，但根据图纸要求，该区域只需施工出一个表面平整的耐火衬里。因此，烧嘴支撑和排渣口区域耐火材料的施工先进行人工涂抹，然后利用橡胶皮锤敲打出平面，在利用灰抹子抹平即可。施工后照片如图 7-53 所示。由图 7-54 为排渣口施工后照片，可以看出排渣口上表面同样留有一环未施工，其目的是方便渣口与反应室的组装。反应室烧嘴入口处和排渣口接口处以及排渣口顶部未施工区域的耐火材料，待全部部件组装完成后进行施工。

图 7-53　烧嘴支撑施工后照片　　　　　　图 7-54　排渣口施工后照片

7.3.3 HT-L气化炉烘炉及开炉养护

耐火衬里的养护尤为重要，根据结合剂的不同，在衬里的硬化过程有不同的热量放出，在环境空气湿度很大的情况下，应保持衬里避免受潮，施工后应尽量保证衬里的干燥。养护的温度应控制在5～30℃，时间应在48h以上，以保证材料获得足够的养护强度。

烘炉的目的在于蒸发衬里材料中的结晶水、游离水和固化衬里材料中的黏结剂，达到材料的设计性能。衬里材料充分养护后可开始烘炉工作，为避免材料发生吸潮或其他反应，耐火衬里从施工完毕到烘炉的时间间隔不应超过一个月。

（1）总则

① 烘炉使用热烟气进行。热烟气由底部进入炉内，对耐火材料加热后再由上部烧嘴处排出，在出口处安装有烟囱，烟囱处安装有流量调节装置。

② 如果烘炉过程因种种原因中断，必须在中断时的温度点或之前的温度点重新开始烘炉，如正处于保温阶段则已经完成的保温时间作废，必须重新开始并完成持续的保温时间。

③ 耐火衬里烘炉必须严格遵循烘炉曲线进行，使衬里各部分被均匀加热，避免产生局部的过热。将按照本文件的要求安装热电偶，热电偶所测量的温度数据将采用多线式记录仪记录，烘炉过程由有丰富烘炉经验的人员负责全程监督，在烘炉前用于温度测量的相关设备将进行检查和测试。

（2）烘炉安全要求

为保证烘炉期间的安全，应在烘炉时执行下列安全措施。

① 烘炉进行时热气发生器、供气站、控制站和烟气导管等设备所在区域应设置警戒线，禁止与操作无关人员进入。

② 烘炉热烟气以安全方式排放，避免伤害操作人员。

③ 烘炉进行期间不允许进行可能影响到烘炉控制站区域的射线探伤工作。

④ 保证烘炉操作人员能够自由出入燃烧器操作现场及自由使用员工电梯。

⑤ 烘炉进行时气体管线和燃烧器现场不允许进行吊装和焊接工作（包括气体管线上部的平台）。

⑥ 在燃烧器附近至少有两个可用的灭火器。

⑦ 烘炉有关人员必须保证24h联系方式畅通。

⑧ 在烘炉开始前通知甲方或当地的消防部门。

（3）烘炉前准备

烘炉前应完成以下主要设备和部件的核验。

① 热气发生器。烘炉所需的热能由热气发生器提供，燃烧能力为750万大卡/h，燃料气最大用量为300m³/h（液化石油气），高速燃烧器还配有助燃用变

频式空气鼓风机和风量调节机构，烟气温度调节范围可达到 40～1200℃。

② 控制站。热气发生器燃烧控制装置，安装有多线程温度记录器、燃料气控制装置和助燃风机控制系统。

③ 热电偶、燃料管线、燃料管线用仪表和阀门等。

④ 烘炉用电缆及仪表点安装完毕、烘炉用热气发生器安装就位、热烟气导管已就位、热气发生器的燃料系统检查完毕并可随时投入使用、临时测温点安装并调试完毕、热烟气出口管安装完毕。

⑤ 烘炉区域内设置警戒线，阻止无关人员出入。夜间操作时的照明已安装完成，建立包括所有相关人员的紧急事件处理机制，内容包括所有相关人员的电话、住址、通知顺序、如何找到有关人员及职责等，对讲机、手机等通信器材准备就绪。

（4）炉壳喷涂料烘炉

HT-L 气化炉炉壳钢壳龟甲网耐火喷涂料施工完成后，需进行一次烘炉，其目的为烘干喷涂料中自由水，同时提高耐火衬里的强度，满足装配需求。由于钢壳材料限制烘炉温度不能过高，此次烘炉其目的为烘干喷涂料中自由水，同时提高耐火衬里的强度，满足装配需求。烘炉制度和烘炉曲线见表 7-9 和图 7-55。

表 7-9　喷涂料烘炉制度

温度区间/℃	升、降温速度/(℃/h)	所需时间/h	累计时间/h
常温～150	25	5	5
150～185	35	1	6
185±15	0	6	12
185～常温	25～40	5	17

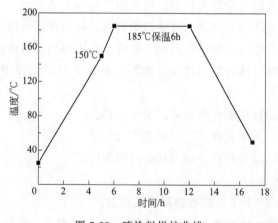

图 7-55　喷涂料烘炉曲线

（5）反应室和外壳组装完成后二次烘炉

HT-L气化炉外件钢壳喷涂料烘干完成后，进行反应室和下渣口的安装，安装完成后将进行二次烘炉，此次烘炉为气化炉整体烘炉，其目的是烘干碳化硅-刚玉复合捣打料内的自由水和结晶水，同时对烧嘴支撑法兰、下渣口等部件进行烘烤，烘烤的最高温度不低于450℃，不超过500℃。建议的烘炉曲线见表7-10和图7-56。

表 7-10　建议的烘炉曲线

温度区间/℃	升、降温速度/(℃/h)	所需时间/h	累计时间/h
常温～100	5	15	15
100	0	8	23
100～230	10	13	36
230	0	6	42
230～455	15	15	57
455	0	12	69
455～室温	25～30	16	85

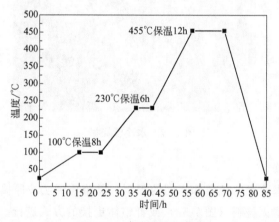

图 7-56　建议的烘炉曲线

（6）烘炉质量

烘炉结束后提供烘炉曲线及报告。对于裂缝宽度在3mm以下或者直径在30mm以内的块状缺陷可修补，若超出该范围则需要讨论修补方案。烘炉的最终要求为：外观平整，无空洞、剥落。

7.3.4　HT-L气化炉耐火材料的日常维修及局部更换

航天炉的技术以安全、稳定、长周期运行所著称，目前航天炉已签约101台，占据中国粉煤气化市场领域的50%以上，该领域市场占有率第一。航天炉连续不间断运行时间多次打破世界纪录，据其公司网站披露，目前的最高连运天数为 460 天。在良好的操作条件下，HT-L 气化炉水冷壁内件耐火材料在液态熔渣的保护下，耐火材料会保持良好的运行状态，其设计寿命可达 20 年之久。但当操作情况出现异常，如温度过高、火焰烧偏等工艺情况可能会对水冷壁耐火材料产生瞬间烧蚀，严重者会造成水冷壁水管烧损。另外，大量的高温液态熔渣对渣口部位形成了强力的磨损，可能会出现局部耐材损毁的情况。因此，需根据需要进行炉壁和渣口的维修。

（1）炉壁维修

耐火材料及渣钉轻微的烧蚀对炉子的运行不会有大的影响。对于较严重的水冷管烧损（图 7-57），则需要更换局部盘管。由于所用材料均为不定形材料，其维修方式可按照新砌筑炉体的具体工艺步骤进行。

图 7-57　水冷管烧损

（2）渣口维修

受渣口部位水冷盘管位置和空间的限制，其维修无法按原捣打的施工方式进行，一般以套浇耐火材料（图 7-58）或者整体更换的方式进行。

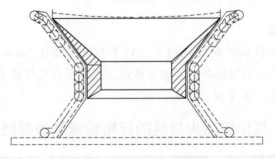

图 7-58　渣口部位套浇维修

① 渣口原耐火层的清理。将原衬里的捣打料平面松散的耐火材料清理干净，除去表面的残余的耐火材料、浮尘、铁锈、油污或油脂等，直至所有表面干净。

② 搭建炉底平台。浇注料施工时炉底需要封闭，在炉底脚手架上用接管支撑平板，封闭炉底。

③ 锚固件的焊接。在露出的渣钉表面焊接不锈钢锚固件网，采用不锈钢焊条，要求焊缝饱满，焊后结构稳定。

④ 浇注料胎模的安装和定位。浇注料施工时采用钢质胎模做衬里，钢质胎模尺寸应严格按照需方的渣口尺寸要求进行制作，并以方便现场安装和拆除为原则。

⑤ 浇注料施工。将渣口浇注料按施工规程进行搅拌和振动成型，养护 24h后，即可脱模检查。要求不能出现宽度超过 3mm 的裂纹或直径超过 30mm 的表面缺陷，否则需将其浇注料整体拆除，重新构筑。

⑥ 烘烤。该部位可采用电加热或热烟气的方式局部烘烤，其烘烤制度和烘烤曲线参照外壳烘烤的工艺。

7.4 BGL 气化装置

BGL 煤气化技术是一种以块煤为原料、以液态形式排渣的固定床加压气化工艺，是在 Lurgi 煤气化技术的基础上创新发展而来，因此又被称为液态排渣的 Lurgi 煤气化技术。图 7-59 所示 BGL 气化炉中，块煤（最大粒度 50mm）通过煤料床顶部的闸斗仓进入加压的气化炉。结渣剂（石灰石）和煤一起添加。当煤逆着向上的气流在气化炉中由上向下移动时，被干燥、脱除挥发水分、气化、最终燃烧。在气化炉的基底，喷嘴将水蒸气和氧的混合物喷入燃烧区，在这里氧和余下的焦反应释放出温度高于 2000℃的高热。这样的高温足以使灰融化，并提供热以支持气化反应。液态灰渣先排到锥底收集池里，然后再自动排入水冷装置。灰渣在水冷装置形成一种无味的、不可渗滤的熔渣状玻璃质固体。所有炉灰都以这种方式排出。

7.4.1 BGL 气化炉耐火材料的配置

BGL 气化炉分为筒身区域（包括托砖板、烧嘴口）和锥底区域，如图 7-60所示，所用耐火材料及部位见表 7-11。

（1）锥底区域

锥底区域热面为碳化硅砖，背衬为隔热浇注料和碳化硅捣打料，靠下紧贴炉壳部位为隔热浇注料，靠上紧贴炉壳部位为碳化硅捣打料，见图 7-61。

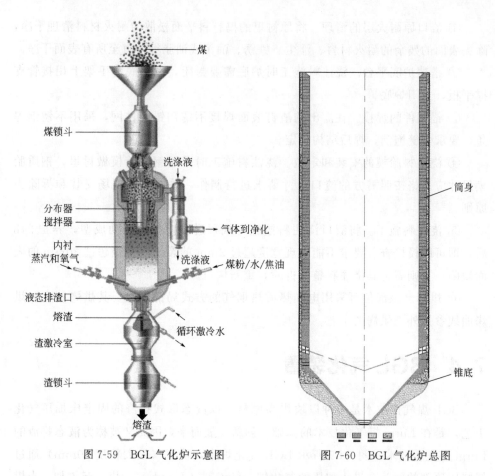

图 7-59 BGL 气化炉示意图

图 7-60 BGL 气化炉总图

表 7-11 BGL 气化炉所用耐火材料及部位

序号	名称	使用部位
1	刚玉砖	筒身上部
2	碳化硅砖	筒身下部、烧嘴口及锥底
3	隔热浇注料	锥底渣口隔热层
4	碳化硅浇注料	筒身及锥底

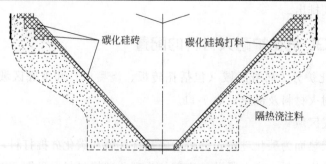

图 7-61 锥底区域示意图

（2）烧嘴口区域

烧嘴口区域热面为碳化硅砖，背衬为碳化硅捣打料，见图7-62。

（3）筒身区域

筒身区域下部热面为碳化硅砖，上部热面为刚玉砖，背衬都为碳化硅捣打料，见图7-63。

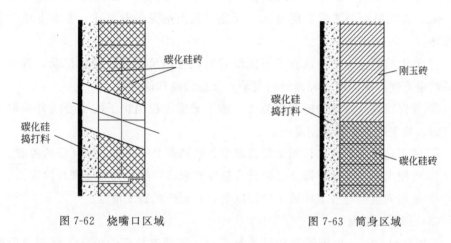

图 7-62　烧嘴口区域　　　　　　　　　图 7-63　筒身区域

（4）托砖板区域

刚玉砖托砖板区域热面为刚玉砖，背衬为碳化硅捣打料，见图7-64；碳化硅砖托砖板区域热面为碳化硅砖，背衬为碳化硅捣打料（由于此托砖板靠下，砖膨胀量小，因此膨胀缝较小），见图7-65。

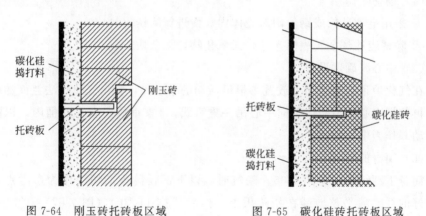

图 7-64　刚玉砖托砖板区域　　　　　　图 7-65　碳化硅砖托砖板区域

7.4.2　BGL 气化炉耐火材料的施工

（1）施工程序

设备交接→脚手架搭设→设备除锈→中心线确定设置→筒体砌筑（捣打料同

步进行）→锥底施工→烘炉

（2）设备交接验收

① 严格保证工艺喷嘴处耐火材料的各个尺寸，工艺喷嘴处耐火材料的中心线必须保证与炉体中心线同心，其同轴度偏差不大于±2mm。同一截面上直径误差不大于±6mm，窑衬中心线的垂直度为±3mm/3m，总高度上误差不超过±6mm。首先检查炉体垂直度及水平误差。找出钢壳偏差尺寸，考虑支模时怎样弥补。

② 施工前测量人员要认真学习图纸并对设备的尺寸进行测量记录，具体对设备的垂直度、椭圆度、标高进行复测，交报请监理认可。

③ 为保证设备衬里的椭圆度施工，施工前应先找出炉子的中心线并采取保护措施，施工过程中要定期复核。

④ 施工过程中严格执行测量复核制度，特别是对中心线、标高程的控制。

⑤ 所使用的仪器计量器具必须符合精度要求，并按有关规定进行检定。

⑥ 现场测量要与各工序施工紧密配合，保证现场施工精度。

（3）脚手架搭设

采用直径50mm的钢管和扣件进行搭设，下部支撑于炉外。下部搭设范围为1670mm直径范围设置8个支柱。筒身按直径3300mm范围内设置支柱，下部支柱延升至上部。支柱穿厚20mm的钢板作施工平台，每施工一段高度提升施工平台，并在下部用钢管与每根支柱扣紧固定。

（4）设备除锈

① 采用电动砂轮或钢丝刷对壳体内表面进行除锈。

② 除锈应达到金属表面光泽，无氧化物，无杂质。

（5）中心线确定设置

在气化炉顶部法兰面上放置一根可活动的十字尺，找出气化炉法兰面的中心点，再依据中心点沿壳体轴向中心吊一重垂线，（重垂放于有水的桶内，以防左右摆动）作为中心线。

（6）筒身的砌筑

筒身下部结构图见图7-66。砌筑时，以下部托砖板的切线作为参考点，把裁剪好的纤维毯平整地铺在托砖板上，然后预排11-10-1（图7-67）和11-10-2（图7-68）烧嘴砖，使得烧嘴砖与钢壳开口对应，图7-69为烧嘴砖及筒身下部碳化硅砖的砌筑。

砌筑烧嘴之间11-11砖，测量每一块砖与中心线之间的尺寸，保证与图纸尺寸相符，同时左右均匀分布每个砖缝，保证砖缝不大丁砌筑规定的要求。每砌筑4~5层耐火砖后，分层捣打碳化硅浇注料。

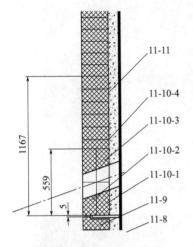

图 7-66 筒身下部结构图

图 7-67 预排 11-10-1 烧嘴砖

图 7-68 预排 11-10-2 烧嘴砖

图 7-69 烧嘴砖及筒身下部碳化硅砖的砌筑

11-11 碳化硅砖砌筑至距下部托砖板 1167mm 后改用 11-12 刚玉砖砌筑。砌筑要求与 11-11 碳化硅砖相同。

砌筑至中部托砖板最后两层砖时，参照图 7-70 托砖板处膨胀缝结构，需要先将 11-14 预排在中部托砖板上，再进行 11-18 砖的预排（图 7-71），算出 11-18 下面一层 11-12 需要加工的量，保证膨胀缝和图纸一致，进行现场切割后砌筑。砌筑时，需要在托砖板下方空隙处塞入纤维毯（图 7-72）并填实，再砌筑上方的 11-14 砖（图 7-73）。

中部、上部筒身砌筑和下部相同，最上部筒身结构图如图 7-74 所示，砌筑至 11-15 砖处（图 7-75）。

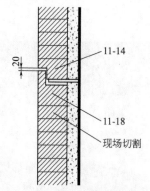

图 7-70　托砖板处膨胀缝结构

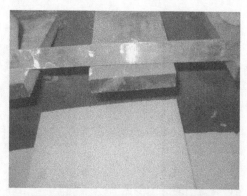

图 7-71　砌筑至托砖板处膨胀缝处

图 7-72　托砖板下方空隙处塞入纤维毯

图 7-73　托砖板处膨胀缝的砌筑

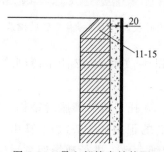

图 7-74　最上部筒身结构图

图 7-75　筒身砌筑至最上部 11-15 砖处

（7）锥底的砌筑

锥底结构图见图 7-76。

浇注锥底隔热浇注料至有冷却水管位置。

以锥底中心为圆心，预排 11-1、11-2、11-3、11-4、11-5 砖并砌筑（见图 7-77，图 7-78）。

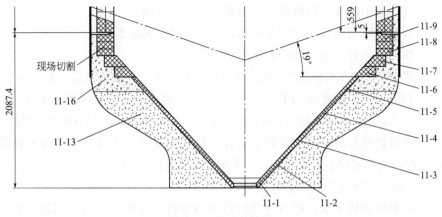

图 7-76　锥底结构图

浇注碳化硅浇注料至 11-5 砖上沿并砌筑 11-6 砖，浇注 11-6 砖后部碳化硅浇注料，砌筑 11-7 砖，浇注 11-7 砖后部浇注料。预排 11-8 和 11-9 砖根据与下部托砖板膨胀缝大小切割 11-8 砖，并用纤维毯填充膨胀缝。

图 7-77　锥底砖的砌筑（一）

图 7-78　锥底砖的砌筑（二）

7.4.3　BGL 气化炉烘炉及开炉

气化炉筑炉完成以后，在试车投产前，应由施工单位、生产单位和设计单位共同参加下烘炉。烘炉的目的是除去耐火浇注料和耐火材料中的吸附水和部分结晶水，以免在操作过程中，浇注料中的水分急剧蒸发，使浇注料产生裂纹、炸裂和剥落现象。因此，烘炉是确保浇注料质量的重要环节，也是最后一道工序，千万不能草率从事，一定要按照烘炉曲线进行。

（1）烘炉要求

① 按耐火砖供货单位提供的烘炉曲线进行烘炉，在上部人孔处安装热电偶，温度以此热电偶为准。

② 气化炉上部安装临时烟囱，并配备烟气调节阀。

③ 气化炉烧嘴接口安装 3 个烧嘴，并配备燃料供应系统。

④ 烘炉时作好记录，并绘制实际烘炉曲线。

⑤ 烘炉升温实际烘炉曲线与规定烘炉曲线在 150℃以下温度波动不大于 20℃。

⑥ 150～300℃温度波动不大于 30℃。300℃以上温度波动不大于 50℃。

⑦ 在烘炉前，在确定炉内无可燃性气体并经空气吹扫 3min 后方可点火烘炉。

⑧ 在烘炉低温阶段，加强燃烧装置的检查和巡视，严防低温阶段燃烧器熄火，在重新点火前用空气吹扫 3min 后方可点火烘炉。

（2）烘炉前的准备

① 按照烘炉的要求，准备好燃料系统和烧嘴，现场备好烘炉用温度计、调节板、临时烟囱等必需品。

② 所有仪表检查无误，记录用具齐全，准备好点火和灭火用具。

（3）烘炉前检查

检查炉前有关阀门的严密性及开关的灵活性；控制仪表是否齐全、准确；与之有关的设备运转是否正常。

（4）烘炉

① 开始烘炉时用点火燃烧器，当不能继续提高炉温时，应立即启动主燃烧器，主燃烧器运转正常后，应关闭点火燃烧器。

② 烘炉过程中应随时注意观察炉内燃烧情况。若发现炉膛熄火，应立即关闭天然气阀门，并进行吹扫，吹扫时间不得少于 3min，吹扫完毕后方可重新点火（在烘炉点火时，若点火未着，仍按此法处理）。

③ 烘炉时应将炉子上的排水排汽孔打开，烘炉结束后应及时将其关闭。

④ 烘炉完毕，降温后应进行质量检查，检查合格后，若不能立即投产，应将炉子封闭保存，不得受潮。

烘炉升温曲线见图 7-79。

（5）烘炉结束后检查

烘炉结束后，炉温降至大气温度后，派专人进入炉内检查炉衬质量，衬里要全部宏观检查，表面不应有起层、剥落等缺陷，并用小锤轻轻敲打，检查内部是否有空洞和夹层，声音清脆表示优良。如养护后发现宽度大于 3mm 的裂纹或直径大于 50mm 深度大于 10mm 的空洞应进行修补。经设计院设计代表与施工单位及耐火材料厂家共同研究修补方案，修补合格后方可交付使用。

衬里的质量检查除按以上规定外，其余按 HG 20543—92《化学工业炉砌筑技术条件》规定。

经烘炉后的衬里表面无起层、剥落等缺陷，并用小锤轻轻敲打声音清脆表示优良。

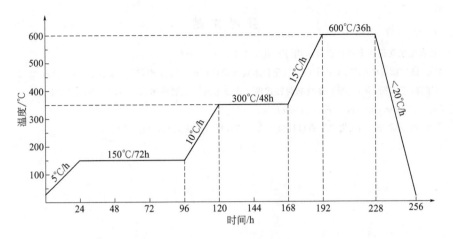

图 7-79　BGL 气化炉烘炉升温曲线

7.4.4　BGL 气化炉耐火材料检修与更换

BGL 气化炉控制的汽、氧比较鲁奇炉低，运行中 BGL 气化炉炉下部气相中氧分压高于鲁奇炉，加上 BGL 气化炉的气化温度和强度明显大于鲁奇炉，炉内耐火材料处于氧化环境中，造成耐火材料氧化；BGL 气化炉鼓风口伸入气化炉内 350mm，由于气化剂喷射到原料煤后有一部分气化剂无规律的返回鼓风口及后面的耐火材料上造成回火，导致耐火材料超温损坏；由于液态排渣，在耐火材料周围表面形成一定厚度的熔融液态渣，熔融液态渣对耐火材料形成侵蚀；由于气化负荷的调整和开停车等因素，气化炉内温度波动较大，造成耐火材料局部损坏。

BGL 气化炉检修需要先进行挖炉清理炉内的煤，然后拆除损坏的砖，再进行新砖的替换。图 7-80 为烧嘴砖的局部拆除，局部修补后见图 7-81。

图 7-80　烧嘴砖的局部拆除

图 7-81　局部修补后

参 考 文 献

[1] GE水煤浆气化技术的特点及运用[J]. 化学工业,2013,31(05)：40-41.

[2] 李健,陈鲁园,闫龙,等. GE水煤浆气化技术现状和应用前景[J]. 当代化工, 2014, 43(11)：2374-2376.

[3] 李伟锋,于广锁,龚欣,等. 多喷嘴对置式煤气化技术[J]. 氮肥技术, 2008, 29(06)：1-5＋41.

[4] http：//www.china-ceco.com/article/250.

[5] 苏炼,刘志盛. BGL气化炉下渣口挂渣堵塞问题分析[J]. 中氮肥, 2013(5)：15-17.

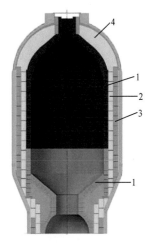

图1 GE气化炉耐火材料的布置示意图
1—高铬砖；2—铬刚玉砖；
3—氧化铝空心球砖；4—铬刚玉浇注料

图2 铝铬渣原料照片

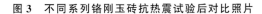

(a) 不含氧化锆的铬刚玉砖　　　　　　(b) 含氧化锆的铬刚玉砖

图3 不同系列铬刚玉砖抗热震试验后对比照片

图4 气化炉砌砖图

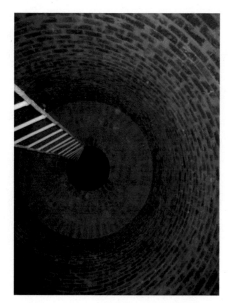

图 5　砌筑完工后的气化炉内腔照片

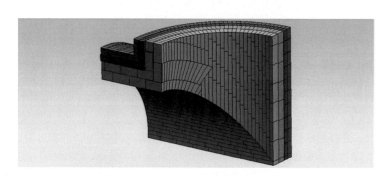

图 6　气化炉拱顶局部砌体结构示意图

图 7　气化炉耐火材料发货前预组装照片